Arbeits-, Gesundheits- und Brandschutz

Springer
Berlin
Heidelberg
New York
Hongkong
London
Mailand
Paris
Tokio

Engineering

ONLINE LIBRARY

springer.de

Wolfgang J. Friedl · Roland Kaupa

Arbeits-, Gesundheits- und Brandschutz

Die wichtigsten Inhalte der relevanten Vorschriften

Mit 38 Abbildungen und 9 Tabellen

Springer

Dr. Wolfgang J. Friedl
Ingenieurbüro für Sicherheitstechnik
Telramundstr. 6
81925 München
wf@dr-friedl-sicherheitstechnik.de

Roland Kaupa
Ingenieurbüro Kaupa
Viehhallenweg 6
94060 Pocking
service@kaupa.de

ISBN 3-540-00792-x Springer-Verlag Berlin Heidelberg New York

Bibliografische Information der Deutschen Bibliothek
Die Deutsche Bibliothek verzeichnet diese Publikation in der
Deutschen Nationalbibliografie; detaillierte bibliografische
Daten sind im Internet über <http://dnb.ddb.de> aufrufbar

Springer-Verlag ist ein Unternehmen von Springer Science+Business Media

© Springer-Verlag Berlin Heidelberg New York 2004
Printed in Germany
www.springer.de

Einbandgestaltung: Medio AG, Berlin

68/3020 uw – Gedruckt auf säurefreiem Papier – 5 4 3 2 1 0

Vorwort

In Deutschland gibt es eine verwirrende Anzahl von Gesetzen, Vorschriften, Normen und Regeln, die sich mit der Sicherheit in Unternehmen beschäftigen. Neben dem Arbeitssicherheitsgesetz von 1973 hat der Gesetzgeber das Arbeitsschutzgesetz von 1996 sowie die Betriebssicherheitsverordnung von 2002 verbindlich herausgegeben. Daneben existieren die Arbeitsstättenverordnung, 30 Arbeitsstätten-Richtlinien sowie eine Vielzahl von Regeln, Empfehlungen und verbindlichen Vorgaben, so auch privatrechtliche Forderungen der Versicherer, Zertifizierer oder Kunden.

Jedes Unternehmen – ob Büro mit zwei Mitarbeitern, Handwerksbetrieb mit fünf Mitarbeitern, Produktionsunternehmen mit 4.500 Mitarbeitern, Versicherung mit 12.000 Mitarbeitern, Industrieunternehmen mit 80.000 Mitarbeitern oder internationaler Konzern mit mehreren 100.000 Mitarbeitern – muss sich an die jeweils geltenden gesetzlichen Vorgaben halten. Dazu gehören zum einen die sicherheitstechnischen Gesetze, zum anderen Vorgaben von Berufsgenossenschaften, Baubehörde, Gewerbeaufsicht und Versicherungen, aber auch individuelle Forderungen aufgrund der geographischen Lage, der Unternehmensart, der Gefährdungen, der Gebäudeart, der Nachbarschaft, des Bundeslandes, der politischen Lage und der Anzahl und Art der Mitarbeiter.

Um die Sicherheitsarbeit effektiv und juristisch abgesichert durchzuführen, bedarf es einer ausreichenden Dokumentation der wichtigen Aspekte des Arbeits- und Gesundheitsschutzes. Wir hoffen, mit diesem Buch eine Entwirrung des Paragrafendschungels zu bieten, indem wir die zentralen Forderungen übersichtlich zusammengetragen haben, so dass Praktiker, aber auch Sicherheitsfachkräfte und Neueinsteiger in den Beruf eine nützliche Arbeitshilfe an die Hand bekommen.

Jeder Mensch trägt die Verantwortung für sein Tun und Unterlassen. Die Verantwortung für Arbeitsschutz, Umweltschutz oder Brandschutz lässt sich nicht auf Dritte übertragen, auch wenn es dafür Beauftragte gibt.

München, Januar 2004   *Wolfgang Friedl*
                                                          Roland Kaupa

Inhalt

1 Einleitung... 1

2 Gesetze, Vorschriften, Bestimmungen, Regelwerke..................... 5
  2.1   Arbeitssicherheitsgesetz...5
  2.2   Arbeitsschutzgesetz..8
  2.3   Betriebssicherheitsverordnung....................................12
  2.4   Arbeitsstättenverordnung...19
  2.5   Baustellenverordnung...26
  2.6   Bildschirmarbeitsverordnung......................................33
  2.7   Persönliche Schutzausrüstungs-Benutzerverordnung.................36
  2.8   Lasthandhabungsverordnung..39
  2.9   Gerätesicherheitsgesetz..40
  2.10 Vorschriften und Regeln der Berufsgenossenschaften..............42
  2.11 Landesbauordnung..53
  2.12 Garagenverordnung...64
  2.13 Versammlungsstättenverordnung...................................65
  2.14 Verkaufsstättenverordnung.......................................75
  2.15 Hotel- und Gaststättenbauverordnung.............................79
  2.16 Industriebaurichtlinie..84
  2.17 Vorschriften der Versicherungen.................................87
  2.18 Prämiensystem der Feuerversicherungen...........................96
  2.19 Verordnung zur Verhütung von Bränden (Landesrecht).............102
  2.20 Brandschutz-Beauftragter.......................................108
  2.21 Bundes-Immissionsschutzgesetz und Störfallverordnung...........110
  2.22 Kreislaufwirtschafts- und Abfallgesetz.........................119
  2.23 Wasserhaushaltsgesetz..124
  2.24 Strahlenschutz...131

3 Organisation der betrieblichen Arbeit..............................139
  3.1   Arbeitsschutzmanagement..139
  3.2   Aufgaben und Verantwortung der Entscheidungsträger...............150
  3.3   Unterstützung durch Fachberater..................................153
  3.4   Fachkunde und Qualifikationen....................................153
  3.5   Unterweisung von Fremdfirmen.....................................155

4 Checklisten für Betriebsbegehungen................................... 157
  4.1   Sicherheitsgerechte Unterweisung nach gesetzlichen
        Unfallversicherern..157
  4.2   Arbeits- und Gesundheitsschutz..............................163
  4.3   Brandschutz...168
  4.4   Ergonomie am Arbeitsplatz....................................176
  4.5   Lärmschutz.. 181
  4.6   Gefahrstoffe...183
  4.7   Umweltschutz...184
  4.8   Abfall..187
  4.9   Flucht- und Rettungsmöglichkeiten........................191
  4.10 Sicherheit bei Bauarbeiten....................................194

5 Prüfpflichtige Anlagen und Geräte...............................197
  5.1   Qualifikation des Prüfers.......................................198
  5.2   Prüfungen nach der Betriebssicherheitsverordnung.....198
  6.2   Prüfliste für die Praxis..200

6 Brandschutz im Unternehmen......................................219
  6.1   Brandrisiken..220
  6.2   Muster einer Brandschutzordnung...........................230
  6.3   Benötigte Löschmittelmengen................................237

7 Abfall- und Umweltmanagement...................................245
  7.1 .. Gesetzliche und systembedingte Forderungen...........246
  7.2   Systematische Umsetzung im Betrieb.......................251

8 Strahlung/Strahlenschutz..257
  8.1   Physikalisch unterscheidbare Strahlungen.................257
  8.2   Laserstrahlung..260

**9 Gefährdungsanalysen gemäß den gesetzlichen
    Forderungen**..265
  9.1   Umsetzung und Kontrolle......................................268
  9.2   Checkliste für die Praxis.......................................270

Schlusswort...273

1 Einleitung

Jede Person, die sich beruflich mit sicherheitstechnischen Themen beschäftigt, benötigt sowohl eine umfassende Ausbildung als auch Berufserfahrung. Man braucht Standvermögen und eine gewisse Persönlichkeit, um sicherheitstechnische Forderungen oft auch gegen den Willen der Beschäftigten und der Betriebsleitung durchzusetzen. Manche Mitarbeiter sind aus Trägheit, Unwissenheit und Unverständnis in bestimmten Situationen auch nicht bereit, sich an geltende Vorschriften zu halten. Werden sie darauf hingewiesen, erntet der Kritiker – dessen Ziel ja die Erhaltung der Gesundheit ist – manchmal nicht Dank, sondern Ironie. Besonders kritisch wird es, wenn in solchen Situationen auch die Vorgesetzen sich passiv verhalten und somit auf der Seite der gegen Vorschriften verstoßenden Mitarbeiter stehen; dass sie sich damit selbst strafbar machen, ist vielen Vorgesetzten nicht bewusst.

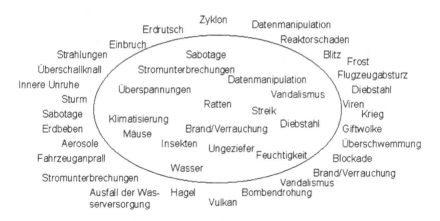

Abb. 1.1 Unterschiedliche Gefahren für ein Unternehmen

Die Fachkräfte für Sicherheit haben nicht die primäre Aufgabe, Mitarbeiter auf das richtige Verhalten hinzuweisen – dafür sind nach wie vor die Vorgesetzten zuständig, auch im juristischen Sinne. Die Fachkräfte für Arbeitschutz indes sind u.a. dafür zuständig, das Einhalten der Vorgaben zu überprüfen, Vorgesetzte zu informieren und sicherlich auch mal, Mitarbeiter einzuweisen.

Fehlende Schadenerfahrung, langjährige Schadensfreiheit trotz falschen Verhaltens und falsch verstandener Mut führen immer wieder dazu, dass es Unfälle, Brände, Beschädigungen, Betriebsunterbrechungen und Behinderungen gibt. Vor allem jüngere Mitarbeiter achten zwar auf den Unfallschutz, aber nicht auf den langfristigen Gesundheitsschutz. Es gilt ja nicht nur, sich vor Unfällen und Bränden zu schützen, sondern auch vor langfristigen Beeinträchtigungen von Körperfunktionen wie Gehör, Augen, Bewegungsapparat oder Rücken.

Darüber hinaus ist es Voraussetzung, über eine kleine Bibliothek zu verfügen, aus der man die gesetzlichen Bestimmungen und Vorgaben hinsichtlich Brandschutz, Arbeitsschutz, Umweltschutz und Ergonomie entnehmen kann. Diese Bücher und Loseblattsammlungen können nicht durch ein einziges Werk kompensiert werden. Das Anliegen dieses Buches ist es, einen Überblick über die hauptsächlichen Inhalte der wichtigsten Gesetze zu vermitteln.

Es ist wenig sinnvoll, die Landesbauordnung, die vielen 100 BG-Vorschriften, die Arbeitsstättenverordnung, die Versicherungsbestimmungen oder andere Gesetze und Vorschriften von vorn bis hinten durchzulesen; dafür hat man meist weder die Zeit noch bringt es einem die erwünschten Informationen. Diese Arbeit sollte man von Fachleuten – wie den beiden Autoren – erledigen lassen und dann die wichtigsten Teile der jeweiligen Vorschriften lesen. Erklärungen und Kommentare dazu finden sich in diesem Buch.

Generell ist es für alle Mitarbeiter wichtig, sicherheitstechnische Gesetze, Vorschriften und Verhaltensweisen zu kennen, es geht schließlich um ihre Gesundheit, um ihren Arbeitsschutz und eventuell sogar um ihr Leben. Aber gerade für Mitarbeiter in Führungspositionen ist die Kenntnis besonders wichtig, denn für sie kommt noch die juristische Verantwortung hinzu. Diese Verantwortung beginnt nicht erst beim Prokuristen, sondern beim schlichten Vorgesetzten, Gruppenleiter, Truppführer, Vorarbeiter oder Polier. Sobald zwei Mitarbeiter auf Montage sind und einer das Sagen hat, ist er vorgesetzt und für die Einhaltung der arbeitssicherheitsrechtlichen Forderungen primär in der Verantwortung.

Abb. 1.2 Für die Einhaltung von Vorschriften ist grundsätzlich der Vorgesetzte verantwortlich

2 Gesetze, Vorschriften, Bestimmungen, Regelwerke

In diesem Kapitel wird ein Überblick über die relevanten betrieblichen Vorgaben gegeben, die mit Arbeitsschutz, Brandschutz und Umweltschutz in deutschen Unternehmen zu tun haben. Die Reihenfolge der Auflistung soll keine Wertung darstellen.

2.1 Arbeitssicherheitsgesetz

Der Arbeitgeber trägt die umfassende Verantwortung für die Sicherheit und die Gesundheit der Beschäftigten in seinem Betrieb – unabhängig vom Ort der Arbeiten. Die Aufgabe ist übertragbar, nicht jedoch die Verantwortung. Er hat die Pflicht, für einen wirksamen Arbeitsschutz tätig zu werden.

Vor allem in größeren Betrieben kann oder muss der Arbeitgeber die Wahrnehmung seiner Pflichten auf andere Personen aus dem Unternehmen übertragen. Diese müssen dann die Pflichten gegenüber den Beschäftigten an seiner Stelle erfüllen. Der Arbeitgeber hat dazu zuverlässige und fachkundige Personen damit zu beauftragen, die ihm nach dem Arbeitssicherheitsgesetz obliegenden Pflichten in eigener Regie zu erfüllen. Insofern trifft ihn eine Auswahlpflicht beim Einsatz von Fachkräften in diesen Stabsstellen (Arbeitsmediziner, Sicherheitsingenieur).

Die Beauftragung der Führungskräfte hat in geeigneter Form und schriftlich zu erfolgen. Es soll nicht nur klargestellt werden, welche Sachaufgaben in die fachliche Verantwortung des Vorgesetzten gestellt werden, sondern auch welche Pflichten im Arbeitsschutz der jeweilige direkte Vorgesetzte an Stelle des Arbeitgebers gegenüber den ihm unterstellten Mitarbeitern hat und welche Entscheidungsbefugnisse und Weisungsrechte ihm dafür zur Verfügung stehen. Auch nach der Übertragung von Arbeitsschutzaufgaben bleibt der Arbeitgeber zur Überwachung der beauftragten Personen verpflichtet. Er hat ständig die Effektivität seiner Arbeitsschutzorganisation im Betrieb insgesamt im Auge zu behalten.

Abb. 2.1 Selbstüberschätzung ist eine häufige Ursache für Unfälle

Organisierte Sicherheitsarbeit kann, soll und muss als Mittel der Prävention von Schäden, Verletzungen und Unfällen gesehen werden. Zur Verbesserung von Arbeitssicherheit, Unfallverhütung und Gesundheitsförderung in den Betrieben bekommen organisatorische Maßnahmen zunehmend stärkere Bedeutung. Dabei geht es nicht mehr allein um die organisatorischen Maßnahmen des betrieblichen Arbeitsschutzes im Sinne des Arbeitssicherheitsgesetzes von 1973, sondern um eine umfassende Einbindung des Arbeitsschutzes in alle betrieblichen Abläufe auf allen Ebenen. Wie dieses konkret aussehen kann, darüber gehen die Meinungen sehr weit auseinander. Wie viele Systemvorgaben von außen braucht ein Unternehmen und wie viele Systemvorgaben verträgt das Unternehmen? Vielfältige Firmenstrukturen, Betriebsgrößen und Unternehmensziele erschweren die Normierung der Vorgaben für die Einbindung des Arbeitsschutzes. Neue Wege werden zukünftig in den deutschen Unternehmen beschritten werden müssen, um den Arbeitsschutz sachgerecht und seiner Bedeutung entsprechend in die betrieblichen Abläufe und Strukturen einzubinden. Er ist Teil eines funktionierenden Arbeitssystems und muss an neue Entwicklungen und Rahmenbedingungen auch angepasst werden. Moderner Arbeitsschutz kann in den Unternehmen zukünftig nur ganzheitlich gesehen und angelegt werden, damit er weder als konservativ oder unwichtig abgestempelt wird, noch mangels Anpassungsfähigkeit an neue Entwicklungen und äußere Rahmenbedingungen an Akzeptanz verliert.

Abb. 2.2 Hier ist ein Unfall nur noch eine Frage der Zeit

Das „Gesetz über Betriebsärzte, Sicherheitsingenieure und andere Fachkräfte für Arbeitssicherheit", kurz Arbeitssicherheitsgesetz (ASiG) genannt, konnte bereits kurz nach der Inkraftsetzung aufgrund seiner organisatorischen Forderungen eine Reduzierung der Unfallzahlen vorweisen. Vier wichtige Inhalte des Arbeitssicherheitsgesetzes sind:

- Aufgaben und Pflichten der Betriebsärzte,
- Aufgaben und Pflichten der Fachkräfte für Arbeitssicherheit,
- Zusammenarbeit mit dem Betriebsrat,
- Arbeitsschutz-Ausschuss.

Das „Gesetz über Betriebsärzte, Sicherheitsingenieure und andere Fachkräfte für Arbeitssicherheit" beinhaltet u.a. folgende wesentliche Aussagen:

- § 1: Der Arbeitgeber hat Fachkräfte für Arbeitssicherheit zu bestellen. Diese sollen ihn beim Arbeitsschutz und bei der Unfallverhütung unterstützen. Damit soll erreicht werden, dass erstens die dem Arbeitsschutz und der Unfallverhütung dienenden Vorschriften den besonderen Betriebsverhältnissen entsprechend angewandt werden, zweitens gesicherte arbeitsmedizinische und sicherheitstechnische Erkenntnisse zur Verbesserung des Arbeitsschutzes und der Unfallverhütung verwirklicht werden können, drittens die dem Arbeitsschutz und der Unfallverhütung dienenden Maßnahmen einen möglichst hohen Wirkungsgrad erreichen.
- § 2: Der Arbeitgeber hat Betriebsärzte schriftlich zu bestellen und ihnen Aufgaben zu übertragen.
- § 3: Die Betriebsärzte haben die Aufgabe, den Arbeitgeber beim Arbeitsschutz und bei der Unfallverhütung in allen Fragen des Gesundheitsschutzes zu unterstützen.
- § 5: Der Arbeitgeber hat Fachkräfte für Arbeitssicherheit (Sicherheitsingenieure, -techniker, -meister) schriftlich zu bestellen und ihnen Aufgaben zu übertragen.
- § 6: Die Fachkräfte für Arbeitssicherheit haben die Aufgabe, den Arbeitgeber beim Arbeitsschutz und bei der Unfallverhütung in allen Fragen der Arbeitssicherheit einschließlich der menschengerechten Gestaltung der Arbeit zu unterstützen.
- § 7: Der Arbeitgeber darf als Fachkräfte für Arbeitssicherheit nur Personen bestellen, die bestimmten Mindestanforderungen genügen.
- § 8: Betriebsärzte und Fachkräfte für Arbeitssicherheit sind bei der Anwendung ihrer arbeitsmedizinischen und sicherheitstechnischen Fachkunde weisungsfrei. Sie dürfen wegen der Erfüllung der ihnen übertragenen Aufgaben nicht benachteiligt werden.
- § 9: Die Betriebsärzte und die Fachkräfte für Arbeitssicherheit haben bei der Erfüllung ihrer Aufgaben mit dem Betriebs- bzw. Personalrat zusammenzuarbeiten.
- § 10: Die Betriebsärzte und die Fachkräfte für Arbeitssicherheit haben bei der Erfüllung ihrer Aufgaben zusammenzuarbeiten.
- § 11: Soweit in einer sonstigen Rechtsvorschrift nichts anderes bestimmt ist, hat der Arbeitgeber in Betrieben mit mehr als 20 Beschäftigten einen Arbeitsschutzausschuss zu bilden.

2.2 Arbeitsschutzgesetz

Das deutschlandweit gültige Arbeitsschutzgesetz wurde erst 1996 eingeführt, nachdem es das Arbeitssicherheitsgesetz bereits 23 Jahre zuvor gab.

Das Arbeitsschutzgesetz verpflichtet grundsätzlich alle Unternehmen bzw. Firmen mit mehr als einem Mitarbeiter und hat primär vier Inhalte:

1. Sicherung und Verbesserung des Gesundheitsschutzes,
2. Aufgaben und Pflichten des Arbeitgebers,
3. Aufgaben und Pflichten des Arbeitnehmers,
4. Durchführung betrieblicher Gefährdungsbeurteilungen.

Im § 3 des Arbeitsschutzgesetzes werden die Grundpflichten des Arbeitgebers allgemein angesprochen, die eine Organisation seiner (komplexen) Sicherheitsarbeit erforderlich machen:

Der Arbeitgeber ist verpflichtet, die erforderlichen Maßnahmen des Arbeitsschutzes unter Berücksichtigung der Umstände zu treffen, die Sicherheit und Gesundheit der Beschäftigten bei der Arbeit beeinflussen. Er hat die Maßnahmen auf ihre Wirksamkeit zu überprüfen und erforderlichenfalls sich ändernden Gegebenheiten anzupassen. Dabei hat er eine Verbesserung von Sicherheit und Gesundheitsschutz der Beschäftigten anzustreben.

Zur Planung und Durchführung der Maßnahmen hat der Arbeitgeber unter Berücksichtigung der Art der Tätigkeiten und der Zahl der Beschäftigten für eine geeignete Organisation zu sorgen und die erforderlichen Mittel bereitzustellen sowie Vorkehrungen zu treffen, dass die Maßnahmen erforderlichenfalls bei allen Tätigkeiten und eingebunden in die betrieblichen Führungsstrukturen beachtet werden und die Beschäftigten ihre Mitwirkungspflichten nachkommen können.

Das Arbeitsschutzgesetz fordert vom Arbeitgeber eine Reihe von weiteren zusätzlichen Maßnahmen, um den Arbeits- und Gesundheitsschutz zu verbessern. Für Arbeitgeber, besonders in der Produktion und Logistik, ergeben sich aus dem Arbeitsschutzgesetz folgende Grundpflichten:

- Der Arbeitgeber muss die erforderlichen Schutzmaßnahmen unter Berücksichtigung der Umstände treffen, die am Arbeitsplatz konkret die Sicherheit und Gesundheit der Beschäftigten beeinflussen, bzw. er muss solche Maßnahmen treffen lassen.
- Der Arbeitgeber muss eine geeignete Arbeitsschutzorganisation im Betrieb einführen und die Sach- und Finanzmittel dafür bereitstellen.
- Arbeitsschutzmaßnahmen müssen auf jeder betrieblichen Führungsebene ergriffen und beachtet werden.
- Kosten für Arbeitsschutzmaßnahmen dürfen nicht zu Lasten der Beschäftigten gehen; sofern kein anderer Kostenträger vorhanden ist, muss der Arbeitgeber sie selbst finanzieren.

- Bei seinen Schutzmaßnahmen hat der Arbeitgeber allgemeine Grundsätze der Gefahrenverhütung zu beachten. Dazu gehört z.B. der Grundsatz der Gefährdungsminimierung. Gefährdungen sind, sofern möglich, ganz zu vermeiden oder die Gefährdung ist an der Quelle zu bekämpfen und nicht dort, wo sie sich eventuell schädigend auswirken kann.
- Bei den Maßnahmen des Arbeitsschutzes ist der Stand der Technik zu berücksichtigen, und die Planung der Maßnahmen muss unter Berücksichtigung der gesamten Arbeitsumgebung erfolgen. Kollektiven Schutzmaßnahmen ist grundsätzlich Vorrang vor individuellen Schutzmaßnahmen (persönliche Schutzausrüstung) zu geben.
- Der Arbeitgeber hat sämtliche in seinem Betrieb für die Beschäftigten mit ihrer Arbeit verbundenen Gefährdungen zu ermitteln und zu beurteilen. Er hat bei allen Arbeitsplätzen und Tätigkeiten festzustellen, welche Gefährdungen bestehen.
- Der Arbeitgeber hat dann zu beurteilen, ob aufgrund der Gefährdung zusätzliche Arbeitsschutzmaßnahmen erforderlich sind oder ob bereits ergriffene Maßnahmen ausreichen. Bei gleichartigen Arbeitsbedingungen reicht die Beurteilung eines Arbeitsplatzes oder einer Tätigkeit aus. Entsprechen dem Ergebnis der Gefährdungsermittlung und -beurteilung hat der Arbeitgeber dann konkrete Schutzmaßnahmen festzulegen, für die Durchführung der Maßnahmen zu sorgen, ihre Wirksamkeit zu überprüfen und erforderlichenfalls die Maßnahmen an neue Entwicklungen oder Erkenntnisse anzupassen.
- Seit dem 21. August 1997 müssen die Betriebe geeignete Unterlagen zur Verfügung halten, aus denen sich ergeben muss, welche Ergebnisse die Gefährdungsermittlung und -beurteilung erbracht hat und welche Arbeitsschutzmaßnahmen darauf hin ergriffen wurden. Diese gesetzliche Dokumentationspflicht gilt grundsätzlich nicht für Betriebe, in denen nur zehn oder weniger Beschäftigte tätig sind.
- Der Arbeitgeber muss den Betriebsrat über alle betrieblichen Arbeitsschutzmaßnahmen unterrichten.
- Alle Beschäftigten müssen über die Gefahren für Sicherheit und Gesundheit, denen sie bei ihrer Arbeit ausgesetzt sein können, vorab unterrichtet werden; ebenso ist ihnen in verständlicher Form und Sprache mitzuteilen, welche konkreten Schutzmaßnahmen angedacht und einzuhalten sind.
- Nach dem ArbSchG muss der Arbeitgeber den Arbeitnehmern die regelmäßigen arbeitsmedizinischen Vorsorgeuntersuchungen, die für die jeweiligen Mitarbeiter bzw. Tätigkeitsbereiche anstehen, ermöglichen und bezahlen.

Die Beschäftigten müssen nach den §§ 15–17 ArbSchG aktiv an allen betrieblichen Arbeitsschutzmaßnahmen mitwirken. Sie haben Vorschriften einzuhalten, Geräte und Schutzeinrichtungen ordnungsgemäß zu bedienen und zu verwenden sowie Weisungen ihrer Vorgesetzten zu befolgen. Außerdem müssen sie im Rahmen ihrer Möglichkeiten für ihre eigene Sicherheit und Gesundheit und auch für die Sicherheit anderer Personen sorgen, sofern diese von ihrer Tätigkeit betroffen sind. Die Beschäftigten müssen darüber hinaus den Verantwortlichen im Betrieb das Auftreten von unmittelbaren erheblichen Gefahren oder von Defekten an Geräten oder Schutzsystemen möglichst umgehend melden. Die Beschäftigten haben den Arbeitgeber bei der Durchführung der Arbeitsschutzmaßnahmen zu unterstützen. Dazu gehört auch die Zusammenarbeit mit Sicherheitsfachkräften und Betriebsärzten. Diesen Verpflichtungen stehen auch Rechte der Beschäftigten gegenüber. So können sie jederzeit Vorschläge zum Arbeitsschutz unterbreiten. Bei erheblichen Gefahren dürfen sie sich vom Arbeitsplatz entfernen. Schließlich steht ihnen ein Beschwerderecht gegenüber dem Arbeitgeber bei mangelnden Arbeitsschutzmaßnahmen zu und falls der Arbeitgeber auf solche Beschwerden nicht oder nicht ausreichend reagiert, können sich die Beschäftigten auch an die Aufsichtsbehörden wenden.

Im § 15 ArbSchG werden alle Mitarbeiter verpflichtet, für ihre Sicherheit und Gesundheit bei der Arbeit Sorge zu tragen. Persönliche Schutzausrüstungen bestimmungsgemäß sind zu verwenden. Folgende weitere Punkte sind besonders relevant aus dem Arbeitsschutzgesetz:

- Der Arbeitgeber ist verpflichtet, die erforderlichen Maßnahmen und die Sicherheitsorganisation baulicher, technischer und organisatorischer Art des Arbeitsschutzes unter Berücksichtigung der Umstände zu treffen, die Sicherheit und Gesundheit der Beschäftigten bei der Arbeit beeinflussen. Diese Aufgaben sollten auf die Fachkräfte für Arbeitssicherheit und Arbeitsmedizin übertragen werden. Der Arbeitgeber muss sich vergewissern, dass diese ihre Arbeiten fachlich gut erledigen. Es muss eine Analyse der Arbeitsbedingungen stattfinden; hieraus sind Abhilfemaßnahmen abzuleiten, deren Wirksamkeit ist zu überprüfen. Dies gehört zu den Aufgaben der Fachkräfte für Arbeitssicherheit und Arbeitsmedizin, deren Vorgesetzter (d.h. der Arbeitgeber) muss dies regelmäßig überprüfen.
- Die Vorgaben des § 4 im ArbSchG (Priorität der Maßnahmen) sind von den Fachkräften für Arbeitsschutz und Arbeitsmedizin einzuhalten. Danach sind Gefahren zu vermeiden, zu minimieren, an der Quelle zu bekämpfen, der Stand der Technik und der Arbeitsmedizin ist einzuhalten.

- Die Beurteilung der Arbeitsbedingungen muss der Arbeitgeber veranlassen, die Durchführung wird von den internen Fachkräften erledigt.

Der § 4 des Arbeitsschutzgesetzes gibt den Fachkräften für Arbeitssicherheit ein Schema für die Gefahrenanalyse an die Hand. Danach muss der Arbeitgeber bei Maßnahmen des Arbeitsschutzes von folgenden allgemeinen Grundsätzen ausgehen:

1. Die Arbeit ist so zu gestalten, dass eine Gefährdung für Leben und Gesundheit möglichst vermieden und die verbleibende Gefährdung möglichst gering gehalten wird.
2. Gefahren sind an ihrer Quelle zu bekämpfen.
3. Bei den Maßnahmen sind der Stand von Technik, Arbeitsmedizin und Hygiene sowie sonstige gesicherte arbeitswissenschaftliche Erkenntnisse zu berücksichtigen.
4. Maßnahmen sind mit dem Ziel zu planen, Technik, Arbeitsorganisation, sonstige Arbeitsbedingungen, soziale Beziehungen und Einfluss der Umwelt auf den Arbeitsplatz sachgerecht zu verknüpfen.
5. Individuelle Schutzmaßnahmen sind nachrangig zu anderen Maßnahmen.
6. Spezielle Gefahren für besonders schutzbedürftige Beschäftigtengruppen sind zu berücksichtigen.
7. Den Beschäftigten sind geeignete Anweisungen zu erteilen.
8. Mittelbar oder unmittelbar geschlechtsspezifisch wirkende Regelungen sind nur zulässig, wenn dies aus biologischen Gründen zwingend geboten ist.

2.3 Betriebssicherheitsverordnung

Bundesrat und Kabinett haben eine Artikelverordnung zur Umsetzung EU-rechtlicher Vorschriften erlassen, durch die sich Änderungen im Arbeitsschutzrecht ergeben.

Die acht Artikel umfassende Verordnung ist mit ihrem Schwerpunkt Arbeitsmittel nach dem Hauptvertreter, der Betriebssicherheitsverordnung (Artikel 1 – BetrSichV; und Anhänge 1–5), benannt. Arbeitsmittel sind Werkzeuge, Maschinen, Geräte und Anlagen. Hierzu gehören auch insbesondere überwachungsbedürftige Anlagen.

Die Betriebssicherheitsverordnung wurde am 21. Juni 2002 durch den Bundesrat verabschiedet und verfolgt das Ziel, mehrere EU-Richtlinien in ein einheitliches betriebliches Anlagensicherheitsrecht umzusetzen sowie die überwachungsbedürftigen Anlagen neu zu ordnen, bei klarer Trennung von Beschaffenheit und Betrieb. Dabei soll auch eine Neuordnung des Verhältnisses zwischen staatlichem Arbeitsmittelrecht und berufsgenossenschaftlichen Unfallverhütungsvorschriften erfolgen, um bestehende Doppelregelungen zu beseitigen.

Auch soll durch die Verordnung eine moderne Organisationsform des Arbeitsschutzes eingeführt werden. Dabei soll durch Aufhebung und Änderung einer Vielzahl einzelner Vorschriften eine Rechtsvereinfachung erreicht sowie durch die Harmonisierung der Beschaffenheitsanforderungen für Arbeitsmittel und überwachungsbedürftige Anlagen eine reine Betriebsvorschrift geschaffen werden.

Die BetrSichV ist am 03. Oktober 2002 in Kraft getreten. Mit dem Inkrafttreten werden viele aufgeführte Verordnungen, wie z.B.:

- Aufzugsanlagenverordnung (AufzugsV),
- Druckbehälterverordnung (DruckbehV),
- Verordnung über brennbare Flüssigkeiten (VbF),
- Verordnung über elektrische Anlagen in explosionsgefährdeten Bereichen (ElexV),
- Arbeitsmittel-Benutzungsverordnung (AMBV)

aufgehoben und die wesentlichen Anforderungen in der BetrSichV zusammengeführt. Nach Inkrafttreten der BetrSichV werden nach Schätzung des Hauptverbandes der gewerblichen Berufsgenossenschaften 50 bis 70 Unfallverhütungsvorschriften entfallen. Mit der Aufhebung verlieren die dazugehörigen technischen Regeln ihre unmittelbare Rechtsgrundlage. Sie bleiben jedoch zunächst bestehen, werden aber erforderlichenfalls überarbeitet und als technische Regeln zur BetrSichV überführt (Betriebssicherheitsausschuss). Für die Arbeitsmittel und die nicht überwachungsbedürftigen Anlagen, die neu in den Betrieb genommen werden, ist die BetrSichV sofort mit Inkrafttreten anzuwenden.

Seit dem 01.12.2002 müssen arbeitsmittelspezifische Altanlagen (selbstfahrende oder nicht selbstfahrende mobile Arbeitsmittel, Einrichtungen zum Heben und Tragen) der BetrSichV entsprechen. Seit dem 01.01.2003 müssen überwachungsbedürftige Anlagen, die neu in Betrieb genommen werden, der BetrSichV entsprechen. Ab dem 30.06.2003 müssen alle Arbeitsmittel, die erstmalig in Unternehmen und in explosionsgefährlichen Bereichen in Betrieb genommen werden, dem Anhang 4 Abschnitt A und B der BetrSichV entsprechen. Bereits vorhandene Arbeitsmittel müssen dem Abschnitt A entsprechen. Bis zum 31.12.2005 muss für alle Arbeitsmittel und Arbeitsabläufe in explosionsgefährlichen Bereichen ein Explosionsschutzdokument erstellt werden (für neue Arbeitsmittel in Ex-Bereichen sofort). Bis zum 31.12.2005 müssen bei überwachungsbedürfti-

gen Anlagen, die bereits vor Inkrafttreten der BetrSichV in Betrieb genommen wurden und die nicht von einer der Rechtsverordnungen nach §
11 Gerätesicherheitsgesetz (GSG) erfasst wurden, die Betriebsvorschriften
der BetrSichV angewendet werden. Bis zum 31.12.2007 müssen überwachungsbedürftige Anlagen, die bereits vor Inkrafttreten der BetrSichV in
Betrieb genommen wurden, den Betriebsvorschriften der BetrSichV entsprechen. Die bis dahin geltenden Vorschriften hinsichtlich der Beschaffenheitsanforderungen bleiben bestehen. Ein Umrüsten ist nur auf Anordnung der Behörde nötig.

Zusätzlich zu den Anforderungen an die Gefährdungsbeurteilung aus
dem Arbeitsschutzgesetz (ArbSchG) hat der Arbeitgeber für Arbeitsmittel
gegebenenfalls eine Beurteilung des Explosionsschutzes durchzuführen
und für alle Arbeitsmittel insbesondere Art, Umfang und Fristen erforder-
licher Prüfungen zu ermitteln und festzulegen. Kann die Bildung einer gefährlichen explosionsfähigen Atmosphäre nicht sicher verhindert werden,
hat der Arbeitgeber dies zu beurteilen. Unabhängig von der Zahl der Beschäftigten ist vor Arbeitsaufnahme ein Explosionsschutzdokument mit
folgendem Inhalt zu erstellen:

• Ermittlung und Bewertung der Explosionsgefährdung,
• Angemessene Vorkehrungen zur Erreichung der Ziele des Explosions-
  schutzes,
• Bereiche mit Zoneneinteilung gemäß Anhang 3 BetrSichV,
• Bereiche mit Geltungsbereich für Mindestvorschriften gemäß Anhang 4.

Die Beurteilung bezieht sich nicht mehr nur auf Zündquellen in elektrischen Anlagen, sondern grundsätzlich auf alle potenziellen Zündquellen.

Die BetrSichV führt den Begriff der „befähigten Person" ein. Dies ist
eine Person, die durch Berufsausbildung, Berufserfahrung und zeitnahe berufliche Tätigkeit über die erforderlichen Fachkenntnisse zur Prüfung der
Arbeitsmittel verfügt.

Der Begriff der befähigten Person ersetzt im staatlichen Recht im Wesentlichen den Sachkundigen. Der Begriff des Sachverständigen wird e-
benfalls in der BetrSichV nicht mehr verwendet. Prüfungen, die zur Zeit
von amtlichen oder amtlichen anerkannten Sachverständigen (Eigenüber-
wachungen, TÜV) durchgeführt wurden, übernehmen ab dem 01.01.2006
von den Landesbehörden zugelassene Überwachungsstellen. Altanlagen,
die nicht den Anforderungen einer Verordnung nach § 4 Abs. 1 GSG entsprechen, sind noch bis zum 31.12.2007 ausschließlich von amtlich anerkannten Sachverständigen zu prüfen. Nach Beendigung dieser Übergangs-
frist verliert der TÜV somit endgültig sein Monopol und die Wahl der Ü-
berwachungsstelle liegt beim Betreiber. Wer nicht oder nicht rechtzeitig

prüfen lässt oder nicht sicherstellt, dass überhaupt geprüft wird, handelt ordnungswidrig oder muss in besonders schweren Fällen für eine Straftat (§ 26 BetrSichV) Verantwortung tragen.

Der Arbeitgeber hat sicherzustellen, dass Arbeitsmittel

- nach jeder Montage,
- vor der ersten Inbetriebnahme,
- nach Schäden oder Ereignissen und
- nach Instandsetzungsarbeiten, welche die Sicherheit der Arbeitsmittel beeinträchtigen können

durch eine befähigte Person geprüft werden. Art, Umfang und Fristen der Prüfungen werden nicht mehr durch staatliche Vorschriften konkret festgelegt. Der Arbeitgeber hat somit eigenverantwortlich Art, Umfang und Fristen auf der Grundlage sicherheitstechnischer Bewertung festzulegen und diese zu dokumentieren, so dass er die Prüfumstände bei Behördenkontrollen oder nach außergewöhnlichen Ereignissen ausreichend begründen kann. Es bietet sich an, ein Prüfkataster zu erstellen. Die Ergebnisse der Prüfung hat der Arbeitgeber aufzuzeichnen und über einen angemessenen Zeitraum (mindestens bis zur nächsten Prüfung, besser länger) aufzubewahren.

Aus der BetrSichV ergeben sich teilweise veränderte Prüfpflichten zu den außer Kraft getretenen Verordnungen. So sind z.B. Druckbehälter nicht mehr ab einem Volumen von mehr als 0,1 Liter und einem Druck von mehr als 0,1 bar prüfpflichtig, sondern bei einem Druck von mehr als 0,5 bar, in speziellen Fällen bereits ab einem Volumen von mehr als 0 Liter (d.h. Kleinstmengen). Vor der ersten Inbetriebnahme und nach prüfpflichtiger Veränderung oder Instandsetzung muss eine Prüfung durch eine zugelassene Überwachungsstelle durchgeführt werden. In bestimmten Fällen (z.B. Druckgeräte mit niedrigem Gefährdungspotenzial) kann dies aber auch durch eine befähigte Person geschehen.

Bei wiederkehrenden Prüfungen hat der Betreiber Prüffristen auf der Grundlagen sicherheitstechnischer Bewertung festzulegen. Die Prüffristen dürfen jedoch nicht die Mindestzeiträume, die per BetrSichV festgelegt sind, überschreiten. Vom Betreiber ermittelte Prüffristen müssen von der zugelassenen Überwachungsstelle überprüft bzw. mit dieser abgestimmt werden. Können sie sich nicht einigen, entscheidet die Behörde (zu Lasten/Kosten des Betreibers).

Ist eine überwachungsbedürftige Anlage am Fälligkeitstermin der wiederkehrenden Prüfung außer Betrieb gesetzt, so darf sie erst wieder in Betrieb genommen werden, nachdem diese Prüfung durchgeführt worden ist. Die Prüffristen sind der zuständigen Behörde binnen sechs Monaten nach

Inbetriebnahme mitzuteilen. Über das Ergebnis der vorgeschriebenen oder angeordneten Prüfungen sind Prüfbescheinigungen zu erteilen. Soweit die Prüfungen von befähigten Personen durchgeführt werden, ist das Ergebnis aufzuzeichnen und aufzubewahren.

Die bisherigen Gefahrenklassen bei brennbaren Flüssigkeiten nach der ehemaligen Verordnung brennbarer Flüssigkeiten (VbF, Gültig bis Ende 2002) AI, AII, AIII und B entfallen. An ihre Stelle treten die flammpunkt-bereichsabhängigen Bezeichnungen hochentzündlich, leichtentzündlich und entzündlich mit ihren Kennzeichnungen und Rechtsquellen Chemikaliengesetz (ChemG) und Gefahrstoffverordnung (GefStoffV).

Die Aufnahme der Arbeitsmittelverordnung in die neue Verordnung ist aufgrund von aufgetretenen Abgrenzungsproblemen erforderlich geworden. Dabei wird die Verordnung das bestehende hohe Sicherheits- und Schutzniveau beibehalten und an die europäischen Vorgaben angepasst werden. Diese Verordnung regelt auch Anforderungen an Arbeitsschutzmanagementsysteme und die sich aus deren Anwendung ergebenden Folgen. Nachfolgend aufgeführte Passagen der BetrSichV sind besonders wichtig:

- § 1: Die Verordnung gilt für die Bereitstellung von Arbeitsmitteln durch Arbeitgeber sowie für die Benutzung von Arbeitsmitteln durch Beschäftigte bei der Arbeit. Die Vorschriften des Dritten Abschnitts gelten für überwachungsbedürftige Anlagen nach § 2 Abs. 2a des Gerätesicherheitsgesetzes.

- § 2: Hier werden folgende Begriffe definiert:
  - Arbeitsmittel,
  - Bereitstellung, Benutzung,
  - Betrieb und (wesentliche) Änderung überwachungsbedürftiger Anlagen,
  - befähigte Personen,
  - gefährliche explosionsfähige Atmosphäre,
  - explosionsgefährdete Bereiche,
  - Lageranlagen für brennbare Flüssigkeiten,
  - Füllstellen, Entleerstellen, Tankstellen,
  - Aufzugsanlagen, Personenumlaufaufzüge, Bauaufzüge.

- § 3: Der Arbeitgeber hat bei der Gefährdungsbeurteilung nach § 5 des Arbeitsschutzgesetzes unter Berücksichtigung des Standes der Technik, des § 16 der Gefahrstoffverordnung sowie der Anhänge 1 bis 4 die notwendigen Maßnahmen für die Bereitstellung und Benutzung der Arbeitsmittel zu ermitteln. Bei den Maßnahmen hat er die Gefährdungen zu berücksichtigen, die mit der Benutzung des Arbeitsmittels selbst verbunden sind und die am Arbeitsplatz durch Wechselwirkung der Arbeitsmittel untereinander, mit Arbeitsstoffen oder der Arbeitsumgebung hervorgerufen werden. Kann nach den Bestimmungen des § 16 der Gefahrstoffverordnung das Auftreten gefährlicher explosionsfähiger Atmosphären nicht verhindert werden, hat der Arbeitgeber zu beurteilen:

- die Wahrscheinlichkeit und die Dauer des Auftretens gefährlicher explosionsfähiger Atmosphären,
- die Wahrscheinlichkeit, dass Zündquellen (einschließlich der elektrostatischen Aufladung) vorhanden sind, aktiviert und wirksam werden,
- das Ausmaß der zu erwartenden Auswirkungen durch Explosionen.

Für die Arbeitsmittel sind darüber hinaus Art, Umfang und Fristen der erforderlichen Prüfungen zu ermitteln und dafür geeignete Personen zu bestimmen.

- § 4: Der Arbeitgeber darf nur Arbeitsmittel bereitstellen, die für die am Arbeitsplatz gegebenen Bedingungen geeignet sind und sicher betrieben werden können. Neben den technischen Geräten und Anlagen sind auch ergonomische Belange, wie z.B. die Körperhaltung bei der Arbeit zu berücksichtigen.
- § 5: Explosionsgefährdete Bereiche sind unter Berücksichtigung der Gefährdungsbeurteilung in Zonen einzuteilen.
- § 6: Es muss ein Explosionsschutzdokument erstellt werden, aus dem hervorgeht:
  - die Explosionsgefährdung wurde ermittelt und einer Bewertung unterzogen,
  - es wurden angemessene Vorkehrungen getroffen, um die Ziele des Explosionsschutzes zu erreichen,
  - gefährdete Bereiche wurden in Zonen eingeteilt.
  - Bei der Erfüllung dieser Pflichten kann auf bereits erstellte und damit auf vorhandene Explosionsgefährdungsbeurteilungen, Dokumente oder andere gleichwertige Berichte zurückgegriffen werden.

- § 8: Ist die Benutzung eines Arbeitsmittels mit einer besonderen Gefährdung für die Sicherheit oder Gesundheit der Beschäftigten verbunden, hat der Arbeitgeber dafür zu sorgen, dass nur hiermit beauftragte Beschäftigte diese Arbeitsmittel benutzen.
- § 9: Der Arbeitgeber hat die Beschäftigten nach § 12 des Arbeitsschutzgesetzes zu unterweisen. Hierzu sind entsprechend der Gefährdung Betriebsanweisungen für die Arbeitsmittel vorzuhalten.

- § 10: Hängt die Sicherheit der Arbeitsmittel von den Montagebedingungen ab, sind diese zu prüfen. Dadurch überzeugt man sich von der ordnungsgemäßen Montage und der sicheren Funktion der Arbeitsmittel. Die Prüfung findet nach der Montage und vor der ersten Inbetriebnahme der Arbeitsmittel statt.
- § 11: Die Ergebnisse der Prüfungen sind aufzuzeichnen. Die Aufzeichnungen sind einen angemessenen Zeitraum aufzubewahren. Werden Arbeitsmittel außerhalb des Unternehmens verwendet, ist ihnen ein Nachweis über die Durchführung der letzten Prüfung beizulegen.
- § 24: Wendet der Arbeitgeber ein Arbeitsschutzmanagementsystem an, dessen Wirksamkeit im Unternehmen der zuständigen Behörde nachgewiesen wird, so geht man davon aus, dass die Organisationsverpflichtung nach §3 Abs. 2 des Arbeitsschutzgesetzes erfüllt ist.

Außer den großen Chemiekonzernen, die sich schon seit Jahrzehnten per Eigenüberwachung äußerst effektiv selbst kontrollieren, wird sich für eine Vielzahl von Unternehmen und Betreibern technischer Anlagen und Geräten durch diese Betreiberverantwortung einiges ändern. In jedem Fall kommen zusätzliche Haftungsrisiken hinzu. Der Betreiber muss nun selbstständig entscheiden

- welche Anlage,
- nach welchem Regelwerk,
- durch welchen qualifizierten Sachverständigen und
- mit welcher Dokumentation

zu prüfen ist. Dies bedeutet, dass ein Großteil der Unternehmen und Betreiber ein aufwändiges Anlagencontrolling einführen müssen, das für jede Anlage die nach neuester Rechtsgrundlage gültige Prüfvorschrift einschließlich Prüfungsinhalt, Prüfzyklus und Dokumentationsanforderungen enthält. Grundlage hierfür ist zudem die Organisationsverpflichtung, die sich u.a. aus § 831 BGB ergibt.

Geschäftsleiter, Vorstand oder Geschäftsführer haben demnach alle Vorgänge im Unternehmen so einzurichten, dass kein Schaden entstehen kann. Verstöße werden als sog. „Organisationsverschulden" gerichtlich geahndet.

Grundsätzlich eröffnet die Betriebssicherheitsverordnung dem Unternehmer/Betreiber jedoch die Chance, sein persönliches Risiko und das des Unternehmens zu minimieren und Rationalisierungseffekte zu erzielen. Im Idealfall werden hier auch die Instandhaltung und die im Unternehmen praktizierten Managementsysteme für Qualität, Umwelt und Arbeitssicherheit einbezogen.

2.4 Arbeitsstättenverordnung

Die Arbeitsstättenverordnung, kurz ArbStättV, beschäftigt sich grundlegend mit allen Arten von Arbeitsstätten; dies sind sowohl die Arbeitsplätze bzw. deren räumliche und klimatische Umgebungen, als auch alle sonstigen Räumlichkeiten, die direkt oder indirekt zu Arbeitsplätzen gehören. Abgehandelt werden neben allgemeinen Vorschriften Verkehrswege, Einrichtungen, Anforderungen an bestimmte Räume, Arbeitsplätze im Freien und Baustellen, aber auch Verkaufsstände im Freien, Wasserfahrzeuge und der Betrieb von Arbeitsstätten. Sie beschäftigt sich grundlegend und ausführlich mit Dingen wie Raumlüftung, Raumtemperaturen, Sichtverbindungen nach außen, Fußböden, Türen, Verglasungen, Verkehrswege, Pausen-, Toiletten-, Sanitäts-, Liegen-, Umkleide- und Waschräume. Die einzelnen Arbeitsstätten-Richtlinien indes gehen auf all diese Punkte dann noch einmal im Detail ein – Details jedoch, die man als normale Fachkraft für Arbeitsschutz nicht benötigt. Im nachfolgenden findet sich daher nur ein zum Teil gekürzter und teilweise sinngemäß zusammengefasster Auszug aus der ArbStättV mit entsprechenden Kommentierungen und Erläuterungen; es werden die Paragraphen vorgestellt, die für die Mehrheit der Unternehmen in Deutschland von Interesse sein dürften:

- § 1: Diese Verordnung gilt für Arbeitsstätten in Betrieben, in denen das Arbeitsschutzgesetz Anwendung findet. Diese Verordnung gilt nicht für Arbeitsstätten im Reisegewerbe und Marktverkehr, in Straßen-, Schienen- und Luftfahrzeugen im öffentlichen Verkehr, in Betrieben, die dem Bundesberggesetz unterliegen und auf See- und Binnenschiffen.
- § 2: Arbeitsstätten sind Arbeitsräume in Gebäuden einschließlich Ausbildungsstätten, Baustellen, Verkaufsstände im Freien, Wasserfahrzeuge und Arbeitsplätze auf dem Betriebsgelände im Freien, ausgenommen Felder, Wälder und sonstige landwirtschaftliche Flächen. Zu Arbeitsstätten gehören Verkehrswege, Lagerräume, Maschinen- und Nebenräume, Pausen-, Bereitschafts-, Liegeräume und Räume für körperliche Ausgleichsübungen, Umkleide-, Wasch- und Toilettenräume (Sanitärräume) sowie Sanitätsräume.
- § 3: Der Arbeitgeber hat die Arbeitsstätte nach dieser Verordnung, den sonst geltenden Arbeitsschutzvorschriften und Unfallverhütungsvorschriften und nach den allgemein anerkannten sicherheitstechnischen, arbeitsmedizinischen und hygienischen Regeln zu betreiben.
- § 5: In Arbeitsräumen muss unter Berücksichtigung der angewandten Arbeitsverfahren und der körperlichen Beanspruchung der Arbeitneh-

mer während der Arbeitszeit ausreichend gesundheitlich zuträgliche A-
temluft vorhanden sein.

- § 6: In Arbeitsräumen (auch Lager-, Maschinen- und Nebenräumen)
  muss während der Arbeitszeit eine unter Berücksichtigung der Arbeitsverfahren und der körperlichen Beanspruchung der Arbeitnehmer gesundheitlich zuträgliche Raumtemperatur vorhanden sein. Es muss sichergestellt sein, dass die Arbeitnehmer durch Heizeinrichtungen keinen
  unzuträglichen Temperaturverhältnissen ausgesetzt sind. In Pausen-, Be-
  reitschafts-, Liege-, Sanitär- und Sanitätsräumen muss eine Mindesttem-
  peratur von 21 °C erreichbar sein.

- § 7: Arbeits-, Pausen-, Bereitschafts-, Liege- und Sanitätsräume müssen
  eine Sichtverbindung nach außen haben; dies gilt nicht für Arbeitsräume, bei denen betriebstechnische Gründe eine Sichtverbindung nicht zulassen, Verkaufsräume, Schank- und Speiseräume unter Erdgleiche sowie in Arbeitsräumen von mindestens 2.000 m² mit Oberlichtern.

- § 7: Lichtschalter müssen leicht zugänglich und selbstleuchtend sein.
  Sie müssen auch in der Nähe der Zu- und Ausgänge sowie längs der
  Verkehrswege angebracht sein. Dies gilt nicht, wenn die Beleuchtung
  zentral geschaltet wird. Selbstleuchtende Lichtschalter sind bei vorhandener Orientierungsbeleuchtung nicht erforderlich. Aus der Art der Beleuchtung dürfen keine Unfall- oder Gesundheitsgefahren für die Arbeitnehmer entstehen.

- § 7: Die Stärke der Allgemeinbeleuchtung muss mindestens 15 Lux
  betragen. Sind auf Grund der Tätigkeit der Arbeitnehmer, der vorhandenen Betriebseinrichtungen oder sonstiger besonderer betrieblicher Verhältnisse bei Ausfall der Allgemeinbeleuchtung Unfallgefahren zu befürchten, muss eine Sicherheitsbeleuchtung von mindestens 1/100 der
  Allgemeinbeleuchtung, mindestens jedoch von 1 Lux vorhanden sein.

- § 8: Fußböden in Räumen dürfen keine Stolperstellen haben; sie müssen
  eben und rutschhemmend ausgeführt und leicht zu reinigen sein. Lichtdurchlässige Wände, insbesondere Ganzglaswände, im Bereich von Arbeitsplätzen und Verkehrswegen müssen aus bruchsicherem Werkstoff
  bestehen oder so gegen die Arbeitsplätze und Verkehrswege abgeschirmt sein, dass Arbeitnehmer nicht mit den Wänden in Berührung
  kommen und bei Zersplittern der Wände verletzt werden können.

- § 9: Fensterflügel dürfen in geöffnetem Zustand am Arbeitsplatz die
  Bewegungsfreiheit nicht behindern und die erforderliche Mindestbreite
  der Verkehrswege nicht einengen. Fenster und Oberlichter müssen so
  beschaffen oder mit Einrichtungen versehen sein, dass die Räume gegen
  unmittelbare Sonneneinstrahlung abgeschirmt werden können.

- § 10: Pendeltüren und -tore müssen durchsichtig sein oder Sichtfenster haben. Türen im Verlauf von Rettungswegen müssen gekennzeichnet sein. Die Türen müssen sich von innen ohne fremde Hilfsmittel jederzeit leicht öffnen lassen, solange sich Arbeitnehmer in der Arbeitsstätte befinden.

- § 12: Arbeitsplätze und Verkehrswege, bei denen Absturzgefahren bestehen, oder die an Gefahrenbereiche grenzen, müssen mit Einrichtungen versehen sein, die verhindern, dass Arbeitnehmer abstürzen oder in die Gefahrbereiche gelangen.

- § 13: Für die Räume müssen je nach Brandgefährlichkeit der in den Räumen vorhandenen Betriebseinrichtungen und Arbeitsstoffe die zum Löschen möglicher Entstehungsbrände erforderlichen Feuerlöscheinrichtungen vorhanden sein. Die Feuerlöscheinrichtungen müssen, sofern sie nicht selbsttätig wirken, gekennzeichnet, leicht zugänglich und leicht zu handhaben sein. Selbsttätige ortsfeste Feuerlöscheinrichtungen, bei deren Einsatz Gefahren für die Arbeitnehmer auftreten können, müssen mit selbsttätig wirkenden Warneinrichtungen ausgerüstet sein.

- § 14: Soweit in Arbeitsräumen das Auftreten von Gasen, Dämpfen, Nebeln oder Stäuben in unzuträglicher Menge oder Konzentration nicht verhindert werden kann, sind diese an ihrer Entstehungsstelle abzusaugen und zu beseitigen.

- § 15: In Arbeitsräumen ist der Schallpegel so niedrig zu halten, wie es nach der Art des Betriebs möglich ist. Der Beurteilungspegel am Arbeitsplatz in Arbeitsräumen darf bei überwiegend geistigen Tätigkeiten sowie in Pausen-, Bereitschafts-, Liege- und Sanitätsräumen höchstens 55 dB(A) betragen, bei einfachen oder überwiegend mechanisierten Bürotätigkeiten und vergleichbaren Tätigkeiten höchstens 70 dB(A) sowie bei allen sonstigen Tätigkeiten höchstens 85 dB(A).

- § 16: In Arbeits-, Pausen-, Bereitschafts-, Liege- und Sanitätsräumen ist das Ausmaß mechanischer Schwingungen so niedrig zu halten, wie es nach der Art des Betriebes möglich ist.

- § 16: Unzuträgliche Gerüche sind zu vermeiden. Abluft aus Sanitärräumen darf nicht in andere Räume geführt werden. In Räumen, in denen sich Arbeitnehmer aufhalten, darf keine vermeidbare Zugluft auftreten. Betriebstechnisch unvermeidbare Wärmestrahlung darf nicht in unzuträglichem Ausmaß auf die Arbeitnehmer einwirken.

- § 17: Verkehrswege müssen so beschaffen und bemessen sein, dass sie je nach ihrem Bestimmungszweck sicher begangen oder befahren werden können.

- § 19: Anordnung, Abmessung und Ausführung der Rettungswege müssen sich nach der Nutzung, Einrichtung und Grundfläche der Räume sowie nach der Zahl der in den Räumen üblicherweise anwesenden Personen richten. Rettungswege müssen als solche gekennzeichnet sein und auf möglichst kurzem Weg ins Freie oder in einen gesicherten Bereich führen.

- § 23: Arbeitsräume müssen eine Grundfläche von mindestens 8 m² haben. Die mindeste lichte Höhe ist abhängig von der Raumgrundfläche:

  - ≤ 50 m²: 2,5 m,
  - ≤ 100 m²: 2,75 m,
  - ≤ 2.000 m²: 3 m,
  - > 2.000 m²: 3,25 m.

- Bei Räumen mit Schrägdecken darf die lichte Höhe im Bereich von Arbeitsplätzen und Verkehrswegen an keiner Stelle 2,5 m unterschreiten. In Arbeitsräumen muss für jeden ständig anwesenden Arbeitnehmer als Mindestluftraum 12/15/18 m³ bei überwiegend sitzender/nicht sitzender/schwerer körperlicher Tätigkeit vorhanden sein.

- § 24: Die freie unverstellte Fläche am Arbeitsplatz muss so bemessen sein, dass sich die Arbeitnehmer bei ihrer Tätigkeit ohne Beeinträchtigung bewegen können. Für jeden Arbeitnehmer muss an seinem Arbeitsplatz mindestens eine freie Bewegungsfläche von 1,5 m² zur Verfügung stehen. Die freie Bewegungsfläche soll an keiner Stelle weniger als 1 m breit sein.

- § 25: In Arbeitsräumen müssen Abfallbehälter zur Verfügung stehen. Die Behälter müssen verschließbar sein, wenn die Abfälle leicht entzündlich, unangenehm riechend oder unhygienisch sind. Bei leicht entzündlichen Abfällen müssen die Behälter aus nicht brennbarem Material bestehen.

- § 27: An Einzelarbeitsplätzen mit erhöhter Unfallgefahr, die außerhalb der Ruf- oder Sichtweite liegen und nicht überwacht werden, müssen Einrichtungen zum Hilferufen vorhanden sein.

- § 29: Bei mehr als 10 Arbeitnehmern muss man einen Pausenraum mit mindestens 6 m² zur Verfügung stellen; dies gilt nicht, wenn die Arbeitnehmer in Büroräumen oder vergleichbaren Räumen arbeiten und dort gleichwertig Erholung gewährt werden kann.

- § 34: Den Arbeitnehmern sind für Frauen und Männer getrennte Umkleideräume zur Verfügung zu stellen, wenn die Arbeitnehmer bei ihrer Tätigkeit besondere Arbeitskleidung tragen müssen und es aus gesundheitlichen oder sittlichen Gründen nicht zuzumuten ist, sich in einem anderen Raum umzukleiden. Umkleideräume müssen mindestens bei einer Grundfläche von bis 30 m² mindestens 2,3 m hoch sein, bei einer größeren Grundfläche mindestens 2,5 m.

- § 35: Den Arbeitnehmern sind für Frauen und Männer getrennte Waschräume mit fließendem warmen und kaltem Wasser zur Verfügung zu stellen, wenn es die Art der Tätigkeit oder gesundheitliche Gründe erfordern. Für Waschräume gelten die gleichen Regeln zur Raumhöhe wie für Umkleideräume.

- § 38: Es muss mindestens ein Sanitätsraum oder eine vergleichbare Einrichtung vorhanden sein, wenn mehr als 1.000 Arbeitnehmer beschäftigt sind. Bestehen besonderen Unfallgefahren, so muss bereits bei mehr als 100 Beschäftigten ein Sanitätsraum eingerichtet werden.

- § 39: In den Arbeitsstätten müssen die zur Ersten Hilfe erforderlichen Mittel vorhanden sein. Sie müssen im Bedarfsfall leicht zugänglich und gegen Verunreinigung, Nässe und hohe Temperaturen geschützt sein.

- § 41: Arbeitsplätze auf dem Betriebsgelände im Freien sind so herzurichten, dass sich die Arbeitnehmer bei jeder Witterung sicher bewegen können. Je nach Brandgefährlichkeit der auf den Arbeitsplätzen befindlichen Betriebseinrichtungen und Arbeitsstoffe müssen Feuerlöscheinrichtungen vorhanden sein.

- § 44: Arbeitsplätze und Verkehrswege auf Baustellen sind so herzurichten, dass sich die Arbeitnehmer bei jeder Witterung sicher bewegen können. Verkehrswege müssen sicher zu befahren sein, wenn eine Benutzung mit Fahrzeugen erforderlich ist. Die Arbeitsplätze und Verkehrswege müssen zu beleuchten sein, wenn das Tageslicht nicht ausreicht. An Gefahrenbereichen muss es Absturzsicherungen geben. Es sind Maßnahmen gegen Witterungseinflüsse, gegen unzuträglichen Lärm, Schwingungen, Gase, Dämpfe, Nebel und Stäube zu treffen.

- § 44: Bei Baustellen in allseits umschlossenen Räumen muss dafür gesorgt sein, dass die Arbeitsplätze belüftet sind, die Arbeitnehmer sich bei Gefahr schnell in Sicherheit bringen können, Gase, Dämpfe, Nebel oder Stäube Arbeitnehmer nicht gefährden und dass Feuerlöscheinrichtungen vorhanden sind.

- § 45: Auf jeder Baustelle hat der Arbeitgeber für die Arbeitnehmer Tagesunterkünfte und Trinkwasser oder ein anderes alkoholfreies Getränk zur Verfügung zu stellen.

- § 46: Auf jeder Baustelle muss es Vorrichtungen zum Wärmen von Speisen und Getränken geben, sowie Waschgelegenheiten und Einrichtungen zum Trocknen der Arbeitskleidung.

- § 48: Auf jeder Baustelle muss mindestens eine abschließbare Toilette zur Verfügung stehen.

- § 49: Bei mehr als 50 Arbeitnehmern muss auf Baustellen mindestens ein Sanitätsraum vorhanden sein. Auf jeden Fall müssen die zur Ersten

Hilfe erforderlichen Mittel und bei Beschäftigung von mehr als 20 Arbeitnehmern Krankentragen vorhanden sein.

- § 50: An Verkaufsständen im Freien, die im Zusammenhang mit Ladengeschäften stehen, dürfen in der Zeit vom 15.10. bis 30.04. Arbeitnehmer nur dann beschäftigt werden, wenn die Außentemperatur am Verkaufsstand mehr als + 16 °C beträgt. Verkaufsstände im Freien sind so einzurichten, dass die Arbeitnehmer gegen Witterungseinflüsse geschützt sind.

- § 52: Verkehrswege müssen freigehalten werden, damit sie jederzeit benutzt werden können. Insbesondere dürfen Türen im Verlauf von Rettungswegen oder andere Rettungsöffnungen nicht verschlossen, versperrt oder in ihrer Erkennbarkeit beeinträchtigt werden, solange sich Arbeitnehmer in der Arbeitsstätte befinden.

- § 52: An Arbeitsplätzen dürfen Gegenstände und Arbeitsstoffe nur in solcher Menge aufbewahrt werden, dass die Arbeitnehmer nicht gefährdet werden. Gefährliche Arbeitsstoffe dürfen nur in solcher Menge am Arbeitsplatz vorhanden sein, wie es der Fortgang der Arbeit erfordert.

- § 52: In Pausen-, Bereitschafts-, Sanitär- und Sanitätsräumen, in Tagesunterkünften, sanitären Einrichtungen und Sanitätsräumen auf Baustellen sowie in Pausen- und Sanitärräumen auf Wasserfahrzeugen und schwimmenden Anlagen auf Binnengewässern dürfen keine Gegenstände und Stoffe aufbewahrt werden, die nicht zur zweckentsprechenden Einrichtung dieser Räume gehören.

- § 53: Der Arbeitgeber hat die Arbeitsstätte instand zu halten und dafür zu sorgen, dass festgestellte Mängel möglichst umgehend beseitigt werden; ist dies nicht möglich, so ist die Arbeit einzustellen. Sicherheitseinrichtungen zur Verhütung oder Beseitigung von Gefahren (Sicherheitsbeleuchtung, Feuerlöscheinrichtungen, Absauganlagen, Signalanlagen, Notaggregate, Notschalter, lüftungstechnische Anlagen usw.) müssen regelmäßig gewartet werden. Mittel und Einrichtungen zur Ersten Hilfe müssen regelmäßig auf ihre Vollständigkeit und Verwendungsfähigkeit überprüft werden.

- § 54: Arbeitsstätten müssen den hygienischen Erfordernissen entsprechend gereinigt werden. Verunreinigungen, die zu Gefahren führen können, müssen unverzüglich beseitigt werden.

Abb. 2.3 Solches Arbeiten verstößt nicht nur gegen Vorschriften des Arbeitschutzes, sondern auch gegen den Umwelt- und Brandschutz

- § 55: Der Arbeitgeber hat für die Arbeitsstätte einen Flucht- und Rettungsplan aufzustellen, wenn Lage, Ausdehnung und Art der Nutzung der Arbeitsstätte dies erfordern. Der Flucht- und Rettungsplan ist an geeigneter Stelle in der Arbeitsstätte auszulegen oder auszuhängen. In angemessenen Zeitabständen ist entsprechend dem Plan zu üben, wie sich die Arbeitnehmer im Gefahr- oder Katastrophenfall in Sicherheit bringen oder gerettet werden können.

Neben der Arbeitsstättenverordnung gibt es noch 30 Arbeitsstätten-Richtlinien. Diese sind jedoch immer nur als Leitfaden und nicht als Vorgabe zu sehen und primär nicht für die Fachkräfte für Arbeitssicherheit von Interesse; hier werden z.B. durchtrittssichere Dächer behandelt, die für Architekten interessant sind und andere Themen.

2.5 Baustellenverordnung

Einige Bestimmungen gehen auf den Arbeits- und Gesundheitsschutz auf Baustellen ein. Auf Grund des § 19 des Arbeitsschutzgesetzes vom 07. August 1996 verordnet die Bundesregierung, dass durch diese neue Verordnung die Sicherheit und der Gesundheitsschutz der Beschäftigten auf Baustellen verbessert werden soll. Bei der Ausführungsplanung eines Bauvorhabens und bei der Bemessung der Ausführungszeiten für diese Arbeiten sind die allgemeinen Grundsätze nach § 4 des Arbeitsschutzgesetzes zu berücksichtigen – dies betrifft den Bauherrn. Nach dem § 2 der BaustellV wird eine Vorankündigung der Arbeiten an die zuständige Behörde bei personell bzw. zeitlich geringem Umfang der Arbeiten (< 500 Personentage) nicht nötig.

Der § 3 der BaustellV sagt aus, dass für Baustellen, auf denen Beschäftigte mehrerer Arbeitgeber tätig werden, ein SIGE-Koordinator zu bestellen ist. Dieser muss die Arbeitsschutzmaßnahmen koordinieren, den SIGE-Plan ausarbeiten und ggf. eine Unterlage für spätere Arbeiten an der baulichen Anlage erstellen. Ungeachtet aller Vorschriften und Aufgaben, die die verschiedenen Personen und Firmen auf der Baustelle haben, bleibt die Organisations- und Überwachungsverantwortung beim Bauherrn. Ebenso trägt jeder Beteiligte die Verantwortung für sein Tun und Handeln, ist verpflichtet, die geltenden Regeln der Sicherheitstechnik für die von ihm auszuführenden Arbeiten und Aufgaben zu kennen und anzuwenden und muss auf Mängel hinweisen, bzw. diese umgehend abstellen. Der SIGE-Koordinator hat darüber hinaus die Aufgabe, weitergehende sicherheitstechnische Vorgaben zusammenzutragen, zu übermitteln, Arbeiten zu koordinieren, regelmäßige Begehungen und Kontrollen durchzuführen und ggf. auf die Einhaltung der Vorschriften hinzuwirken.

Der Sicherheitskoordinator für Baustellen (nicht zu verwechseln mit dem Koordinator, den die Unfallversicherer in der BGV A 1 fordern) ist meist eine externe Fachkraft und kein Mitarbeiter des Unternehmens; daher, und auch weil es den Umfang dieses Buchs sprengen würde, wird auf die konkrete Erstellung eines SIGE-Plans hier nicht weiter eingegangen. Allerdings gibt es an verschiedenen Stellen unterschiedlicher Bestimmungen eine Reihe von sicherheitstechnischen Maßnahmen, die für die betrieblichen Sicherheitsfachkräfte von Bedeutung sind und auf wesentliche Punkte hierbei wird in Kap. 4 eingegangen.

Abb. 2.4 Auf Baustellen ist das Tragen von Schutzausrüstungen obligatorisch

Der Arbeitgeber trägt die umfassende Verantwortung für die Sicherheit und die Gesundheit der Beschäftigten in seinem Betrieb – unabhängig vom Ort der Ausführung der Arbeiten. Er hat die Pflicht, für einen wirksamen Arbeitsschutz tätig zu werden. Dies ist nicht die primäre Aufgabe des Sicherheits- und Gesundheits-Koordinators. Vor allem in größeren Betrieben kann der Arbeitgeber die Wahrnehmung seiner Pflichten auf andere Personen aus dem Unternehmen übertragen. Diese müssen dann die Pflichten gegenüber den Beschäftigten an seiner Stelle erfüllen. Der Arbeitgeber hat damit zuverlässige und fachkundige Personen zu beauftragen, die ihm nach dem Arbeitsschutzgesetz obliegenden Pflichten in eigener Verantwortung wahrzunehmen. Insofern trifft ihn eine Auswahlpflicht beim Einsatz von Führungskräften. Die Beauftragung der Führungskräfte hat in geeigneter Form und schriftlich zu erfolgen. Es soll nicht nur klargestellt werden, welche Sachaufgaben in die fachliche Verantwortung des Vorgesetzten gestellt werden, sondern auch welche Pflichten im Arbeitsschutz der Vorgesetzte an Stelle des Arbeitgebers gegenüber den ihm unterstellten Mitarbeitern hat und welche Entscheidungsbefugnisse und Weisungsrechte ihm dafür zur Verfügung stehen. Auch nach der Übertragung von Arbeitsschutzaufgaben bleibt der Arbeitgeber zur Überwachung der beauftragten Personen verpflichtet. Er hat ständig die Effektivität seiner Arbeitsschutzorganisation im Betrieb insgesamt im Auge zu behalten. Für den Arbeitgeber ergeben sich aus dem Arbeitsschutzgesetz die in Abschn. 2.2 aufgeführten Grundpflichten.

Seit dem 10.06.1998 gibt es die „Verordnung über Sicherheit und Gesundheitsschutz auf Baustellen", die dazu führen soll, dass die hohen Ver-
letzungszahlen auf Baustellen zurückgehen. Nach definierten Voraussetzungen ist ein qualifizierter Sicherheitskoordinator einzusetzen, der für
Arbeits- und Gesundheitsschutz, aber auch für Brandschutz und allgemein
für die Sicherheit zu sorgen hat. Die Unfälle je 1.000 Vollbeschäftigte sind
aufgrund der Erfolge der Berufsgenossenschaften, der verbesserten Auf-
klärung, moderner Sicherheitstechnik sowie dem sicherheitsgerechten
Verhalten der Beschäftigten in der Entwicklung Deutschlands ständig zu-
rückgegangen (Tabelle 2.1).

Tabelle 2.1 Unfälle je Tausend Beschäftigte

Jahr	1960	1970	1980	1990	2000	2001	2002
Unfälle bei allen Be- rufsgenossenschaften	132,7	102,5	76,4	53,1	37,1	34,5	31,7
Unfälle bei den Bau- Berufsgenossen- schaften	224,6	170,8	155,0	119,7	90,4	82,2	71,9

Während sich im Jahr 2000 also 37 Unfälle je 1.000 Beschäftigte bei allen Berufsgenossenschaften ereignet haben, sind es bei den Bau-
Berufsgenossenschaften 90, also mehr als das Doppelte. Diesen Faktor
zwei kann man seit über 40 Jahren beobachten. Naturgemäß passiert auf
Baustellen viel mehr als in Unternehmen, in denen die Arbeitsabläufe ge-
regelter und die Umgebungsbedingungen (Aufgabenbereich, Klima, Beleuchtung, Kollegen, ...) gleichmäßiger sind. Im Jahr 2002 gab es über alle
Berufsgenossenschaften 973.540 meldepflichtige Arbeitsunfälle, das sind
8,2 % weniger als im Jahr zuvor; bei den Bau-Berufsgenossenschaften
nahm die Zahl um 12,5 % ab, es waren aber immer noch 181.484 meldepflichtige Unfälle. Insgesamt gab es 773 tödliche Arbeitsunfälle (4,7 %
weniger als im Jahr 2001), davon am Bau 169, was einer Abnahme zum
Vorjahr von 10,1 % entspricht.

Insgesamt zeigen diese Zahlen die Erfolge der Sicherheitstechnik, die
höheren Unfallzahlen auf Baustellen im Vergleich zu anderen Unternehmen werden aber wohl erhalten bleiben. Auf drei Tote bei anderen Berufsgenossenschaften kommen in vergleichbarer Relation acht Tote bei der
Bau-Berufsgenossenschaften.

Abb. 2.5 Der vorschriftswidrige Gebrauch von Einrichtungen zum Lastentransport ist nur eine von vielen Unfallursachen auf Baustellen

Die neue Verordnung dient der Verbesserung von Sicherheit und Gesundheitsschutz der Beschäftigten auf Baustellen; sie gilt nicht im Sinne des Bundesberggesetzes. Betroffen sind bauliche Anlagen, die errichtet, geändert oder abgebrochen werden. Der Bauherr ist verantwortlich, dass die allgemeinen Grundsätze des Arbeitsschutzgesetzes berücksichtigt werden. Ist für eine Baustelle, auf der Beschäftigte von mehreren Arbeitgebern tätig sind, eine Vorankündigung zu übermitteln oder fallen auf einer Baustelle mit Arbeitern von mehreren Arbeitgebern gefährliche Arbeiten an, so muss ein SIGE-Koordinator gestellt werden (§ 2, Abs. 3, BaustellV). Als gefährliche Arbeiten zählen nach der Vorschrift:

- Arbeiten, bei denen die Gefahr des Versinkens oder verschüttet Werdens von mehr als 5 m oder Absturz aus mehr als 7 m Höhe besteht,
- explosionsgefährliche, krebserzeugende und ähnlich geartete Arbeiten,
- Arbeiten mit ionisierenden Strahlungen,

- Arbeiten in einem geringeren Abstand als 5 m von Hochspannungsleitungen,
- Arbeiten, bei denen die Gefahr des Ertrinkens besteht,
- Brunnenbau, unterirdische Erdarbeiten, Tunnelbau,
- Arbeiten mit Tauchgeräten,
- Arbeiten in Druckluft,
- Arbeiten, bei denen Sprengstoff eingesetzt wird,
- Bewegung von Massivbauelementen mit mehr als 10 t Gewicht.

Für derartige Baustellen sind ein oder mehrere geeignete SIGE-Koordinatoren zu stellen. Während der Planung der Ausführung des Bauvorhabens haben sie vor allem drei Aufgaben:

1. Die Maßnahmen des Arbeitsschutzes zu koordinieren,
2. Den Sicherheits- und Gesundheitsschutzplan auszuarbeiten,
3. Eine Unterlage mit den erforderlichen Arbeiten und den dazu erforderlichen Sicherheits- und Gesundheitsschutzmaßnahmen zusammenzustellen.

Auch wenn ein Generalübernehmer ein Gebäude errichtet und ein geeigneter SIGE-Koordinator für den Sicherheitsplan zuständig ist, so verbleibt beim Bauherrn immer noch die Organisations- und Überwachungsverantwortung.

Mit der frühzeitigen Planung der Sicherheitseinrichtungen und -maßnahmen sowie der Berücksichtigung bei der Ausschreibung kann der Bauherr:

- die Gefährdung für alle am Bau Beteiligten minimieren,
- die Gefährdung, die von der Baustelle auf unbeteiligte Dritte ausgeht, minimieren,
- Störungen im Bauablauf vermeiden,
- die Qualität der geleisteten Arbeit erhöhen,
- Kosten einsparen, z.B. durch gemeinsam genutzte Sicherheitseinrichtungen sowie vermiedene Brände, Betriebsunterbrechungen, Schäden und Unfälle.

Die Notwendigkeit, auf Baustellen auch den Brandschutz zu betreiben, ergibt sich aber auch aus der Tatsache, dass es auf Baustellen besonders häufig brennt und dies zunehmend mit dem Baufortschritt und somit mit der Wertezunahme. Bei Sanierungs-, Montage- Reparatur- oder Wartungsarbeiten, insbesondere aber bei feuergefährlichen Arbeiten (Schweißen, Schneidbrennen, Trennschleifen, Löten, Trocknen, Auftauen und sonstige Arbeiten, die Funken erzeugen) brechen besonders häufig Brände aus. Aus diesen Gründen müssen sowohl bei der Planung und dem Betrieb von Baustellen, als auch bei späteren Arbeiten brandschutztechnische Vorkehrungen Berücksichtigung finden. Folgende Punkte sind besonders relevant:

- Derartige Arbeiten sind zentral zu melden.
- Eventuell ist ein *Erlaubnisschein für feuergefährliche Arbeiten* einzuführen, zumindest jedoch sollten die Inhalte solcher sog. *Schweißerlaubnisscheine* allgemein bekannt sein und auf deren Umsetzung geachtet werden.
- Es ist zu kontrollieren, ob nicht brand- und explosionsgefährliche Gegenstände im Gefahrenbereich oder in der Nähe sind.
- Die Ausführung wird nur von ausreichend qualifizierten, und ausgebildeten Fachkräften vorgenommen, die mindestens 18 Jahre alt sind (Ausnahme: Auszubildende unter Aufsicht).
- Personen sollten auch über den Zeitraum der gefährlichen Arbeiten hinaus beaufsichtigt werden (sporadisch oder periodisch, je nach Gefährdungsgrad).
- Keine feuergefährlichen Arbeiten dürfen in explosionsgefährlichen Bereichen wie Rauchverbotsbereiche oder bei leicht entzündlichen Stoffen, Gasen und Stäuben durchgeführt werden.
- Besonders bei Dächern mit brennbarer Abdichtung sind Brände relativ häufig, hier sind besondere Schutzmaßnahmen nötig.
- Weitere Vorschriften, z.B. aus dem Landesrecht (z.B. VVB – Verordnung zur Verhütung von Bränden) müssen beachtet werden.
- Schneidbrenner sowie Schweiß- und Lötgeräte dürfen nur auf geeigneten Ablegevorrichtungen abgelegt werden.
- Offene Flammen müssen ständig beobachtet werden.
- Lötlampen dürfen nicht in der Nähe von Gefahrstoffen (leicht- oder normalentflammbare Feststoffe, Gase, brennbaren Flüssigkeiten) nachgefüllt oder angeheizt werden.
- Besonders beim Erwärmen von Bitumen und vergleichbaren Stoffen ist darauf zu achten, dass sich diese nicht entzünden. Für den Fall, dass dies doch geschieht ist die direkte und weitere Umgebung so zu schützen, dass sie nicht auch entzündet wird.
- Feuerstätten sind während des Betriebs ständig zu beaufsichtigen.
- Geeignete und ausreichend viele Löschgeräte müssen bereitstehen.

Die Verantwortungen und Zuständigkeiten für den Brandschutz sind für jedes Bauvorhaben klar zu regeln. Auf der Baustelle ist es empfehlenswert, wenn der Bauleiter schriftlich auf seine Verantwortung für den Brandschutz vor Ort hingewiesen wird. Ebenso ist aber auch jeder Vorgesetzte für die Aktivitäten seiner Mitarbeiter verantwortlich. Die Aufgabe des

SIGE-Koordinators ist die Kontrolle und die Koordination bestimmter Maßnahmen. Täglich sowie prinzipiell vor und bei entsprechenden Arbeiten soll der Bauleiter sich von der sicherheitsgerechten Ausführung der Arbeiten und nach Beendigung vom sicherheitsgerechten Zustand der Baustelle überzeugen.

Generell ist jede Baustelle mit einem Bauzaun abzusichern, der den Maßnahmen angepasst, d.h. mindestens 2,0 m hoch und ausreichend stabil ist. Schutzplanen und Folien am Gebäude sollen nicht brennbar, zumindest aber schwerentflammbar nach DIN 4102 (d.h. B 1) sein und zur Gewährleistung einer ungehinderten Rauchabführung nach oben offen sein.

Behelfbauten, die dem Wohnen und Schlafen dienen, sind von der Baustelle und von Lagern durch ausreichende Abstände oder durch Brandwände zu trennen, wenn dies räumlich möglich oder brandschutztechnisch nötig ist.

In Abhängigkeit von Größe und Brandgefährlichkeit der Baustelle sind Brandwände, feuerbeständige Wände und Decken und Treppenräume geschossweise mit zu errichten. Brandschutztüren sollten möglichst frühzeitig eingesetzt werden. Treppenräume dürfen nie als Lager und Abstellflächen verwendet werden. Müssen die Brandwände bzw. feuerbeständigen Wände und Decken bereits während der Bauarbeiten Anforderungen an den Brandschutz erfüllen, so sind alle Öffnungen in diesen Bauteilen feuerbeständig abzuschotten; hierzu sollten Brandschutzkissen verwendet werden.

Die zur Durchführung von Rettungs- und Brandbekämpfungsmaßnahmen erforderlichen Aufstell- und Bewegungsflächen für die Feuerwehr sind nach DIN 14 090 auszuführen. Sämtliche Zufahrten zur Baustelle müssen so befestigt werden, dass sie von Feuerwehrfahrzeugen mit einer Achslast von mindestens 12 Tonnen befahren werden können. Flucht- und Rettungswege müssen ständig freigehalten werden, auch ein kurzfristiges Verstellen ist nicht zu dulden. Durchfahren sollen Mindestöffnungen von 4 m x 4 m haben.

Der SIGE-Plan soll, kann und darf keine Eigenverantwortlichkeit im Bereich *Sicherheit,* aber auch bezüglich der *gesetzlichen Vorgaben* ersetzen. Konkret bedeutet dies, dass das Vorhandensein eines SIGE-Koordinators und eines SIGE-Plans keinen unmittelbaren oder direkten Einfluss auf die Baustelleneinrichtung und das Verhalten auf der Baustelle haben darf. Jede auf der Baustelle arbeitende bzw. aktiv anwesende Person ist voll verantwortlich einerseits für das eigene Handeln, andererseits für das Kennen und Einhalten der jeweiligen sicherheitstechnischen Vorschriften. Der jeweilige direkte Vorgesetzte trägt die Verantwortung für seine Arbeiter. Werden Gefahren erkannt, so sind diese entweder selber abzustellen, oder umgehend an die qualifizierte Stelle zu melden.

Der SIGE-Plan soll indes primär unterschiedliche Arbeiten und solche von unterschiedlichen Firmen koordinieren und auf die möglichen Gefahren bei den Arbeiten hinweisen, analog den Hinweisen auf dem *Erlaubnisschein für feuergefährliche Arbeiten*. Der SIGE-Koordinator soll aktiv an Ausschreibung, Baustelleneinrichtung und Arbeitsabläufen mitwirken und auch zur regelmäßigen Überprüfung und Kontrolle vor Ort auf der Baustelle sein.

Jede beteiligte Firma soll bei Unklarheiten, sicherheitstechnischen Fragen, Problemen usw. den SIGE-Koordinator hinzuziehen. Verletzungen, Unfälle, Brandanschläge und sonstige, ähnlich schädigende Ereignisse sind auch, neben den ohnehin zu informierenden Stellen (z.B. BG, Arbeitgeber), dem SIGE-Koordinator zu melden. Ein optimal aufbereiteter Zeitablaufplan ist hier nicht nötig.

Die hauszugehörige Fachkraft für Arbeitssicherheit soll in der Regel nicht der Sicherheits- und Gesundheitsschutz-Koordinator auf der eigenen Baustelle sein, sondern dieser zur Seite stehen; zu groß und zeitaufwändig ist diese Aufgabe und sie erfordert auch mehr bzw. eine andere Berufserfahrung, als dies eine Fachkraft für Arbeitssicherheit hat; aber diese Fachkraft muss die wesentlichen Punkte und Inhalte der Vorschriften kennen, um sie auf eigenen Baustellen überprüfen zu können und um den am Bau beteiligten Unternehmern ein adäquater Gesprächspartner für Arbeitssicherheit zu sein.

2.6 Bildschirmarbeitsverordnung

Der Bildschirmarbeitsverordnung fällt bei Verwaltungsunternehmen eine zentrale Bedeutung zu. Gerade weil so viele Mitarbeiter täglich viele Stunden vor dem Bildschirm verbringen und weil sich hieraus mittel- und langfristig Krankheiten, Schäden, Veränderungen, Beeinträchtigungen und Probleme entwickeln können, sind die Präventivmaßnahmen besonders wichtig. Jeder Mitarbeiter muss sich vor der Aufnahme der Tätigkeit einer Arbeit am Bildschirm einer augenärztlicher Untersuchung unterziehen. Diese Untersuchungen sind regelmäßig, ab dem 40. Lebensjahr in kürzeren Abständen, zu wiederholen. In Sonderfällen ist dem Mitarbeiter ein größerer Bildschirm zu geben, ein solcher mit besonderem Filter, eine Bildschirm-Arbeitsbrille, oder der Mitarbeiter ist tatsächlich für diese Art von Arbeit nicht einzusetzen.

Bei Bildschirmarbeitsplätzen ist die Wahl der Möbel von besonderer Bedeutung: Nicht nur der Stuhl sollte modernsten ergonomischen Erkenntnissen entsprechen, dies gilt auch für den Schreibtisch. Besonders optimal sind solche Schreibtische einzustufen, die die Arbeitsplatte zweifach absenken bzw. anheben können: Der hintere Teil sollte ausschließlich den Bildschirm tragen und dieser ist so einzustellen, dass der Kopf eine Neigung von ca. 5 ° nach unten hat, wenn man auf den Bildschirm blickt. So ist die optimale Grundlage geschaffen, für ausreichend Durchblutung im Körper zu sorgen und eine ergonomisch günstige Haltung einzunehmen. Auf keinen Fall dürfen Bildschirme erhöht stehen, d.h. dass man den Kopf nach oben drehen muss, um den Bildschirm abzulesen.

Es ist wichtig, heute schon dafür zu sorgen, dass ein Verwaltungsunternehmen mit vielen Bildschirm-Arbeitsplätzen im Jahr 2020 und später keinen überproportional großen Anteil an augenkranken Mitarbeitern und Pensionisten haben wird. Dafür legen der Betriebsarzt und die Fachkraft für Arbeitssicherheit heute schon den Grundstein. Wichtig sind große Bildschirme (besser für die Augen) und Flachbildschirme (drei Vorteile: Keine Strahlung, kaum Brandgefahr, mehr Platz).

Die Bildschirmarbeitsverordnung besteht lediglich aus sieben Paragraphen; aber diese sieben, insbesondere der Anhang mit 22 Punkten, sind elementar wichtig. (Punkte 1–9 behandeln Bildschirmgerät und Tastatur, Punkte 10–13 die sonstigen Arbeitsmittel, Punkte 14–19 die Arbeitsumgebung und Punkte 20–22 das Zusammenwirken Mensch–Arbeitsmittel).

- Die auf dem Bildschirm dargestellten Zeichen müssen scharf, deutlich und ausreichend groß sein sowie einen angemessenen Zeichen- und Zeilenabstand haben.
- Das auf dem Bildschirm dargestellte Bild muss stabil und frei von Flimmern sein; es darf keine Verzerrungen aufweisen.
- Die Helligkeit der Bildschirmanzeige und des Kontrasts zwischen Zeichen und Zeichenuntergrund auf dem Bildschirm müssen einfach einstellbar sein und den Verhältnissen der Arbeitsumgebung angepasst werden können.
- Der Bildschirm muss frei von störenden Reflexionen und Blendungen sein.
- Das Bildschirmgerät muss frei und leicht drehbar und neigbar sein.
- Die Tastatur muss vom Bildschirmgerät getrennt und neigbar sein, damit die Benutzer eine ergonomisch günstige Arbeitshaltung einnehmen können.
- Die Tastatur und die sonstigen Eingabemittel müssen auf der Arbeitsfläche variabel angeordnet werden können. Die Arbeitsfläche vor der Tastatur muss ein Auflegen der Hände ermöglichen.

- Die Tastatur muss eine reflexionsarme Oberfläche haben.
- Form und Anschlag der Tasten müssen eine ergonomische Bedienung der Tastatur ermöglichen. Die Beschriftung der Tasten muss sich vom Untergrund deutlich abheben und bei normaler Arbeitshaltung lesbar sein.
- Der Arbeitstisch bzw. die Arbeitsfläche muss eine ausreichend große und reflexionsarme Oberfläche besitzen und eine flexible Anordnung des Bildschirmgeräts, der Tastatur, des Schriftguts und der sonstigen Arbeitsmittel ermöglichen. Ausreichender Raum für eine ergonomisch günstige Arbeitshaltung muss vorhanden sein. Ein separater Ständer für das Bildschirmgerät kann verwendet werden.
- Der Arbeitsstuhl muss ergonomisch gestaltet und standsicher sein.
- Der Vorlagenhalter muss stabil und verstellbar sein sowie so angeordnet werden können, dass unbequeme Kopf- und Augenbewegungen soweit wie möglich eingeschränkt werden.
- Eine Fußstütze ist auf Wunsch zur Verfügung zu stellen, wenn eine ergonomisch günstige Arbeitshaltung ohne Fußstütze nicht erreicht werden kann.
- Am Bildschirmarbeitsplatz muss ausreichender Raum für wechselnde Arbeitshaltungen und -bewegungen vorhanden sein.
- Die Beleuchtung muss der Art der Sehaufgabe entsprechen und an das Sehvermögen der Benutzer angepasst sein; dabei ist ein angemessener Kontrast zwischen Bildschirm und Arbeitsumgebung zu gewährleisten. Durch die Gestaltung des Bildschirmarbeitsplatzes sowie Auslegung und Anordnung der Beleuchtung sind störende Blendwirkungen, Reflexionen oder Spiegelungen auf dem Bildschirm und den sonstigen Arbeitsmitteln zu vermeiden.
- Bildschirmarbeitsplätze sind so einzurichten, dass leuchtende oder beleuchtete Flächen keine Blendung verursachen und Reflexionen auf dem Bildschirm soweit wie möglich vermieden werden. Die Fenster müssen mit einer geeigneten verstellbaren Lichtschutzvorrichtung ausgestattet sein, durch die sich die Stärke des Tageslichteinfalls auf den Bildschirmarbeitsplatz vermindern lässt.
- Bei der Gestaltung des Bildschirmarbeitsplatzes ist dem Lärm, der durch die zum Bildschirmarbeitsplatz gehörenden Arbeitsmittel verursacht wird, Rechnung zu tragen, insbesondere um eine Beeinträchtigung der Konzentration und der Sprachverständlichkeit zu vermeiden.
- Die Arbeitsmittel dürfen nicht zu einer erhöhten Wärmebelastung am Bildschirmarbeitsplatz führen, die unzuträglich ist. Es ist für eine ausreichende Luftfeuchtigkeit zu sorgen.

- Die Strahlung muss – mit Ausnahme des sichtbaren Teils des elektromagnetischen Spektrums – so niedrig gehalten werden, dass sie für Sicherheit und Gesundheit der Benutzer des Bildschirmgeräts unerheblich ist.
- Die Grundsätze der Ergonomie sind insbesondere auf die Verarbeitung von Informationen durch den Menschen anzuwenden.
- Bei Entwicklung, Auswahl, Erwerb und Änderung von Software sowie bei der Gestaltung der Tätigkeit an Bildschirmgeräten hat der Arbeitgeber den folgenden Grundsätzen insbesondere im Hinblick auf die Benutzerfreundlichkeit Rechnung zu tragen:
  - Die Software muss an die auszuführende Aufgabe angepasst sein.
  - Die Systeme müssen den Benutzern Angaben über die jeweiligen Dialogabläufe unmittelbar oder auf Verlagen machen.
  - Die Systeme müssen den Benutzern die Beeinflussung der jeweiligen Dialogabläufe ermöglichen sowie eventuelle Fehler bei der Handhabung beschreiben und deren Beseitigung mit begrenztem Arbeitsaufwand erlauben.
  - die Software muss entsprechend den Kenntnissen und Erfahrungen der Benutzer im Hinblick auf die auszuführende Aufgabe angepasst werden können.
  - Ohne Wissen der Benutzer darf keine Vorrichtung zur qualitativen oder quantitativen Kontrolle verwendet werden.

2.7 Persönliche Schutzausrüstungs-Benutzerverordnung

Die Verordnung über Sicherheit und Gesundheitsschutz bei der Benutzung persönlicher Schutzausrüstungen bei der Arbeit besteht lediglich aus drei Paragraphen, die gut zu verstehen und umzusetzen sind:

§ 1 (Anwendungsbereich): Diese Verordnung gilt für die Bereitstellung persönlicher Schutzausrüstungen durch Arbeitgeber sowie für die Benutzung persönlicher Schutzausrüstungen durch Beschäftigte bei der Arbeit. Persönliche Schutzausrüstung im Sinne dieser Verordnung ist jede Ausrüstung, die dazu bestimmt ist, von den Beschäftigten benutzt oder getragen zu werden, um sich gegen eine Gefährdung für ihre Sicherheit und Gesundheit zu schützen, sowie jede mit demselben Ziel verwendete und mit der persönlichen Schutzausrüstung verbundenen Zusatzausrüstung. Hier sind die Mitarbeiter von Verwaltungsunternehmen nicht betroffen, denn für deren berufliche Tätigkeiten sind persönliche Schutzausrüstungen nicht nötig. Wenn jedoch ein Mitarbeiter im Wagen eine Dienstfahrt unternimmt, so ist er darauf hinzuweisen, dass er sich nicht nur an die geltenden Straßenverkehrsvorschriften zu halten hat (allen voran die Anpassung der Geschwindigkeit an die Gegebenheiten und die Vorschriften), sondern auch, dass er den Schutzgurt anzulegen hat. Werden Dienstfahrzeuge zur Verfügung gestellt, so sollten diese über Airbags und Klimaanlage verfügen, um erstens bei Unfällen den optimalen Schutz der Insassen gewährleisten zu können und zweitens um optimale Bedingungen (d.h. angenehme Temperatur) zu schaffen und so Unfällen vorzubeugen. Auch sind die Mitarbeiter darauf hinzuweisen, dass Personen auf den Rücksitzen sich unbedingt anzuschnallen haben. Schweres und größeres Gepäck muss im Kofferraum mitgenommen werden und darf auf den Rücksitzen den Fahrer nicht gefährden. Besonders jedoch sind alle Handwerker, Hausmeister, Elektriker, Küchenpersonal usw. auf Gefahren hinzuweisen sowie auf die Möglichkeiten, diese durch richtiges Verhalten und durch die Anwendung von persönlichen Schutzausrüstungen zu vermeiden.

§ 2 (Bereitstellung und Benutzung): Unbeschadet seiner Pflichten nach den §§ 3, 4 und 5 des ArbSchG darf der Arbeitgeber nur persönliche Schutzausrüstungen auswählen und den Beschäftigen bereitstellen, die erstens den Anforderungen der Verordnung über das Inverkehrbringen von persönlichen Schutzausrüstungen entsprechen, zweitens Schutz gegenüber der zu verhütenden Gefährdung bieten, ohne selbst eine größere Gefährdung mit sich zu bringen, drittens für die am Arbeitsplatz gegebenen Bedingungen geeignet sind und viertens den ergonomischen Anforderungen und den gesundheitlichen Erfordernissen der Beschäftigten entsprechen. Persönliche Schutzausrüstungen müssen den Beschäftigten individuell passen. Sie sind grundsätzlich für den Gebrauch durch eine Person bestimmt. Erfordern die Umstände eine Benutzung durch verschiedene Beschäftigte, hat der Arbeitgeber dafür zu sorgen, dass Gesundheitsgefahren oder hygienische Probleme nicht auftreten. Werden mehrere persönliche Schutzausrüstungen gleichzeitig von einer oder einem Beschäftigten benutzt, muss der Arbeitgeber diese Schutzausrüstungen so aufeinander abstimmen, dass die Schutzwirkung der einzelnen Ausrüstungen nicht beeinträchtigt wird. Durch Wartungs-, Reparatur- und Ersatzmaßnahmen sowie durch ordnungsgemäße Lagerung trägt der Arbeitgeber dafür Sorge, dass die persönlichen Schutzausrüstungen während der gesamten Benutzungsdauer gut funktionieren und sich in einem hygienisch einwandfreien Zustand befinden. Es ist allerdings jedem Mitarbeiter zuzumuten, seine persönliche Schutzausrüstung selber zu warten und arbeitstäglich auf ihre Funktion hin zu überprüfen. Bei bestimmten Schutzausrüstungen (z.B. Stulpenhandschuhe für die sog. Panzersicherungen) ist es auch ohne weiteres zumutbar, dass sie nicht nur von einer Person getragen werden.

Abb. 2.6 Regelmäßige Übungen erreichen einen sicheren Umgang mit persönlichen Schutzausrüstungen

§ 3 (Unterweisung): Bei der Unterweisung nach § 12 ArbSchG hat der Arbeitgeber die Beschäftigten zu unterweisen, wie die persönlichen Schutzausrüstungen sicherheitsgerecht benutzt werden. Soweit erforderlich führt er eine Schulung in der Benutzung durch. Für jede bereitgestellte persönliche Schutzausrüstung hat der Arbeitgeber erforderliche Informationen für die Benutzung in für die Beschäftigten verständlicher Form und Sprache bereitzuhalten. Hiermit soll insbesondere darauf hingewiesen werden, dass Mitarbeiter, die der deutschen Sprache nicht oder nur unzureichend mächtig sind, nicht verpflichtet sind, Arbeitsanweisungen zu verstehen. Dagegen ist der Arbeitgeber verpflichtet, sich verständlich und ggf. in deren Muttersprache auszudrücken. Auch für deutsche Arbeiter müssen Arbeitsanweisungen so klar sein, dass sie inhaltlich verstanden werden.

2.8 Lasthandhabungsverordnung

Die Lasthandhabungsverordnung gilt für die manuelle Handhabung von Lasten und betrifft somit nicht nur Handwerker, sondern auch Boten, Außendienstmitarbeiter, Kantinenpersonal und auch Büromitarbeiter. Wichtig ist das Abklären folgender Punkte:

- Sind nur körperlich geeignete und nicht zu alte Personen damit beauftragt, Lasten zu bewegen?
- Erfolgt die medizinisch richtige Personalauswahl?
- Gibt es ein breites, akzeptiertes Angebot an Möglichkeiten, Betriebssport zu treiben?
- Gibt es Vorsorgeuntersuchungen vor der Aufnahme der Tätigkeiten und später in regelmäßigen Abständen?
- Sind die üblicherweise zu bewegenden Lasten nicht schwerer als 20 kg, in Ausnahmefällen 25 kg?
- Gibt es Anweisungen, dass schwere Gegenstände nicht allein zu bewegen sind?
- Werden diese Anweisungen auch überprüft und eingehalten (zuständig hierfür ist der direkte Vorgesetzte)?
- Gibt es an den relevanten Stellen geeignete organisatorische Maßnahmen, oder auch geeignete Arbeitsmittel (z.B. elektrische oder mechanische Ausrüstungen), um das manuelle Handhaben von Lasten zu erleichtern?
- Sind die Mitarbeiter unterrichtet, wie Gegenstände zu befördern sind und wie man eine Gefährdung von Dritten und eine Eigengefährdung unterbinden kann?
- Ist niemand länger als 10 Jahre im Unternehmen damit beauftragt, Lasten zu befördern?
- Nimmt man die BG-Angebote wahr, Rückenschulen zu besuchen, besondere Vorsorgeuntersuchungen machen zu lassen und die Hinweise in der BG-Zeitung umzusetzen?
- Werden die empfohlenen Ruhezeiten eingehalten?

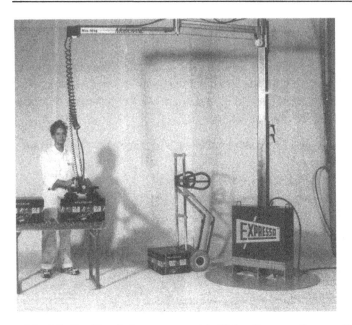

Abb. 2.7 Zur Handhabung unterschiedlicher Lasten gibt es zahlreiche Hilfsmittel (Quelle: Expresso GmbH)

2.9 Gerätesicherheitsgesetz

Das Gerätesicherheitsgesetz (GSG) mit 19 Paragraphen ist besonders wichtig für ein produzierendes Unternehmen. Es beschäftigt sich primär mit dem Inverkehrbringen bzw. Bereitstellen von technischen Arbeitsmitteln, d.h. es betrifft einen Anwender nur indirekt, nicht aber direkt. Dagegen betrifft es direkt den Hersteller bzw. den Importeur eines technischen Geräts, da sich diese Firmen dafür verantwortlich zeigen müssen, dass die Geräte bei ordnungsgemäßer Handhabung keine Gefahr für die Benutzer oder Dritte darstellen.

Nach § 2 des GSG sind unter technischen Arbeitsmitteln verwendungsfertige Arbeitseinrichtungen, vor allem Werkzeuge, Arbeitsgeräte, Arbeits- und Kraftmaschinen, Hebe- und Fördereinrichtungen sowie Beförderungsmittel zu verstehen. Verwendungsfertig sind Arbeitseinrichtungen, die bestimmungsgemäß verwendet werden können, ohne dass weitere Teile eingefügt werden müssen. Es passieren viele Unfälle, weil Arbeitsmittel nicht bestimmungsgemäß verwendet werden. Deshalb ist es wichtig, die Mitarbeiter darauf hinzuweisen, dass das bestimmungsgemäße Verwenden besonders wichtig ist. Dies gilt für alle Arten von Arbeitsmaschinen und

-geräten, also für elektrische Geräte ebenso wie für Leitern, Stühle usw. Ein nicht bestimmungsgemäßes Verwenden wäre z.B. von Handwerkern:

- Verwenden eines Schraubendrehers mit Kunststoffgriff als Meißel,
- Verwenden eines Elektrogeräts, das für den privaten Haushalt, d.h. für gelegentliche und kurzfristige Nutzung gedacht ist, im professionellen Einsatz z.B.
  - Bohrmaschinen,
  - Küchengeräte,
  - Staubsauger,
- Verwenden von defekten oder nicht korrekt reparierten Geräten und Gegenständen wie Leitern,
- Einsatz von selbst hergestellten Hilfsgeräten,
- Einsatz von Geräten, die nie oder schon lange nicht mehr elektrotechnisch überprüft worden sind.

Technische Arbeitsmittel dürfen (GSG, § 3) nur in den Verkehr gebracht werden, wenn sie den in den Rechtsverordnungen nach diesem Gesetz enthaltenen sicherheitstechnischen Anforderungen und sonstigen Voraussetzungen für ihr Inverkehrbringen entsprechen und Leben oder Gesundheit oder sonstige in den Rechtsverordnungen aufgeführte Rechtsgüter der Benutzer oder Dritter bei bestimmungsgemäßer Verwendung nicht gefährdet werden. Daraus lässt sich der Umkehrschluss ziehen, dass immer nach Unfällen mit Verletzungen, Behinderungen oder Todesfällen irgendjemand (der Hersteller oder Importeur, der Anwender, oder auch sein Vorgesetzter oder eine andere Person) dafür direkt und/oder indirekt verantwortlich ist.

Das CE-Zeichen ist bei der Anschaffung für technische Geräte für Arbeitsplätze in Deutschland eine Muss-Bestimmung, d.h. jedes neu angeschaffte Gerät (Bohrmaschine, Elektroantrieb, Aufzugsanlage, PC, Bildschirm, Leiter, Stuhl usw.) muss mit dem CE-Zeichen versehen sein. Das GS-Zeichen indes kann, muss aber nicht auf den jeweiligen Produkten stehen. Es empfiehlt sich jedoch, zusätzlich zum CE-Zeichen auch auf das GS-Zeichen zu achten, denn hier werden zwar ähnliche, aber zum Teil andere Dinge bescheinigt, die der Arbeitssicherheit nützlich sind.

Das GSG beschäftigt sich primär mit Firmen, die technisches Gerät in den Handel bringen. Unternehmen, die diese Produkte anwenden, haben deshalb insbesondere auf das CE-Zeichen, evtl. auch das GS-Zeichen zu achten. Darüber hinaus ist für alles, was in Unternehmen angeschafft wird, die ergonomische Handhabung wichtig, sowie Haltbarkeit, Instandhaltung, voraussichtliche Reparaturkosten, optische Wirkung, Anschaffungskosten und Schnelligkeit der Ersatzteilbeschaffung.

2.10 Vorschriften und Regeln der Berufsgenossenschaften

Das Einhalten der berufsgenossenschaftlichen Forderungen ist in Deutschland nicht fakultativ, sondern Pflicht. Die BG-Vorschriften gelten als autonome Rechtsverordnungen, die nicht verhandelbar sind. Es gibt einige 100 BG-Vorschriften, von denen jedoch von allgemeinem (nicht jedoch speziellem) Interesse besonders die nachfolgend aufgeführten Vorschriften sind:

- BGV A 1 (Grundlegende sicherheitstechnische und brandschutztechnische Verhaltensweisen am Arbeitsplatz)
- BGV A 2 (Elektrische Anlagen und Betriebsmittel)
- BGV A 4 (Arbeitsmedizinische Vorsorge)
- BGV A 5 (Erste Hilfe)
- BGV A 6 (Fachkräfte für Arbeitssicherheit)
- BGV A 7 (Betriebsärzte)
- BGV A 8 (Sicherheits- und Gesundheitskennzeichnung am Arbeitsplatz)
- BGR 133 (Ausrüstung mit Handfeuerlöschern)
- BGR 134 (sauerstoffverdrängende Gas-Löschanlagen)
- ZH1/598 (Brandgefährliche Reinigungsmittel)
- BGI 560 (Arbeitssicherheit durch vorbeugenden Brandschutz)
- BGI 562 (Brandschutz-Merkblatt)
- BGI 563 (Brandschutz bei feuergefährlichen Arbeiten)
- BGV D 36 (Leitern und Tritte)

Durch betriebliche Aktivitäten darf es nicht zu Gefährdungen oder Verletzungen von Menschen kommen. Von den BG-Vorschriften sind die wichtigsten in Tabelle 2.2 aufgeführt mit der alten Bezeichnung, der neuen Bezeichnung und der GUV-Bezeichnung (GUV = Gemeindeunfallversicherer, das sind die Berufsgenossenschaften des Staats).

Weitere Vorschriften beschäftigen sich mit der Ausstattung von Büros (primär der Ergonomie), mit Bildschirmarbeitsplätzen, mit Erster Hilfe, mit Handfeuerlöschern, mit der Arbeitsplatzgestaltung sowie Arbeiten in Spezialbereichen (z.B. Küche).

Tabelle 2.2 Vorschriften der Berufsgenossenschaften

Alte Bezeichnungen	Neue Bezeichnungen	GUV-Bezeichnungen
VBG 1	BGV A1	GUV 0.1
VBG 4	BGV A2	GUV 2.10
VBG 74	BGV D36	GUV 6.4
VBG 100	BGV A4	GUV 0.6
VBG 109	BGV A5	GUV 0.3
VBG 120	BGV C9	GUV?
VBG 122	BGV A6	GUV 0.5
VBG 123	BGV A7	GUV 0.5
VBG 125	BGV A8	GUV 0.7
ZH1/143	BGI 510	GUV 20.5
ZH1/201	BGR 133	GUV 10.10
ZH1/535	-	-
ZH1/37	-	-
ZH1/618	-	-

Die alte VBG 1 und heutige BGV A 1 (wird im Laufe des Jahres 2003 überarbeitet) ist die grundlegende und wichtigste aller BG-Vorschriften. Sie ist allgemein gehalten und bei allen Berufsgenossenschaften bzw. Gemeindeunfallversicherern identisch. Den Großteil der täglichen sicherheitstechnischen, primär jedoch arbeitsschutztechnischen Arbeit kann mit dieser Vorschrift abgearbeitet werden. Wird an irgendeiner Stelle die Gefährdung von Menschen erkannt, so kann man mit Sicherheit davon ausgehen, dass es ein Gesetz bzw. eine Vorschrift gibt, die derartiges Arbeiten untersagt. Abgesehen von besonderen und seltenen Arbeitsplätzen und Arbeitsverfahren wird es diese BG-Vorschrift sein, in der man eine Vorschrift findet, die anderes, d.h. sicherheitsgerechteres Verhalten fordert.

Diese allgemein gehaltene Vorschrift kann sehr gut zur Erst- oder Folgeunterweisung von Mitarbeitern verwendet werden; insbesondere der zweite Teil mit den Pflichten für die Versicherten sollte bekannt gemacht werden, da üblicherweise die Mitarbeiter sicherheitstechnische Bestimmungen nicht durchlesen. Diese Vorschrift muss den Fachkräften für Arbeitssicherheit in allen Einzelheiten bekannt sein, d.h. alle Paragraphen sind zu kennen und umzusetzen. Besonders erwähnenswert sind die folgenden Punkte:

- § 2: Der Unternehmer hat zur Verhütung von Arbeitsunfällen Einrichtungen, Anordnungen und Maßnahmen zu treffen, die den Bestimmungen dieser BG-Vorschrift und den für ihn sonst geltenden BG-Vorschriften und im übrigen den allgemein anerkannten sicherheitstechnischen und arbeitsmedizinischen Regeln entsprechen.

Abb. 2.8 Je nach Gefährdung im Betrieb müssen 5-10% der anwesenden Mitarbeiter als Ersthelfer ausgebildet sein

- § 4: Ist es durch betriebstechnische Maßnahmen nicht ausgeschlossen, dass die Versicherten Unfall- oder Gesundheitsgefahren ausgesetzt sind, so hat der Unternehmer geeignete persönliche Schutzausrüstungen zur Verfügung zu stellen und diese in ordnungsgemäßen Zustand zu halten.
- § 5: Erteilt der Unternehmer den Auftrag, Einrichtungen zu planen, herzustellen, zu ändern oder instand zu setzen, technische Arbeitsmittel oder Arbeitsstoffe zu liefern, Arbeitsverfahren zu planen oder zu gestalten, so hat er dem Auftragnehmer schriftlich aufzugeben, die in § 2 Abs. 1 Sätze 1 und 2 bezeichneten Vorschriften und Regeln zu beachten.
- § 6: Vergibt der Unternehmer Arbeiten an andere Unternehmer, dann hat er, soweit dies zur Vermeidung einer möglichen gegenseitigen Gefährdung erforderlich ist, eine Person zu bestimmen, die die Arbeiten aufeinander abstimmt. Er hat dafür zu sorgen, dass diese Person Weisungsbefugnis gegenüber seinen Auftragnehmern und deren Beschäftigte hat.
- § 9: Die Zahl der zu bestellenden Sicherheitsbeauftragten ergibt sich aus der Anlage 1 dieser BG-Vorschrift. Der Unternehmer hat den Sicherheitsbeauftragten Gelegenheit zu geben, ihre Aufgaben zu erfüllen, insbesondere in ihrem Bereich an den Betriebsbesichtigungen und Unfalluntersuchungen teilzunehmen. Den Sicherheitsbeauftragten sind auf Verlangen die Ergebnisse der Betriebsbesichtigungen und Unfalluntersuchung zur Kenntnis zu geben.

- § 13: Der Unternehmer hat die Verantwortungsbereiche der von ihm zu bestellenden Aufsichtspersonen abzugrenzen und dafür zu sorgen, dass diese ihren Pflichten auf dem Gebiet der Unfallverhütung nachkommen und sich untereinander abstimmen.

- § 14: Die Versicherten haben alle der Arbeitssicherheit dienenden Maßnahmen zu unterstützen. Sie sind verpflichtet, Weisungen des Unternehmers zum Zwecke der Unfallverhütung zu befolgen, sie haben die zur Verfügung gestellten persönlichen Schutzausrüstungen zu benutzen.

- § 15: Die Versicherten dürfen Einrichtungen nur zu dem Zweck verwenden, der vom Unternehmer bestimmt oder üblich ist.

- § 16: Stellt ein Versicherter fest, dass eine Einrichtung sicherheitstechnisch nicht einwandfrei ist, so hat er diesen Mangel unverzüglich zu beseitigen. Gehört dies nicht zu seiner Arbeitsaufgabe oder verfügt er nicht über Sachkunde, so hat er den Mangel dem Vorgesetzten unverzüglich zu melden.

- § 17: Versicherte dürfen Einrichtungen und Arbeitsstoffe nicht unbefugt benutzen. Einrichtungen dürfen sie nicht unbefugt betreten.

- § 18: Arbeitsplätze müssen so eingerichtet und beschaffen sein und so erhalten werden, dass sie ein sicheres Arbeiten ermöglichen.

- § 19: In Arbeitsräumen müssen Lichtschalter leicht zugänglich und selbstleuchtend sein. Selbstleuchtende Lichtschalter sind bei vorhandener Orientierungsbeleuchtung nicht erforderlich; die Beleuchtung muss sich nach der Art der Sehstärke richten. Die Stärke der Allgemeinbeleuchtung muss mindestens 15 Lux betragen.

- § 20: Fußböden dürfen keine Stolperstellen haben; sie müssen eben und rutschhemmend ausgeführt und leicht zu reinigen sein. Lichtdurchlässige Wände im Bereich von Arbeitsplätzen und Verkehrswegen müssen aus bruchsicherem Werkstoff bestehen.

- § 24: Verkehrswege müssen freigehalten werden, damit sie jederzeit benutzt werden können.

- § 30: Das schnelle und sichere Verlassen von Arbeitsplätzen und Räumen muss durch Anzahl, Lage, Bauart und Zustand von Rettungswegen und Ausgängen gewährleistet sein. Rettungswege und Notausgänge müssen als solche deutlich erkennbar und dauerhaft gekennzeichnet sein und auf möglichst kurzem Weg ins Freie oder in einen gesicherten Bereich führen. Rettungswege und Notausgänge dürfen nicht eingeengt werden und sind stets freizuhalten. Notausgänge müssen sich leicht öffnen lassen. Türen im Verlauf von Rettungswegen müssen als solche gekennzeichnet sein und in Fluchtrichtung aufschlagen.

- § 36: Gefährliche Arbeiten dürfen nur geeigneten Personen, denen die damit verbundenen Gefahren bekannt sind, übertragen werden.

- § 37: Der Unternehmer hat dafür zu sorgen, dass unbefugte Dritte Betriebsteile nicht betreten, wenn dadurch eine Gefahr für Versicherte entsteht.

- § 38: Versicherte dürfen sich durch Alkoholgenuss nicht in einen Zustand versetzen, durch den sie sich selbst oder andere gefährden können.

- § 39: Einrichtungen sind vor der ersten Inbetriebnahme, in angemessenen Zeiträumen sowie nach Änderungen oder Instandsetzungen auf ihren sicheren Zustand, mindestens jedoch auf äußerlich erkennbare Schäden oder Mängel zu überprüfen.

- § 43: An oder in der Nähe von Arbeitsplätzen dürfen leichtentzündliche oder selbstentzündliche Stoffe nur in einer Menge gelagert werden, die für den Fortgang der Arbeit erforderlich ist. Aus feuergefährlichen Bereichen sind offenes Feuer und andere Zündquellen fernzuhalten. Das Rauchen in diesen Bereichen ist verboten. Zum Löschen von Bränden sind Feuerlöscheinrichtungen bereitzustellen und gebrauchsfertig zu halten.

- § 45: Sind Versicherte gesundheitsgefährlichen Stoffen, Krankheitskeimen, Erschütterungen, Strahlung, Kälte oder Wärme oder anderen gesundheitsgefährlichen Einwirkungen ausgesetzt, so hat der Unternehmer unbeschadet anderer Rechtsvorschriften das Ausmaß der Gefährdung zu ermitteln.

Jedes Unternehmen hat die BGV A 1, die von allen Berufsgenossenschaften gemeinsam herausgegeben wird und inhaltlich identisch ist einzuhalten – unabhängig von der Zahl der Mitarbeiter.

Da aus elektrischen Anlagen tödliche Gefahren für Menschen hervorgehen, aber hier auch die Quellen für Brände zu sehen sind, muss die nächste BG-Vorschrift über elektrische Anlagen und Betriebsmittel (BGV A 2) besonders penibel umgesetzt werden. Relevante Punkte der alten VBG-4-Prüfforderung (neu: BGV A 2) sind:

- Elektrische Anlagen und Betriebsmittel sind den elektrotechnischen Regeln entsprechend zu errichten, zu ändern, zu betreiben und instand zu halten.

- Mängel sind unverzüglich zu beheben.

- Elektrische Anlagen und Betriebsmittel müssen sich in sicherem Zustand befinden und sind in diesem Zustand zu erhalten.

- Elektrische Anlagen und Betriebsmittel dürfen nur benutzt werden, wenn sie den betrieblichen und örtlichen Sicherheitsanforderungen im Hinblick auf Betriebsart und Umgebungseinflüsse genügen.

- Elektrische Anlagen und Betriebsmittel sind regelmäßig zu prüfen; die Fristen sind so zu bemessen, dass entstehende Mängel, mit denen gerechnet werden muss, rechtzeitig festgestellt werden.
- Auf Verlangen der BG ist ein Prüfbuch mit bestimmten Eintragungen zu führen.
- Elektrische Anlagen und ortsfeste Betriebsmittel sind alle 4 Jahre zu überprüfen; in Betriebsstätten, Räumen und Anlagen besonderer Art (DIN VDE 0100, Gruppe 700) in einem Abstand von 1 Jahr.
- Schutzmaßnahmen mit Fehlerstrom-Schutzeinrichtungen in nichtstationären Anlagen sind einmal im Monat zu prüfen.
- Fehlerstrom-, Differenzstrom- und Fehlerspannungs-Schutzschalter in stationären Anlagen sind alle sechs Monate und in nichtstationären Anlagen arbeitstäglich zu prüfen.
- Auf Baustellen sind mobile Elektrogeräte alle drei Monate zu überprüfen.

Besonders mit Leitern passieren in deutschen Unternehmen viele Unfälle. Während viele Personen es einsehen, defekte Elektrogeräte reparieren zu lassen oder sie auszutauschen, werden alte, defekte Leitern dennoch oft weiter verwendet oder notdürftig und nicht fachgerecht repariert. Durch Stürze von solchen Leitern (auch aus geringen Höhen) passieren oft langfristige Arbeitsausfälle und es entstehen hohe Kosten. Wichtige Punkte aus der BG-Vorschrift über Leitern und Tritte (BGV D 36) sind:

- § 2: Leitern im Sinne dieser UVV sind ortsveränderliche Aufstiege mit Stufen oder Sprossen.
- § 3: Der Unternehmer hat dafür zu sorgen, dass Leitern und Tritte entsprechende den Bestimmungen dieses Abschnitts III beschaffen sind.
- § 4: Für den Benutzer von Leitern muss eine Betriebsanleitung aufgestellt und an der Leiter deutlich erkennbar und dauerhaft angebracht sein. Für den Benutzer von mechanischen Leitern muss die Betriebsanleitung insbesondere Angaben über die standsichere Aufstellung, den zulässigen Aufrichtwinkel, die zulässige Belastung, das Aufrichten und Neigen der Leiter sowie über das Verhalten bei Störungen enthalten.
- § 5: Leitern und Tritte müssen sicher begehbar sein. Leitern und Tritte müssen ausreichend tragfähig und gegen übermäßiges Durchbiegen, starkes Schwanken und Verwinden gesichert sein. Zusammengesetzte Leitern müssen mindestens die gleiche Festigkeit haben wie gleich lange Leitern mit durchgehenden Wangen oder Holmen.
- § 7: Anlegeleitern müssen gegen Abrutschen gesichert sein. Stufenanlegeleitern müssen mit einer Aufsetz-, Einhak- oder Einhängevorrichtung

ausgerüstet sein, die zugleich gewährleistet, dass die Stufen waagrecht sind.

- § 8: Anlegeleitern, die mit Rollen auf ortsfesten Schienen laufen, müssen so beschaffen sein, dass das unbeabsichtigte Verschieben belasteter Leitern selbsttätig verhindert ist. Die Rollen müssen gegen Herausspringen aus den Laufschienen gesichert sein. Die Schienen müssen an den Enden Fahrtbegrenzungen haben.
- § 9: Freistehend verwendete Anlegeleitern müssen mindestens die Standsicherheit vergleichbar hoher Stehleitern haben. Verbindungen zwischen Anlegeleitern und Stützeinrichtungen müssen zug- und druckfest ausgeführt sein.
- § 10: Stehleitern müssen durch ihre Bauart gegen Umstürzen und Auseinandergleiten gesichert sein.
- § 12: Mechanische Leitern müssen so beschaffen sein, dass sie standsicher aufgestellt werden können.
- § 13: Mechanische Leitern müssen mit Einrichtungen ausgerüstet sein, die sicheres Arbeiten vom Leiterkopf aus ermöglichen.
- § 18: Der Unternehmer hat Leitern und Tritte in der erforderlichen Art, Anzahl und Größe bereitzustellen. Versicherte dürfen ungeeignete Aufstiege anstelle von Leitern und Tritten nicht benutzen. Versicherte dürfen Leitern und Tritte nur zu Zwecken benutzen, für die diese nach ihrer Bauart bestimmt sind. Der Unternehmer darf mechanische Leitern nur mit Absturzsicherungen bereitstellen.
- § 19: Der Unternehmer hat für Arbeiten, bei denen Leitern und Tritte schädigenden Einwirkungen ausgesetzt sind, die ihre Haltbarkeit beeinträchtigen können, Leitern und Tritte aus entsprechend widerstandsfähigen Werkstoffen oder mit schützenden Überzügen bereitzustellen.
- § 20: Versicherte dürfen schadhafte Leitern und Tritte nicht benutzen. Der Unternehmer hat schadhafte Leitern und Tritte der Benutzung zu entziehen. Er darf sie erst wieder nach sachgerechter Instandhaltung für die Benutzung bereitstellen.
- § 22: Versicherte dürfen Anlegeleitern nur an sichere Stützpunkte anlegen. Versicherte dürfen Anlegeleitern nur so anlegen, dass diese mindestens 1 m über Austrittsstellen hinausragen, wenn nicht andere gleichwertige Möglichkeiten zum Festhalten vorhanden sind. Der Unternehmer hat dafür zu sorgen, dass Wangen und Holme von Anlegeleitern nicht behelfsmäßig verlängert werden.
- § 23: Versicherte dürfen die obersten vier Sprossen von freistehend verwendeten Anlegeleitern nicht besteigen. Versicherte dürfen von freistehend verwendeten Anlegeleitern nicht auf Bühnen und andere hochgelegene Arbeitsplätzen oder Einrichtungen übersteigen.

- § 24: Versicherte dürfen die oberste Stufe oder die oberste Sprosse von Stehleitern nur besteigen, wenn sie hierfür eingerichtet ist. Versicherte dürfen von Stehleitern aus nicht auf Bühnen und andere hochgelegene Arbeitsplätze oder Einrichtungen übersteigen.
- § 26: Der Unternehmer hat für mechanische Leitern eine Betriebsanweisung in verständlicher Form und Sprache aufzustellen.
- § 29: Der Unternehmer hat dafür zu sorgen, dass eine von ihm beauftragte Person Leitern und Tritte wiederkehrend auf ordnungsgemäßen Zustand prüft. Versicherte müssen betriebsfremde Leitern und Tritte vor ihrer Benutzung sorgfältig auf Eignung und Beschaffenheit prüfen.
- § 30: Der Unternehmer hat dafür zu sorgen, dass mechanische Leitern nach Änderungen oder Instandsetzung, mindestens jedoch einmal jährlich, von einem Sachkundigen auf ihren ordnungsgemäßen Zustand geprüft werden. Der Unternehmer hat dafür zu sorgen, dass die Ergebnisse der Prüfung von dem Sachkundigen in ein Prüfbuch eingetragen werden.

Nach der Vorschrift BGV A 6 muss das Unternehmen, abhängig von der Anzahl der Versicherten und der Gefährdungsart, für eine entsprechende Arbeitsschutz-Organisation sorgen. Die wichtigsten Paragraphen der BGV A 6-Vorschrift sind nachfolgend aufgeführt:

- § 2: Der Unternehmer hat Sicherheitsingenieure oder andere Fachkräfte für Arbeitssicherheit zu verpflichten.
- § 3: Der Unternehmer kann die erforderliche sicherheitstechnische Fachkunde von Fachkräften für Arbeitssicherheit als nachgewiesen ansehen, wenn diese den in den Absätzen 2–4 festgelegten Anforderungen genügen.
- § 5: Der Unternehmer hat den Fachkräften für Arbeitssicherheit die Teilnahme an Fortbildungsmaßnahmen der BG, zu denen diese einlädt, zu ermöglichen.

Sicherheits- und Gesundheitskennzeichnung am Arbeitsplatz wird in der BGV A 8 geregelt. Es gibt bei vielen Unternehmen keine gesundheitsschädlichen Arbeitsplätze; das bedeutet, dass die Kennzeichnung von Arbeitsplätzen hier nicht nötig ist. Kennzeichnungspflichtig sind z.B. Arbeitsplätzen, an denen Dämpfe, Stäube, Nebel oder Gase auftreten können in einer Konzentration, die die MAK-Werte erreicht oder sogar überschreitet. Die Arbeitsplatzanalysen werden ergeben, ob es Bereiche im Unternehmen gibt, in denen bestimmte Kennzeichnungen nötig werden. Wichtige Punkte aus der Vorschrift BGV A 8 sind:

- § 5: Die Versicherten sind über sämtliche zu ergreifenden Maßnahmen im Hinblick auf die Sicherheits- und Gesundheitsschutzkennzeichnung am Arbeitsplatz zu unterrichten. Die Versicherten sind vor Arbeitsaufnahme und danach mindestens einmal jährlich über die Bedeutung der eingesetzten Sicherheits- und Gesundheitsschutzkennzeichnung sowie über die Verpflichtung zur Beachtung derselben zu unterweisen. Die Versicherten müssen die Sicherheits- und Gesundheitsschutzkennzeichnung befolgen.
- § 6: Die verschiedenen Kennzeichnungsarten müssen entsprechend den betrieblich vorhandenen Gefahrenlagen und Hinweiserfordernissen ausgewählt werden. Für ständige Verbote, Warnungen, Gebote und sonstige sicherheitsrelevante Hinweise sind Sicherheitszeichen zu verwenden.
- § 8: Die Wirksamkeit einer Kennzeichnung darf nicht durch eine andere Kennzeichnung oder Art und Ort der Anbringung beeinträchtigt werden.
- § 18: Werden Flucht- und Rettungspläne aufgestellt, hat der Unternehmer dafür zu sorgen, dass sie eindeutige Anweisungen enthalten, wie sich die Versicherten im Gefahr- oder Katastrophenfall zu verhalten haben und am schnellsten in Sicherheit bringen können. Flucht- und Rettungspläne müssen aktuell, übersichtlich, ausreichend groß und mit Sicherheitszeichen gestaltet sein.
- § 19: Der Unternehmer hat dafür zu sorgen, dass Einrichtungen für die Sicherheits- und Gesundheitsschutzkennzeichnung instand gehalten werden.
- § 20: Der Unternehmer hat dafür zu sorgen, dass der bestimmungsgemäße Einsatz und ordnungsgemäße Zustand der Sicherheits- und Gesundheitsschutzkennzeichnung regelmäßig, mindestens jedoch alle zwei Jahre, geprüft wird.

Aus Arbeiten an Bildschirmen können eine ganze Reihe von Krankheiten resultieren und dies meist erst nach längerem Zeitraum. Doch selbst wenn die Arbeitsleistung der Mitarbeiter lediglich um wenige Prozentpunkte abnimmt, entsteht bereits ein großer wirtschaftlicher Schaden. Deshalb ist die Bildschirmarbeitsverordnung und die dazu gehörende Berufsgenossenschaftliche Information Nr. 650 (BGI 650) elementar wichtig in ihren Inhalten und deren Umsetzung, gerade für Verwaltungsunternehmen, in denen es sehr viele Bildschirmarbeitsplätze gibt. Aus den vielen Vorgaben der BGI und der BildscharbV sollen im Folgenden einige Punkte aufgeführt werden:

- Große Bildschirme sind von besonderer Bedeutung (d.h. mindestens 17 Zoll).

- Der Abstand zu den Bildschirmen sollte mindestens 50 cm betragen, möglichst mehr.
- Individuelle Beleuchtung zur Raumbeleuchtung soll möglich sein.
- Wenn das Preis-Leistungs-Verhältniss stimmt, so sollten alle Arbeitsplätze mit Flachbildschirmen ausgestattet werden, damit ist ein individuellerer Abstand herzustellen, die Brandgefahr nimmt ab und man hat mehr Platz.
- Die Schreibtischplatten sollten es ermöglichen, die Bildschirme individuell abzusenken.
- Die Bildschirme müssen hohe Qualitäten und individuelle Verstellmöglichkeiten (sowohl auf dem Terminal, als auch auf das Gehäuse bezogen) aufweisen.
- Es sind möglichst flimmerfreie 100-Hz-Monitore zu wählen.
- Das Glas des Bildschirms sollte entspiegelt und matt sein.
- Laptops sind auf Dauer als Arbeitsgeräte nicht zu erlauben.
- Das Tageslicht sollte seitlich einfallen.
- Die Schreibtischplatte muss ausreichend Tiefe besitzen.

Der BG-Information (BGI), deren Anwesenheit im Büro der Sicherheitsfachkräfte unbedingte Notwendigkeit ist, sind weitere Details zu entnehmen, die an den jeweiligen Arbeitsplätzen nicht nur überprüft, sondern auch realisiert werden müssen.

Gerade weil in Verwaltungsunternehmen so viele Mitarbeiter an Terminals sitzen, ist dafür zu sorgen, dass es keine Erkrankungen (Augen, Rücken, Muskeln, Knochen, Sehnenscheiden usw.) gibt, die aufgrund der Arbeiten am Bildschirm entstehen. Der wirtschaftliche Vorteil, wenn weniger Mitarbeiter krank sind stellt die Anschaffungskosten, auch wenn sie hoch sind, von vielen Terminals, Stühlen und Schreibtischen in den Schatten. So können entsprechende Schreibtische das fünffache von konventionellen Schreibtischen kosten; wenn man jedoch bedenkt, dass ein Arbeitstag Ausfall direkte und indirekte Kosten von ca. 600,- € mit sich bringt, so werden auch größere Anschaffungen schnell rentabel – oft schon nach Monaten. Allein eine Mehrleistung von 3 % der Arbeitskraft von 7.000 Mitarbeitern entspricht über 200 Vollzeitbeschäftigten (!). Wenn man nun noch mit der Begründung, Geld zu sparen, preiswerte Stühle und unergonomische Schreibtische oder qualitativ nicht mehr aktuelle Bildschirme anschafft, so wohl nur, weil diese Fakten nicht bekannt sind.

Auch die 87 Seiten starke Broschüre BGI 523 hat, zusätzlich zur BGI 650 (Bildschirmarbeitsplätze), eine Reihe von interessanten Informationen zur optimierten Gestaltung von Büroarbeitsplätzen, u.a.:

- Ergonomie,
- Belastung – Beanspruchung,
- Bewertung der menschlichen Arbeit,
- Körpermaße und deren Verwendung,
- Wirkraum und Greifraum,
- richtig sitzen,
- Körperkräfte,
- Handhaben von Lasten,
- Klima und Behaglichkeit,
- Licht und Sehen,
- Beleuchtung und Sehen,
- Güte der Beleuchtung,
- Farbgebung im Arbeitsraum,
- Beleuchtung und Alter,
- Lärm,
- Mechanische Schwingungen,
- Gefahrstoffe.

Die empfehlenswerte Broschüre kann bei der zuständigen Berufsgenossenschaft angefordert werden.

Tabelle 2.3 Einsatzgebiete verschiedener Feuerlöscher

Feuerlöscher	Feststoffe (Klasse A)	Flüssigkeiten (Klasse B)	Gase [1] (Klasse C)	Metalle [2] (Klasse D)
ABC-Pulver	Ja	Ja	Ja	Nein
BC-Pulver	Nein	Ja	Ja	Nein
Metallbrandpulver	Nein	Nein	Nein	Ja
Kohlendioxid (CO_2)	Nein	Ja	Eventuell	Nein
Wasser	Ja	Eventuell [3]	Nein	Nein
Schaum	Ja	Ja	Nein	Nein

[1] Gasbrände sollten nur gelöscht werden, wenn unmittelbar Menschenleben bedroht sind. Austretendes Gas, das gelöscht wird, sammelt sich sonst im Gebäude und kann zur Totalzerstörung führen, wenn es gezündet wird (z.B. durch einen Lichtfunken oder elektrostatische Aufladung).

[2] Werden Metallbrände mit Wasser, Kohlendioxid, ABC-Pulver oder Schaum gelöscht, wird es mit hoher Wahrscheinlichkeit zu einer immensen Explosion kommen, die Menschenleben bedroht – bei Metallbränden sind nur Metallbrand-Pulverlöscher einzusetzen, keine ABC-Pulverlöscher.

[3] Wasser mit Zusatz kann für Fettbrände geeignet sein, Wasser als feiner Sprühstrahl ist ggf. auch geeignet

Nach dem VdS-Merkblatt 2001, Ausgabe 07/95 oder der BGR 133 (früher: ZH 1/201) (identisch im Inhalt), sind ausreichende und zutreffende Handfeuerlöscher anzuschaffen. Der richtige Umgang mit Feuerlöschern ist rechtzeitig und wiederholt zu üben, denn im Notfall ist es dafür zu spät. Je nach Betriebsgröße und -art gelten unterschiedliche gesetzlich vorgeschriebene Mindestzahlen von Feuerlöschern (hierzu ist die Fläche des Unternehmens zu berechnen, dann in Abhängigkeit der Betriebsart die benötigte Löschmitteleinheiten und dann in Abhängigkeit von den Löschern bzw. Löschmitteln die Anzahl der Handfeuerlöscher). Es empfiehlt sich jedoch, nicht nur den Vorschriften genüge zu tun, sondern darüber hinaus weitere Feuerlöscher mit anderen Löschmitteln anzuschaffen (z.B. Kohlendioxid für PC und andere elektrische bzw. elektronische Geräte). Tragbare Feuerlöscher sind immer mit Abkürzungen für Löschmittelart, Löschmittelmenge, Auswurfvorgang des Löschmittels und Löschdauer beschriftet.

Nur Feuerlöscher garantieren die sofortige und effektive Brandbekämpfung durch Mitarbeiter nach Brandentstehung. Wenn die Feuerwehr gerufen wird, so kann es noch bis zu 20 Minuten dauern, bis Einsatzkräfte vor Ort sind und dann noch einmal mehrere Minuten, bis die Löschwasserleitungen aufgebaut sind. Ein Entstehungsbrand hat sich in dieser langen Zeit aber bereits höchstwahrscheinlich zu einem Vollbrand entwickelt. Es kann aber nur das jeweils geeignete Löschmittel die schnelle und nicht schadenvergrößernde Brandlöschung garantieren. Kap. 6.3 geht explizit auf die quantitative und qualitative Ausstattung mit Handfeuerlöschern ein. Die Feuerlöscher müssen gemäß Tabelle 2.3 nach der BGR 133-Vorschrift für ihren Einsatzzweck geeignet sein.

2.11 Landesbauordnung

Die Musterbauordnung (MBO) ist die Leitlinie für die Landesbauordnungen (LBO) der Deutschen Bundesländer. Deutschlandweit gibt es dann je Bundesland eine eigene und immer nur landesweit gültige Bauordnung; diese 16 Bauordnungen weichen in den sicherheitstechnischen Vorgaben jedoch wenig bis nicht voneinander ab und daher macht es Sinn, hier nicht weiter auf diese arbeitsschutz- und brandschutztechnisch nicht bedeutenden Unterschiede hinzuweisen, sondern auf die wesentlichen Punkte der MBO. In einem Unternehmen sollen oder müssen unterschiedliche Nutzungseinheiten (Büro, Lager, Produktion, Technik, Sozialbereiche usw.) eigene Brandbereiche bilden. Konkrete Vorgaben an Wände, Decken und Treppenhäuser, die deutschlandweit weitgehend gleich sind, lauten:

- § 5 (2) Zugänge und Zufahrten auf den Grundstücken: Wände und Decken von Durchfahrten müssen feuerbeständig sein.
- § 5 (5) Zugänge und Zufahrten auf den Grundstücken: Bei Gebäuden, bei denen der zweite Rettungsweg über Rettungsgeräte der Feuerwehr führt und bei denen die Oberkante der Brüstungen notwendiger Fenster oder sonstiger zum Anleitern bestimmter Stellen mehr als 8 m über der Geländeoberfläche liegt, müssen diese Stellen für Feuerwehrfahrzeuge auf einer befahrbaren Fläche erreichbar sein.
- § 5 (6) Zugänge und Zufahren auf dem Grundstück: Die Zufahren und Durchfahrten dürfen nicht durch Einbauten eingeengt werden.

Kommentar: Oft wird durch nachträgliches Anbringen von Gebäudeelementen, Treppen, technischen Einrichtungen wie Klimaanlagen usw. oder auch durch Mülltonnen-Häuschen die Zufahrt für die Feuerwehr auf Dauer verwehrt. Dies kann jahrelang nicht auffallen.

- § 6 (8) Abstandsflächen: Die Tiefe von Abstandsflächen von Gebäuden darf 5 m nicht unterschreiten.
- § 17 (1) Brandschutz: Bauliche Anlagen müssen so beschaffen sein, dass der Entstehung eines Brandes und der Ausbreitung vorgebeugt wird und die Rettung von Menschen sowie wirksame Löscharbeiten möglich sind.
- § 17 (2) Brandschutz: Leichtentflammbare Baustoffe dürfen nicht verwendet werden.
- § 17 (3) Brandschutz: Feuerbeständige Bauteile müssen in den wesentlichen Teilen aus nichtbrennbaren Baustoffen bestehen; dies gilt nicht für feuerbeständige Abschlüsse von Öffnungen.
- § 17 (4) Brandschutz: Der zweite Rettungsweg kann eine mit Rettungsgeräten der Feuerwehr erreichbare Stelle sein.
- § 17 (5) Brandschutz: Bauliche Anlagen, bei denen nach Lage, Bauart oder Nutzung Blitzschlag leicht eintreten oder zu schweren Folgen führen kann, sind mit dauernd wirksamen Blitzschutzanlagen zu versehen.
- § 25 (1) Tragende Wände, Pfeiler und Stützen: Tragende Wände, Pfeiler und Stützen sind feuerbeständig, in Gebäuden geringer Höhe mindestens feuerhemmend herzustellen. Dies gilt nicht für oberste Geschosse von Dachräumen.
- § 25 (2) Tragende Wände, Pfeiler und Stützen: Im Keller sind tragende Wände, Pfeilen und Stützen feuerbeständig, bei Wohngebäuden geringer Höhe mit nicht mehr als 2 Wohnungen mindestens feuerhemmend und in den wesentlichen Teilen aus nichtbrennbaren Baustoffen herzustellen.

- § 26 (1) Außenwände: Nichttragende Außenwände und nichttragende Teile tragender Außenwände sind, außer bei Gebäuden geringer Höhe, aus nichtbrennbaren Baustoffen oder mindestens feuerhemmenden herzustellen.
- § 26 (2) Außenwände: Oberflächen von Außenwänden sowie Außenwandverkleidungen einschließlich der Dämmstoffe und Unterkonstruktionen sind aus schwerentflammbaren Baustoffen herzustellen; Unterkonstruktionen aus normalentflammbaren Baustoffen können gestattet werden, wenn Bedenken wegen des Brandschutzes nicht bestehen. Bei Gebäuden geringer Höhe sind Außenwandverkleidungen einschließlich der Dämmstoffe und Unterkonstruktionen aus normalentflammbaren Baustoffen zulässig, wenn durch geeignete Maßnahmen eine Brandausbreitung auf angrenzende Gebäude verhindert wird.
- § 27 (1) Trennwände: Feuerbeständige und feuerhemmende Trennwände sind bis zur Rohdecke oder bis unter die Dachhaut zu führen.

Abb. 2.9 Brennbare Gebäudebestandteile – hier die Decke – sind zwar erlaubt, stellen aber eine erhöhte Gefährdung dar

- § 28 (1) Brandwände: Brandwände sind herzustellen:
  1. zum Abschluss von Gebäuden, bei denen die Abschlusswand bis zu 2,5 m von der Nachbargrenze errichtet wird, es sei denn, dass ein Abstand von mindestens 5 m zu bestehenden oder nach den baurechtlichen Vorschriften zulässigen Gebäuden gesichert ist,
  2. zur Unterteilung ausgedehnter Gebäude und bei aneinandergereihten Gebäuden auf demselben Grundstück in Abständen von höchstens 40 m; größere Abstände können gestattet werden, wenn die Nutzung des Gebäudes es erfordert und wenn wegen des Brandschutzes Bedenken nicht bestehen.

- § 28 (3) Brandwände: Brandwände müssen feuerbeständig sein und aus nichtbrennbaren Baustoffen bestehen. Sie dürfen bei einem Brand ihre Standsicherheit nicht verlieren und müssen die Verbreitung von Feuer auf andere Gebäude oder Gebäudeabschnitte verhindern.

- § 28 (6) Brandwände: Brandwände sind 30 cm über Dach zu führen oder in Höhe der Dachhaut mit einer beiderseits 50 cm auskragenden feuerbeständigen Platte abzuschließen.

- § 28 (8) Brandwände: Öffnungen in Brandwänden und in Wänden, die anstelle von Brandwänden zulässig sind, sind unzulässig; sie können in inneren Brandwänden gestattet werden, wenn die Nutzung des Gebäudes dies erfordert. Die Öffnungen sind mit feuerbeständigen, selbstschließenden Abschlüssen zu versehen; Ausnahmen können gestattet werden, wenn der Brandschutz auf andere Weise gesichert ist.

Abb. 2.10 Mauerdurchbrüche in Brandwänden sind feuerbeständig zu schließen

- § 29 (1) Decken: Decken und ihre Unterstützungen sind feuerbeständig, in Gebäuden geringer Höhe mindestens feuerhemmend herzustellen. Dies gilt nicht für oberste Geschosse von Dachräumen
- § 30 (1) Dächer: Die Dachhaut muss gegen Flugfeuer und strahlende Wärme widerstandsfähig sein (harte Bedachung).
- § 30 (3) Dächer: An Dächer, die Aufenthaltsräume abschließen, können wegen des Brandschutzes besondere Anforderungen gestellt werden.

Nach der Einführung der neuen MBO werden sich die nachfolgenden Veränderungen in den nächsten Jahren auch in den jeweiligen Landesbauordnungen wiederfinden. Folgende Neuerungen sind brandschutztechnisch relevant:

- § 2 Begriffe (4), es werden Gebäudeklassen 1 bis 5 definiert:

GK 1: Freistehende Gebäude geringer Höhe ($\leq$ 7 m) mit nicht mehr als 2 Nutzungseinheiten von insgesamt nicht mehr als 400 m²,
GK 2: Gebäude geringer Höhe ($\leq$ 7 m) mit nicht mehr als 2 Nutzungseinheiten von insgesamt nicht mehr als 400 m² oder freistehende landwirtschaftlich genutzte Gebäude (ohne Höhenbeschränkung),
GK 3: Sonstige Gebäude geringer Höhe ($\leq$ 7 m),
GK 4: Gebäude mittlerer Höhe (> 7 m, $\leq$ 22 m) mit einer Höhe bis zu 13 m und Nutzungseinheiten mit jeweils nicht mehr als 400 m² in einem Geschoss,
GK 5: Sonstige Gebäude (z.B. Gebäude > 13 m Höhe, Nutzungseinheiten > 400 m²).

- § 2 Begriffe (5) Sonderbauten sind bauliche Anlagen und Räume besonderer Art und Nutzung:

  - Hochhäuser (> 22 m),
  - Bauliche Anlagen mit mehr als 30 m Höhe,
  - Gebäude > 1.600 m² Grundfläche, ausgenommen Wohngebäude,
  - Verkaufsstätten > 2.000 m² Verkaufsfläche,
  - Bürogebäude > 3.000 m² Geschossfläche,
  - Versammlungsstätten mit Räumen für mehr als 1.000 Personen,
  - Sportstätten,
  - Krankenhäuser, Pflegeheime,
  - Kindergärten,
  - Gaststätten,
  - Schulen,
  - Gefängnisse,

- Anlagen, die unter das BImSchG fallen,
- Großgaragen (> 1.000 m² Grundfläche),
- Campingplätze, Vergnügungsparks,
- HRL, ausgenommen in selbsttragenden Gebäuden,
- Sonstige Gebäude mit besonderer Brandgefahr.

Für Sonderbauten gibt es z.T. eigene Vorschriften oder individuell höhere Anforderungen für diese Gebäude.

- § 5 (1) Zugänge, Zufahrten auf dem Grundstück: Zu Gebäuden, bei denen die Oberkante der Brüstung von zum Anleitern bestimmten Stellen > 8 m über Gelände liegt, ist eine Zufahrt zu schaffen. Ist für die Personenrettung der Einsatz von Hubrettungsfahrzeugen erforderlich, so sind die dafür erforderlichen Aufstell- und Bewegungsflächen vorzusehen. Bei Gebäuden, die ganz/teilweise mehr als 50 m von einer öffentlichen Verkehrsfläche entfernt sind, sind Zufahrten und Bewegungsflächen für die Feuerwehr zu den hinten gelegenen Gebäuden herzustellen.

Abb. 2.11 Für Hochhäuser gelten besondere Brandschutzbestimmungen (Quelle: Interpane AG)

- § 5 (2) Zugänge, Zufahrten auf dem Grundstück: Zu- und Durchfahrten, Aufstellflächen und Bewegungsflächen müssen für Feuerwehrfahrzeuge ausreichend befestigt und tragfähig sein; sie sind als solche zu kennzeichnen und ständig (jederzeit) frei zu halten (Schnee, Fahrzeuge, Laub, Erde, Pflanzen, ...); vgl. hierzu auch den § 52 der ArbStättV.

- § 6 (5) Abstandsflächen: Die Tiefe der Abstandsflächen muss 0,4 mal der Gebäudehöhe betragen, mindestens jedoch 3 m. In Gewerbe- und Industriegebieten genügt eine Tiefe von 0,2 mal der Gebäudehöhe, mindestens jedoch 3 m. Hierbei ist zu beachten:

  – Eventuell ist mehr Abstand nötig, wenn das Gebäude für die Feuerwehr umfahrbar sein muss,
  – Wände zum Nachbargebäude haben brandschutztechnischen Anforderungen zu genügen und müssen ohne Öffnung sein.

- § 6 (7) Abstandsflächen: In Gewerbe- und Industriegebieten genügt bei Wänden ohne Öffnung als Tiefe der Abstandsfläche:

  – 1,5 m, wenn die Wände feuerhemmend (F 30) mit der Anforderung N (= nichtbrennbar) sind und zusätzliche Bekleidungen aus nichtbrennbaren Baustoffen bestehen,
  – 3 m, wenn die Wände feuerhemmend (F 30) sind oder wenn sie einschließlich zusätzlicher Bekleidungen aus nichtbrennbaren Baustoffen bestehen.

- § 14 (1) Brandschutz: Bauliche Anlagen sind so anzuordnen, zu errichten, zu ändern und instand zu halten, dass der Entstehung eines Brandes und der Ausbreitung von Feuer und Rauch vorgebeugt wird und bei einem Brand die Rettung von Menschen und Tieren sowie wirksame Löscharbeiten möglich sind. Es entsprechen der Anforderung:

1. N: Bauteile aus nichtbrennbaren Baustoffen,
2. G: Bauteile, deren wesentliche Teile aus nichtbrennbaren Baustoffen bestehen; es gibt:
   2a) Bauteile, deren tragende und aussteifende Teile nichtbrennbar sind und die bei raumabschließenden Bauteilen zusätzlich eine in Bauteilebene durchgehende Schicht aus nichtbrennbaren Baustoffen haben,
   2b) Bauteile, deren tragende und aussteifende Teile aus brennbaren Baustoffen bestehen und die allseitig eine brandschutztechnisch wirksame Bekleidung aus nichtbrennbaren Baustoffen und Dämmstoffe aus nichtbrennbaren Baustoffen haben.

Bauteile werden nach der Dauer ihrer Feuerwiderstandsfähigkeit unterschieden in: Feuerbeständig (F 90), hochfeuerhemmend (F 60) und feuerhemmend (F 30). Die Feuerwiderstandsfähigkeit bezieht sich bei tragenden Bauteilen auf deren Standsicherheit im Brandfall, bei trennenden Bauteilen auf deren Widerstand gegen die Ausbreitung von Feuer und Rauch. Die Verwendung brennbarer Baustoffe ist zulässig, leichtentflammbare Baustoffe dürfen nicht verwendet werden. Für Nutzungseinheiten müssen in jedem Geschoss mindestens zwei voneinander unabhängige Rettungswege vorhanden sein; beide dürfen über denselben notwendigen Flur führen. Der erste Rettungsweg muss über eine notwendige Treppe führen, der zweite kann eine notwendige Treppe, eine Außentreppe oder eine mit Rettungsgeräten der Feuerwehr erreichbare Stelle sein. Ein zweiter Rettungsweg ist nicht erforderlich, wenn die Rettung über einen sicher erreichbaren Treppenraum möglich ist, in den Feuer und Rauch nicht eindringen können. Bei Gebäuden nicht geringer Höhe (> 7 m, ≤ 22 m) muss sicher gestellt sein, dass die Feuerwehr über erforderliches Rettungsgerät verfügt.

- § 27 Tragende Wände, Pfeiler und Stützen: Tragende und aussteifende Wände und Stützen müssen im Brandfall ausreichend lang standsicher sein. Sie müssen in den Gebäudeklassen:

  - GK 5 (d.h. in sonstigen Gebäuden) F 90-G sein (d.h. im Wesentlichen nichtbrennbar),
  - GK 4 (> 7 m, ≤ 13 m, Nutzungseinheiten mit je ≤ 400 m² je Geschoss) F 60-G sein (d.h. im Wesentlichen nichtbrennbar),
  - GK 2 (≤ 7 m, ≤ 2 Nutzungseinheiten von insgesamt ≤ 400 m² oder freistehende landwirtschaftlich genutzte Gebäude) und GK 3 (sonstige Gebäude ≤ 7 m) F 30 sein.

In Kellergeschossen müssen tragende und aussteifende Wände/Stützen in den GK 4 und GK 5 F 90-G und bei GK 1 bis 3 F 30 sein.

- § 28 Außenwände: Außenwände und Außenwandteile sind so auszubilden, dass eine Brandentstehung im Gebäude bei einer Brandbeanspruchung von außen und eine Brandausbreitung ausreichend lang begrenzt sind (alte MBO: mindestens F 30). Brennbare Fensterprofile und Dichtungsstoffe sowie brennbare Dämmstoffe in nichtbrennbaren Profilen der Außenwandkonstruktion sind zulässig, wenn sie schwerentflammbar sind.

- § 29 Trennwände: Zwischen Nutzungseinheiten und zu anders genutzten Räumen sind Trennwände erforderlich, die ausreichend lang widerstandsfähig gegen die Ausbreitung von Feuer und Rauch sind. Trennwände sind in den Gebäudeklassen wie folgt herzustellen:

– GK 5: F 90-G,
– GK 4: F 60-G,
– GK 2 und GK 3 und in den obersten Geschossen von Dachräumen F30.

Trennwände in Kellergeschossen müssen F 90-G, in der GK 3 mindestens F 30 sein. Öffnungen in Trennwänden sind nur zulässig, wenn sie auf die für die Nutzung erforderliche Zahl und Größe beschränkt sind und feuerhemmende Feuerschutzabschlüsse haben.

• § 30 (2 + 3) Brandwände: Anstelle von Brandwänden sind zulässig: In den GK 2 bis 4: Wände in F 60-G und als Gebäudeabschlusswand bei den GK 2 bis 4 jeweils Wände mit Brandschutzbekleidung, die von innen nach außen F 60 und von außen nach innen F 90 haben. Brandwände müssen bis zum Dach durchgehen und in allen Geschossen übereinander angeordnet sein. Innere Brandwände dürfen geschossweise versetzt angeordnet werden, wenn:

– sie F 90 sind,
– die Decken hier F 90-N und öffnungslos sind,
– die Bauteile dieser Wände/Decken F 90-N sind,
– die Außenwände F 90-G sind,
– Öffnungen in den Außenwänden keine Brandübertragung ermöglichen.

• § 30 (4) Brandwände: Brandwände sind 30 cm über die Bedachung zu führen oder in Höhe der Dachhaut mit einer beiderseits 50 cm auskragenden F 90-N-Platte abzuschließen. Darüber dürfen brennbare Teile des Dachs nicht geführt werden. Bei Gebäuden geringer Höhe (= 7 m) sind Brandwände mindestens bis unter die Dachhaut zu führen. Müssen Gebäude, die über Eck zusammen stoßen, durch eine Brandwand getrennt werden, so muss der Abstand dieser Wand von einem Winkel bis 120° von der inneren Ecke mindestens 5 m betragen – es sei denn, eine der beiden Außenwände ist auf mindestens 5 m Länge öffnungslos und F 90-N.

• § 31 Decken: Decken müssen im Brandfall ausreichend lang standsicher und widerstandsfähig gegen die Ausbreitung von Feuer und Rauch sein. Für die Gebäudeklassen gelten:

– GK 5: F 90-G (auch Keller),
– GK 4: F 60-G (Keller: F 90-G),
– GK 2 und 3: F 30 (auch Keller).

- § 34 Treppen: Die tragenden Teile notwendiger Treppen müssen in den Gebäudeklassen wie folgt sein:

  - GK 5: F 30-N,
  - GK 4: Nichtbrennbar (DIN 4102, A1 oder A2),
  - GK 3: Nichtbrennbar oder feuerhemmend.

  Die nutzbare Breite der Treppenläufe und Treppenabsätze notwendiger Treppen muss für den größten zu erwartenden Verkehr ausreichen (etagenweise; lt. Versammlungsstättenverordnung sind das 1 m je 150 Personen, im Gang mindestens 1,5 m).

- § 35 (1) Treppenräume und Ausgänge: Notwendige Treppen ohne eigenen Treppenraum sind zulässig:

  - in den Gebäudeklassen 1 und 2,
  - für die Verbindung von höchstens 2 Geschossen innerhalb derselben Nutzungseinheit ≤ 200 m², wenn in jedem Geschoss ein anderer Rettungsweg erreicht werden kann,
  - als Außentreppe, wenn ihre Benutzung im Brandfall ausreichend sicher ist.

- § 35 (4, 5, 7) Treppenräume und Ausgänge: Die Wände notwendiger Treppenräume müssen in den Gebäudeklassen wie folgt ausgeführt sein: GK 5: F 90-N; GK 4: F 60-G; GK 3: F 30.
  In notwendigen Treppenräumen müssen Verkleidungen, Putze, Dämmstoffe, Unterdecken, Oberflächen von Wänden und Decken sowie Einbauten aus nichtbrennbaren Baustoffen bestehen und Bodenbeläge mindestens schwerentflammbar sein. Feuer- und Rauchschutzabschlüsse dürfen untergeordnete lichtdurchlässige Seitenteile und Oberlichter haben, wenn der Abschluss insgesamt nicht breiter als 2,5 m ist.

- § 35 (8, 9) Treppenräume und Ausgänge: Innenliegende notwendige Treppenräume müssen in Gebäuden mit einer Höhe von mehr als 13 m (alte MBO: mehr als fünf oberirdische Geschosse) eine Sicherheitsbeleuchtung haben. Notwendige Treppenräume müssen belüftet werden können. Sie müssen in jedem oberirdischen Geschoss unmittelbar ins Freie führende Fenster haben, die geöffnet werden können und eine Größe von mindestens 0,5 m² haben. Für innenliegende notwendige Treppenräume und notwendige Treppenräume in Gebäuden > 13 m ist an oberster Stelle eine Öffnung zur Rauchableitung mit einem freien Querschnitt von mindestens einem Quadratmeter erforderlich, der vom Erdgeschoss und vom obersten Treppenabsatz geöffnet werden kann und besser horizontal in der Decke als vertikal in der Wand angebracht ist.

- § 36 Notwendige Flure und Gänge: Notwendige Flure sind Flure, über die Rettungswege aus Aufenthaltsräumen oder aus Nutzungseinheiten mit Aufenthaltsräumen zu notwendigen Treppenräumen oder zu Ausgängen ins Freie führen. Als notwendige Flure gelten nicht:
  - Flure in den Gebäudeklassen 1 und 2,
  - Flure innerhalb von Nutzungseinheiten mit nicht mehr als 200 m²,
  - Flure innerhalb von Büros mit weniger als 400 m².

  Notwendige Flure mit nur einer Fluchtrichtung, die zu einem Sicherheitstreppenraum führen, dürfen nicht länger als 15 m sein. Öffnungen zu Lagerbereichen im Kellergeschoss müssen feuerhemmende Feuerschutzabschlüsse haben.
- § 39 Aufzüge: Fahrschachtwände müssen mindestens F 90-N, in der Gebäudeklasse 4 mindestens F 60-G und in der Gebäudeklasse 3 F 30-G sein. Gebäude mit einer Höhe größer als 13 m benötigen mindestens einen Aufzug für Krankentragen; dieser muss sowohl von den Nutzungseinheiten als auch von der öffentlichen Verkehrsfläche aus stufenlos erreichbar sein.
- § 38 Umwehrungen: Außer in Erdgeschossen müssen Fensterbrüstungen bis zum 5. Vollgeschoss mindestens 80 cm und über dem 5. Vollgeschoss mindestens 90 cm hoch sein. Andere notwendige Umwehrungen müssen folgende Mindesthöhen haben:
  - Umwehrungen zur Sicherung von Öffnungen in begehbaren Decken, Dächern sowie anderen Flächen mit einer Absturzhöhe von 1m bis 12m: 0,9m,
  - bei einer Absturzhöhe über 12m: 1,1m.
- § 40/41 Leitungen, Installationsschächte und –kanäle, Lüftungsanlagen: Leitungen dürfen durch trennende Wände und Decken, für die eine Feuerwiderstandsfähigkeit vorgeschrieben ist, nur hindurch geführt werden, wenn eine Übertragung von Feuer und Rauch ausreichend lang nicht zu befürchten ist oder Vorkehrungen hiergegen getroffen sind; dies gilt nicht für Decken in den Gebäudeklassen 1 und 2, innerhalb von Wohnungen und innerhalb von Nutzungseinheiten = 400 m², die auf maximal 2 Etagen verteilt sind.
- § 42 Abfallschächte: Ersatzlos gestrichen.
- § 45 Anlagen für feste Abfallstoffe: Für die vorübergehende Aufbewahrung fester Abfallstoffe sind dichte Abfallbehälter außerhalb der Gebäude aufzustellen. Ihre Aufstellung innerhalb von Gebäuden ist zulässig, wenn die Aufstellräume in den Gebäudeklassen 3 bis 5 wie folgt ausgelegt sind:

- Die Wände und Decken entsprechen der Feuerwiderstandsfähigkeit der tragenden Wände,
- die Tür vom Gebäude ist mindestens T 30,
- die Müllbehälter sind unmittelbar ins Freie zu entleeren,
- es gibt eine ständig wirksame Lüftung.

Die jeweils zuständige Bauordnung ist für die Fachkräfte für Arbeitssicherheit insofern wichtig zu kennen, da diese Mitarbeiter bei Neu- und Umgestaltungen konstruktiv und im Sinne der Sicherheit mitreden müssen. Auch im normalen Betrieb müssen Fachkräfte für Arbeitsschutz und Brandschutzbeauftragte in der Lage sein, sicherheitsrelevante Themen aus den Genehmigungsplänen nachzulesen und mit den tatsächlichen Gegebenheiten vor Ort abzugleichen.

2.12 Garagenverordnung

In Garagen darf es grundsätzlich keine Arbeitsplätze geben, deshalb sind dort auch die personenbezogenen Vorschriften für Arbeitsplätze (z.B. BG-Bestimmungen, Arbeitsschutzgesetz, Arbeitssicherheitsgesetz usw.) auch nicht greifend; hier gibt es primär brandschutztechnische Vorgaben, damit die Personen, die sich kurzfristig in der Garage aufhalten, nicht vergiftet werden und im Brandfall die Ausgänge sehen und erreichen können. Die Garagenverordnung, kurz GaV, regelt demnach den Brandschutz in Abstellräumen für zugelassene, geparkte Kraftfahrzeuge. Dabei wird zwischen offenen und geschlossenen Garagen, sowie Klein-, Mittel- und Großgaragen unterschieden. Bundesweit verfährt man bei der Gestaltung von Tiefgaragen wie folgt: Brandabschnitte, Brandschutztore, CO-Meldeanlage (Kohlenmonoxid), Entrauchungsanlage, automatische Brandmeldeanlage sowie Sprinklerschutz. Gültig ist die Garagenverordnung (GaV), nach der Garagen bis 100 m² als Kleingaragen, bis 1.000 m² als Mittelgaragen und darüber als Großgaragen gelten. Die GaV fordert unter dem Aspekt *Brandschutz* u.a. folgendes:

- Tragende Wände und Decken in Mittel- und Großgaragen sind feuerbeständig zu realisieren, ebenso auch die Trennungen zu anderen Gebäudeteilen; Trennwände, Tore und nichttragende Außenwände müssen aus nichtbrennbaren Baustoffen sein.
- Tragende Wände und Decken in Kleingaragen sowie die Abtrennungen zu anderen Gebäudeteilen sind feuerhemmend oder aus nichtbrennbaren Baustoffen zu bauen.

- Geschlossene Großgaragen müssen durch mindestens feuerhemmende und aus nichtbrennbaren Baustoffen bestehende Wände in Rauchabschnitte unterteilt sein, die Nutzfläche eines Rauchabschnitts darf in oberirdischen, geschlossenen Garagen ohne/mit Sprenkelanlage höchstens 5.000/10.000m² und in sonstigen geschlossenen Garagen höchstens 2.500/5.000m² betragen.
- Geschlossene Mittel- und Großgaragen müssen maschinelle Abluftanlagen haben, damit alle Teile der Garage ausreichend gelüftet werden; dies gilt als erfüllt, wenn Garagen mit geringem Zu- und Abgangsverkehr mindestens 6 m³ und sonst mindestens 12 m³ Abluft in der Stunde je m² Garagennutzfläche abführen können.
- CO-Warnanlagen sind in geschlossenen Großgaragen anzubringen.
- Automatische Löschanlagen müssen in Geschossen von Großgaragen vorhanden sein, die unter dem ersten unterirdischen Geschoss liegen, wenn das Gebäude nicht allein der Garagennutzung dient.
- Rauch- und Wärmeabzugsanlagen müssen in geschlossenen Großgaragen vorhanden sein; diese müssen ebenso wie die Stromversorgungs-Leitungen für eine Stunde einer Temperatur von 300 °C standhalten und in dieser Zeit einen mindestens zehnfachen Luftwechsel gewährleisten.
- Brandmeldeanlagen sind für geschlossene Großgaragen obligatorisch.

Die Inhalte der Garagenverordnung müssen die Fachkräfte für Arbeitsschutz und Brandschutz insofern kennen, da sie dort deren Einhaltung überprüfen müssen und ggf. auch die regelmäßige Überprüfung der technischen Ausstattung einleiten müssen.

2.13 Versammlungsstättenverordnung

Die Versammlungsstättenverordnung, kurz VStättV, trifft pauschal immer dann zu, wenn mehr als 200 Besucher an einer beliebigen Versammlung teilnehmen. Es spielt jedoch keine Rolle, wie die Räumlichkeiten sonst genutzt werden, ob es sich also sonst um ein Lager oder um Produktionsstätten handelt. Auch ist es nicht von Belang, ob die Versammlungsteilnehmer Mitarbeiter oder andere Personen sind.

Ob die VStättV zutrifft, entscheidet sich danach, was die Menschen in den Räumen oder Gebäuden machen: Arbeiten, Versammeln, Einkaufen, Übernachten, Wohnen oder ihre Autos parken. Dabei ist es ein wesentlicher Unterschied, ob z.B. 201 Personen in einem Raum arbeiten, ob sich die gleichen 201 Personen dort zu einer Versammlung treffen, ob sie einkaufen oder ob sie dort lediglich übernachten (Hotel). Im ersten Fall trifft die Arbeitsstättenverordnung (ArbStättV) zu, im zweiten Fall die VStättV, im 3. Fall die Verkaufsstättenverordnung (VkV) und im 4. Fall die Hotel- und Gaststättenbauverordnung (GastBauV). Die Arbeitsstättenverordnung ist in vielen Punkten großzügiger und fordert weniger als es die übrigen Verordnungen und Gesetze es tun. In einem Gebäude, in dem 201 Personen wohnen trifft die Landesbauordnung (LBO) zu, für das Parkhaus gilt die Garagenverordnung (GaV).

Aufgrund dieser Regelung kann es z.B. zu Problemen mit den gesetzlichen Vorgaben kommen, wenn eine Schule ihre Abiturfeier mit zu vielen Menschen in ihren Räumlichkeiten abhält oder wenn ein Unternehmen in den Arbeitsstätten eine Feier bzw. eine Betriebsversammlung abhält und daran zu viele Menschen teilnehmen.

Der Unterschied zwischen Arbeits- und Versammlungsstätte ist u.a. darin begründet, dass die in einem Unternehmen angestellten Personen sich dort gut auskennen, eingewiesen sind (Vorgabe nach der BGV A 1), die Fluchtmöglichkeiten und das Procedere der Alarmmeldung gut kennen. Bei einer Versammlung kann es sein, dass die anwesenden Menschen sich wenig bis gar nicht örtlich auskennen und auch der Veranstalter diese Personen oft nicht kennt. Zudem kann es in Versammlungsstätten zu Problemen mit der Bestuhlung kommen.

So weiß jedes Unternehmen, wie viele und welche Mitarbeiter es in welchen Gebäuden hat, ob es behinderte Mitarbeiter gibt und wenn ja, welche Art von Behinderung vorliegt. Personen, die auf die Hilfe Dritter angewiesen sind, werden durch organisatorische Schritte geschützt, d.h. Mitarbeiter (Flurbeauftragte, Ersthelfer, Kollegen) helfen ihnen im Gefahrenfall, das Gebäude zu verlassen. Auf solche Unterstützung kann man sich bei einer Versammlung nicht verlassen und auch deshalb gibt es hier höhere Anforderungen.

Sobald ein Unternehmen eine Veranstaltung plant, z.B. ein Treffen auch mit den Familienangehörigen der Mitarbeiter oder einen Tag der offenen Tür für Anwohner, sind besondere Vorsichts- und Schutzmaßnahmen zu treffen. Während es für die Arbeitsstätte oftmals ausreichend ist, als zweiten Fluchtweg Fenster vorzusehen, benötigt eine Versammlungsstätte immer zwei bauliche Fluchtwege. Die Anzahl der Personen ist zu groß, um sie über Drehleitern oder Anlegeleitern der Feuerwehren in vernünftiger Zeit aus dem Gebäude zu evakuieren.

Auch ist es bei Arbeitsstätten meist unüblich, eine Notbeleuchtung zu haben und Stühle miteinander zu verbinden; da Versammlungen oft abends abgehalten werden, wird eine Notbeleuchtung dort obligatorisch, denn allein aufgrund des Ausfalls der Beleuchtung kann es zu einer Panik kommen, bei der Menschen verletzt oder gar getötet werden können. Dies demonstrieren leider immer wieder entsprechende Vorfälle, verteilt über die ganze Welt.

Problematisch kann es demnach für Unternehmen werden, die hausintern Betriebsfeiern abhalten, oder die Veranstaltungen organisieren, bei denen die Mitarbeiter ihre Angehörigen, Freunde und Verwandte mitbringen. Im Folgenden sollen die wesentlichen Punkte der VStättV aufgeführt werden:

• Versammlungsstätten sind als solche definiert, wenn Räume, in denen sich Kinos, Bühnen oder Szeneflächen befinden mehr als 100 Personen fassen.

• Im Freien gilt der Begriff Versammlungsstätte ab einer Zahl von 1.000 anwesenden Personen.

• Nicht überdachte Sportplätze zählen ab 5.000 Personen als Versammlungsstätte.

• Ansonsten gilt die eingangs erwähnte Zahl von 200: Wenn Versammlungsräume (einzeln oder addiert) mehr als 200 Besucher beinhalten, so fällt dies unter den Betriff der Versammlungsstätte.

• In Schulen, Museen und ähnlichen Gebäuden gelten diese Vorschriften nur für die Versammlungsräume, die einzeln mehr als 200 Besucher fassen können.

• Alle hier noch nicht erfassten Orte gelten ab 1.000 Besuchern als Versammlungsstätte.

• Kirchen sowie Messe- und Ausstellungsräume fallen nicht unter den Begriff der Versammlungsstätte.

• Flucht- und Rettungswege dürfen bei Versammlungsstätten nicht identisch sein. Bei Arbeitsstätten ist es indes legitim, dass die gleichen Wege für beides genutzt werden. Wenn bei einer Veranstaltung mehrere 100 Personen fliehen, so müssen gleichzeitig die Rettungskräfte in das Gebäude gelangen können, ohne von den fliehenden Menschenmassen zurückgedrängt zu werden.

• Es muss möglich sein, von der Versammlungsstätte aus unmittelbar und zügig auf die öffentlichen Verkehrsflächen zu gelangen.

• Wenn in einer Versammlungsstätte hintereinander mehrere Veranstaltungen folgen, so müssen Warteflächen für mindestens die Hälfte der größtmöglichen Besucherzahl vorhanden sein. Hierbei kalkuliert man für je vier Personen einen Quadratmeter, ab 2.500 Personen nur noch drei Personen je Quadratmeter.

• Versammlungsstätten benötigen Ausgänge in zwei Richtungen.

• Zufahren und Durchfahren in Rettungswegen müssen mindestens 3 m breit und 3,5 m hoch sein, daneben benötigen sie noch einen Gehweg von mindestens 1 m Breite. Ratsam sind hier jedoch noch etwas breitere Wege.

- Die Wände der Durchfahrten und der Durchgänge müssen öffnungslos und feuerbeständig sein.
- Das Gebäude, in dem die Versammlung abgehalten wird, muss 6 m, 9 m oder 12 m von allen angrenzenden Gebäuden entfernt liegen, je nachdem.ob bis zu 1.500, bis zu 2.500 oder mehr als 2.500 Besucher anwesend sind; sollte das Gebäude eine Vollbühne haben, so gelten die Werte 9 m, 12 m bzw. 12 m.
- Wichtig ist, dass die Fahrzeuge der Besucher nicht die anfahrenden Schutzkräfte behindern: Die Stellplätze für die Fahrzeuge der Besucher und auch die Zu- und Abfahrmöglichkeiten dürfen nicht die Anfahrwege oder die Bewegungs- und Stellflächen der Feuerwehr beeinflussen oder kreuzen.
- Versammlungsstätten benötigen immer elektrische Beleuchtungsanlagen.
- Die Fußböden von Versammlungsräumen sollten möglichst ebenerdig sein, damit alle Menschen schnellst möglich diese Räumlichkeiten verlassen können.
- Je nach Art der Nutzung der Versammlungsstätte und nach der Anzahl der anwesenden Personen gibt es Forderungen an die maximale Höhe des Fußbodens des Versammlungsraums, gemessen vom Erdboden auf der Straße aus. Ziel sollte es sein, Versammlungsräume möglichst ebenerdig anzulegen. Sie dürfen nicht über 22 m Höhe liegen, sie sollten etwa 6 m Höhendifferenz zur Straße nicht überschreiten. 22 m sind die sog. Hochhausgrenze, so weit kann man mit einer üblicherweise vorhandenen Feuerwehrleiter von außen anleitern.
- Unterirdische Räume sind meist noch kritischer zu sehen, denn hier ist eine Hilfe von außen nicht möglich; deshalb benötigen unterirdische Versammlungsstätten neben gesetzlich geforderten Rauchabzügen auch dringend eine zweite, baulich getrennte Fluchtmöglichkeit (d.h. zwei Treppenhäuser) und der Boden darf nicht tiefer als 5 m unterhalb des davor befindlichen Geländes sein; diese Räume dürfen nicht mehr als 100 m² umfassen.
- Die Räume müssen mindestens 3 m hoch sein und unter Rängen mindestens 2,3 m (bei Rauchverbot) bzw. 2,8 m (bei Raucherlaubnis).
- Gänge, die mehr als 20 cm über dem Fußboden des Versammlungsraums liegen, sind zu umwehren.
- Umwehrungen von Rängen, Balkonen usw. müssen mindestens 1 m hoch sein.

- Bildwände müssen ebenso wie deren Tragekonstruktion mindestens schwerentflammbar nach DIN 4102, besser jedoch nichtbrennbar sein.
- Für ansteigende Platzreihen gibt es besondere Anforderungen; da diese jedoch nur für Kinos, Opern und Theater relevant sind und nicht für Unternehmen wird hier darauf nicht weiter eingegangen.
- Sobald ein Raum mit Stühlen belegt wird, gelten besondere Anforderungen. Der Hintergrund ist, dass schnell aufspringende Personen durch das Verrutschen der Stühle andere Menschen verletzen oder ihnen die Flucht erschweren können. In Reihen angeordnete Stühle müssen deshalb unverrückbar aufgestellt werden, dies gelingt z.B. durch ein Verbinden der Stühle untereinander.
- Jede Sitzfläche muss mindestens 0,5 m breit sein.
- Sitzreihen müssen mindestens 0,45 m freie Durchgangsbreite untereinander haben – besser wären größere Abstände.
- Zwischen zwei Durchgangsmöglichkeiten dürfen nur maximal 16 Stühle nebeneinander aufgestellt werden.
- Von jedem Platz aus darf der Weg zu einem Gang nicht länger als 5 m sein.
- Die tragenden Teile der Räumlichkeiten (Versammlungsstätte und Fluchtwege) müssen feuerbeständig sein; hierbei gibt es für ebenerdige, kleine Räume für wenige Personen auch Abweichungen nach unten (feuerhemmend).
- Glaswände sind dann erlaubt, wenn es sich um geeignetes Sicherheitsglas handelt, das Personen nicht verletzen kann.
- Gänge sind so zu gestalten, dass sie mindestens 1m je 150 Personen breit sind; dieser Minimalwert sollte aus Gründen der Vernunft und der Sicherheit möglichst überschritten werden.
- Gänge in Versammlungsräumen mit fest montierter Bestuhlung müssen mindestens 0,9 m breit sein, Flure mindestens 2 m, alle übrigen Rettungswege mindestens 1,1 m. Die Erfahrung zeigt jedoch, dass bessere Werte 1,2 m für Gänge, 1,8 m für Rettungswege und 2,4 m für Flure sind.
- Wenn es keine Sitzplätze gibt, so dürfen pro Quadratmeter zwei Personen berechnet werden, d.h. ein unbestuhlter Raum mit 250 m² Fläche darf nicht mehr als 500 Personen aufnehmen.
- Gibt es mehrere Versammlungsräume in verschiedenen Ebenen eines Gebäudes, so ist bei der Dimensionierung der Fluchtwegbreiten der größte Raum als voll belegt und alle weiteren als jeweils zu 50 % belegt anzunehmen.

- Garderoben, Verkaufsstände, Bordbretter und andere fest montierte Einrichtungen dürfen die notwendige Mindestbreite von Rettungswegen nicht einengen.
- Neigungen in Gängen sind zu vermeiden, sie dürfen 10 % nicht überschreiten, ansonsten sind Stufen anzubringen.
- Es sind möglichst nicht weniger als drei Stufen anzubringen, dann ist die Gefahr des Übersehens geringer.
- Allgemein gilt für Versammlungsräume: Stufen dürfen nur eine Höhe von 10–20 cm haben.
- Stufen in Fluren sind unzulässig, es sei denn, es sind mindestens 3 Stufen und diese sind beleuchtet.
- In Gängen dürfen keine Klappsitze angebracht werden.
- Jeder Versammlungsraum muss mindestens zwei günstig gelegene Ausgänge haben; günstig bedeutet, dass die Richtung möglichst von der Bühne weg geht und dass die beiden Ausgänge sich nicht gegenseitig beeinträchtigen können (z.B. durch Personenstrom oder Verrauchung).
- Der Weg von jedem Besucherplatz bis zum nächsten Ausgang darf nicht länger als 25 m sein.
- Ausgangstüren müssen generell als solche gekennzeichnet sein.
- Rettungswege ins Freie sind durch Richtungspfeile gut sichtbar und permanent zu kennzeichnen.
- Auch bei Ausfall der Beleuchtung muss die Sicherheitsbeleuchtung garantieren, dass die Ausgangsbereiche beleuchtet sind.
- Jeder nicht zu ebener Erde liegender Flur muss zwei Ausgänge zu notwendigen Treppen haben; von jeder Stelle des Flurs muss eine Treppe in höchstens 30 m Entfernung erreichbar sein.
- Jedes nicht zu ebener Erde liegende Geschoss muss über mindestens zwei brandschutztechnisch unabhängige Treppen zugänglich sein (sog. notwendige Treppen). Dies ist eine Mindestforderung, d.h. drei oder mehr Treppenhäuser sind positiver, insbesondere bei unterirdisch liegenden Räumlichkeiten.
- Außen liegende Treppenhäuser sind sicherheitstechnisch besonders positiv zu werten.
- Treppen müssen feuerbeständig und an den Unterseiten geschlossen sein; damit soll ausgeschlossen werden, dass das Treppenhaus vom Keller aus verraucht.
- Treppen benötigen auf beiden Seiten Handläufe und deren Enden dürfen nicht offen sein, damit sich keine Kleidung daran verfangen kann.
- Die Treppen dürfen nicht breiter als 2,5 m sein; benötigt man breitere Treppen, so sind zusätzliche Treppenhäuser zu gestalten.

- Treppen sollen zwischen zwei Absätzen nicht weniger als 4 Stufen haben.
- Treppenstufen in Treppenhäusern dürfen nicht höher als 17 cm sein und sie benötigen eine Tiefe (= Auftrittsbreite) von mindestens 28 cm.
- Die Treppen dürfen erst 0,9 m hinter Türen beginnen.
- Gewendelte Treppen sind unzulässig.

Abb. 2.12 Beim Umbau alter Gebäude zu Versammlungsstätten wird oft der Anbau einer außen fest montierten Fluchtleiter gefordert

- Notausstiegsfenster müssen in der lichten Öffnung z.B. (unterschiedlich in den Bundesländern) mindestens 0,6 m breit und 0,9 m hoch sein; Vergitterungen dürfen nicht behindern.
- Türen in Rettungswegen dürfen nur in die Fluchtrichtung aufschlagen.
- Türen zu Treppenräumen müssen selbstschließend sein.
- Generell darf es keine Schwellen in Rettungswegen geben.
- Schiebe-, Pendel-, Dreh- und Hebetüren sind in Rettungswegen unzulässig.

- Vorhänge soll es in Rettungswegen nicht geben; sind sie vorhanden, so dürfen sie den Boden nicht berühren (Gefahr des Stolperns), sie müssen leicht verschiebbar sein und zugleich mindestens schwer entflammbar.
- Türen müssen von innen durch einen einzigen Griff leicht in voller Breite zu öffnen sein.
- Riegel an Türen sind nicht zulässig.
- An Türbeschlägen darf Kleidung nicht hängen bleiben können.
- Verschlüsse an Türen, aber auch Scherengitter und vergleichbare Einrichtungen dürfen von Unbefugten nicht betätigt werden können.
- Von Beheizungen dürfen keine Gesundheits- oder Brandgefahren ausgehen können; ggf. sind Schutzvorrichtungen gefordert.
- Elektrische Heizungen benötigen fest verlegte Leitungen.
- Glühende Teile von Heizkörpern dürfen nicht offen liegen.
- Heizkörper und Heizrohre benötigen ab einer Oberflächentemperatur von 110 °C Schutzvorrichtungen.
- Versammlungsstätten für mehr als 800 Personen dürfen nicht mit einer Einzelfeuerstätte beheizt werden.
- Versammlungsstätten müssen belüftet werden: Mindestens 20/30 m³ je anwesender Person und Stunde, wenn nicht geraucht/geraucht wird.
- Fensterlose Versammlungsräume und solche Räume mit Fenstern, die nicht geöffnet werden können benötigen Rauchabzugsöffnungen oben im Raum in der Größe von mindestens 0,5 m² für je 250 m² Raumgrundfläche; dieser Rauchabzug muss von außerhalb des Gebäudes gesteuert werden können.
- In Versammlungsräumen und deren Nebenräumen oder in den Fluren und bei den Kleiderablagen müssen Handfeuerlöscher gut sichtbar, leicht erreichbar und in ausreichender Anzahl (BGR 133) sein; Pulver als Löschmittel wird nicht empfohlen, denn die Löschwolke kann Panikreaktionen bewirken; ideal ist üblicherweise das Löschmittel Wasser.
- Mindestens zwei Wandhydranten mit formstabilen Schläuchen und angeschlossenen Mundstücken sind empfohlen für Versammlungsräume und ab 800 Personen Pflicht in der Nähe der Eingangsbereiche.
- Wenn es der Brandschutz notwendig macht, so sind weitere Feuerlöscheinrichtungen, Feuermeldeeinrichtungen und sonstige Alarmierungseinrichtungen gefordert (Sprinkleranlage, Rauchmeldeanlagen, Lautsprecheranlagen).
- Garderoben dürfen das Verlassen der Versammlungsstätte nicht behindern; die Ausgabetische müssen unverrückbar sein und die Warteflächen sind so zu dimensionieren, dass der Rettungsweg nicht durch die auf ihre Mäntel wartenden Personen eingeengt wird.

- Von der Garderobe soll es möglichst kurze Wege ins Freie geben.
- Vorhänge und Dekorationen müssen aus mindestens schwerentflammbaren Stoffen bestehen.
- Bühnen benötigen auf beiden Seiten je einen Ausgang, der nicht in die allgemein zugänglichen Bereiche mündet.
- Auf Bühnen muss es mindestens zwei weitere Wandhydranten und zwei Handfeuerlöscher geben.
- Für Bühnen gibt es noch eine Reihe von weiteren Vorgaben, die jedoch hier nicht weiter vertieft werden sollen, da die meisten Unternehmen, die Bereiche als Versammlungsstätte deklarieren, keine Bühnen haben.
- Szeneflächen sollen nicht mehr als 350 m² Fläche haben.
- Vorhänge von Szeneflächen müssen nichtbrennbar nach DIN 4102 sein.
- Szeneflächen benötigen ab 100 m² Grundfläche einen Wandhydranten, ab 200 m² muss entgegengesetzt liegend ein zweiter Wandhydrant vorhanden sein.
- Gegebenenfalls müssen Räume für Sanitäter und Feuerwehrleute gestellt werden.
- Es gibt für sog. fliegende Bauten besondere Anforderungen, die ebenfalls in der VStättV geregelt sind; da auch diese für die meisten Unternehmen nicht relevant sind, wird hier lediglich auf deren Existenz hingewiesen, nicht aber im Detail darauf eingegangen.
- In Versammlungsstätten (einschließlich der Flucht- und Rettungswege) muss eine Sicherheitsbeleuchtung vorhanden sein; sie muss so beschaffen sein, dass sich Besucher auch bei vollständigem Versagen der Allgemeinbeleuchtung bis zu öffentlichen Verkehrsflächen hin gut zurechtfinden können. Die Sicherheitsbeleuchtung muss eine vom Versorgungsnetz unabhängige, bei Ausfall des Netzstroms sich selbsttätig innerhalb einer Sekunde einschaltende Ersatzstromquelle haben, die für einen mindestens dreistündigen Betrieb ausgelegt ist.
- Die Beleuchtungsstärke der Sicherheitsbeleuchtung muss betragen: In Rettungswegen mindestens 1 Lux, auf Bühnen und Szeneflächen mindestens 3 Lux, in Manegen mindestens 15 Lux.
- Auf Rettungswegen und auf Bewegungsflächen für die Feuerwehr ist es verboten, Fahrzeuge oder sonstige Gegenstände abzustellen oder zu lagern (z.B. Sandhaufen, Schneehaufen); dieses Verbot ist auszuschildern.
- Rettungswege müssen während der Betriebszeit freigehalten sein.
- Rettungswege müssen während der Dunkelheit beleuchtet sein.
- Bewegliche Verkaufsstände dürfen in Rettungswege nur dann aufgestellt werden, wenn diese nicht unzulässig eingeengt werden.

- Während des Betriebes müssen Türen in Rettungswegen unverschlossen sein.
- Während des Betriebes dürfen rauchdichte, feuerhemmende oder feuerbeständige Türen in geöffnetem Zustand nicht festgestellt werden.
- Türen sind als Rettungswege zu kennzeichnen.
- Verbindungstüren zwischen Treppenhäusern sind während des Betriebes abzusperren.
- Wenn es der Brandschutz fordert (z.B. bei Vollbühnen, in Kinos, in Zirkussen, in fliegenden Bauten), so ist das Rauchverbot auszuschildern und einzuhalten.
- Während des Betriebs von Versammlungsstätten muss der Betreiber oder ein geeigneter Beauftragter ständig anwesend sein; er ist für die Einhaltung der Betriebsvorschriften verantwortlich.
- Bei Voll- und Mittelbühnen sowie bei Szeneflächen ab 200 m² Fläche muss eine Feuersicherheitswache bei jeder Vorführung anwesend sein; diese Wache ist von der zuständigen Feuerwehr zu stellen.
- Die Funktionsfähigkeit folgender Anlagen muss erstmals und in regelmäßigen Abständen geprüft werden: Brandmeldeanlagen, Alarmanlagen, Lüftungsanlagen, Rauchabzugsanlagen, Feuerlöschanlagen, elektrische Anlagen, und die Sicherheitsbeleuchtung (siehe hierzu auch die Sicherheitsanlagen-Prüfverordnung – SPrüfV).
- Der Betreiber ist verpflichtet, den Betrieb der Versammlungsstätte einzustellen, wenn die für die Sicherheit der Versammlungsstätte notwendigen Anlagen, Vorrichtungen oder Einrichtungen nicht betriebsfähig sind.
- Verstöße können mit bis zu 50.000 € geahndet werden.

Versammlungsstätten sind besonders auszulegen und zu betreiben. Wenn es Fragen oder Unsicherheiten gibt, so muss man unbedingt vorab die zuständige Feuerwehr oder die sonst für den Brandschutz zuständige Behörde kontaktieren, um nicht hinterher Probleme juristischer oder zumindest moralischer Art zu bekommen.

Besonders das Freihalten der Fluchtwege, die Beleuchtung, die Anzahl und Breite der Ausgänge und die Notbeleuchtung, aber auch die Löschvorrichtungen sind besonders wichtig. Es ist auch zu beachten, dass sich viele Menschen bei einer Veranstaltung anders verhalten werden als am Arbeitsplatz, d.h. es ist mit betrunkenen und ortsunkundigen Personen zu rechnen und diese können sich falsch, unzurechnungsfähig oder fahrlässig verhalten, so dass aus deren Verhalten Gefahren für Dritte resultieren.

2.14 Verkaufsstättenverordnung

Die Verkaufsstättenverordnung, kurz VkV, vom 6. November 1997 regelt den Brandschutz in Verkaufsstätten, (früher: Waren- und Geschäftshäuser, Warenhausverordnung) deren Verkaufsräume und Ladenstraßen einschließlich ihrer Bauteile eine Fläche von insgesamt mehr als 2.000 m² haben. Zu einer Verkaufsstätte gehören alle Räume, die unmittelbar oder mittelbar, insbesondere durch Aufzüge oder Ladenstraßen, miteinander in Verbindung stehen. Dabei gelten Treppenräume notwendiger Treppen, Leitungen, Schächte und Kanäle haustechnischer Anlagen nicht als Verbindung. Aus brandschutztechnischer Sicht spielen folgende Parameter eine besondere Rolle:

- Es halten sich extrem viele Menschen in den Räumlichkeiten auf, die sich nicht besonders gut auskennen und über die man keine Informationen hat (Sprache, Gehbehinderungen, Anzahl usw.).
- Meist sind große Brandlasten vorhanden. In Verkaufsräumen werden große Mengen an Verkaufsartikeln zur Schau gestellt. Die Räume werden je nach Art der Präsentation mehr oder weniger intensiv mit Produkten bestückt. Die zum Kauf angebotenen Waren, Artikel und Dekorationen stellen je nach Material eine sehr große Brandlast dar. Auch die vorhandenen Verpackungsmaterialien besitzen häufig sehr hohe Heizwerte, wie z.B. Holz, Papier, Kartonagen, Textilien, Kunststoffe, Schaumstoffe, brennbare Flüssigkeiten oder brennbare Gase.
- Die Art der brennbaren Stoffe, allen voran die brennbaren Flüssigkeiten, Gase und Spraydosen unterstützen die Brandentstehung und die Brandausbreitung. Es ist je nach Brandlast mit großen Brandausbreitungsgeschwindigkeiten zu rechnen.
- Lichterketten und diverse andere Beleuchtungskörper für Auslagen und Dekorationen stellen als elektrische Anlagen ein nicht zu unterschätzendes Risikopotenzial dar.
- Defekte elektrische Anlagen und Betriebsmittel stellen erfahrungsgemäß einen großen Anteil an Zündquellen.

Denkt man an die modernen großzügigen Einkaufszentren mit ausgedehnten Ladenstraßen, dann wird klar, dass hier baulicher Brandschutz (z.B. durch Brandwände) nicht so ohne weiteres umgesetzt werden kann. Diese Art von Gebäude verlangt nach Transparenz und Offenheit, die auf den Kunden einladend wirkt und zum Kauf anregt. Brandschutzmassnahmen müssen auf diese architektonischen Eigenheiten abgestimmt werden, damit auch unter diesen Voraussetzungen die Schutzziele nach § 14 Musterbauordnung (MBO) eingehalten werden können und wegen des Brandschutzes keine Bedenken bestehen. Die VkV fordert unter dem Aspekt *Brandschutz* u.a. folgendes:

- Tragende Wände, Pfeiler und Stützen sind abhängig von der Geschosszahl und Brandschutztechnik (Sprinkleranlage) folgendermaßen herzustellen:

  - ohne Feuerwiderstandsklasse (F 0) – erdgeschossig mit Sprinkleranlage,
  - feuerhemmend (F 30) – erdgeschossig ohne Sprinkleranlage oder
  - feuerbeständig (F 90) – sonstige Verkaufsstätten.

- Trennwände zwischen einer Verkaufsstätte und Räumen, die nicht zur Verkaufsstätte gehören, müssen feuerbeständig sein und dürfen keine Öffnungen haben.

- Besitzt die Verkaufsstätte keine Sprinkleranlage, sind Lagerräume mit einer Fläche von mehr als 100 m^2 sowie Werkräume mit erhöhter Brandgefahr, wie Schreinereien, Maler- oder Dekorationswerkstätten, durch feuerbeständige Trennwände abzutrennen. Öffnungen in diesen Wänden müssen mindestens selbstschließende feuerhemmende Abschlüsse haben.

- Die Fläche von Brandabschnitten darf je Geschoss maximal betragen:

  - 10.000 m² – ebenerdig mit Sprinkleranlage,
  - 3.000 m² – ebenerdig ohne Sprinkleranlage,
  - 5.000 m² – sonstige Verkaufsstätte mit Sprinkleranlage,
  - 1.500 m² – sonstige Verkaufsstätte ohne Sprinkleranlage.

- Anstelle einer Brandwand können in Verkaufsstätten mit Sprinkleranlage einzelne Brandabschnitte auch durch Ladenstrassen unterteilt werden wenn:

  - die Ladenstrasse bis zum Dach in voller Höhe mindestens 10 m breit ist,
  - die Ladenstrasse ausreichende Rauchabzugsanlagen hat,
  - das Tragwerk der Dächer der Ladenstrassen aus nichtbrennbaren Baustoffen und die Bedachung der Ladenstrasse aus nichtbrennbaren Baustoffen besteht.

- Die Öffnungen in den Brandwänden sind zulässig, wenn sie selbstschließende und feuerbeständige Abschlüsse haben. Abschlüsse müssen Feststellanlagen haben, die bei Raucheinwirkung selbsttätiges Schließen bewirken.

- Brandwände sind mindestens 30 cm über Dach zu führen oder in der Höhe der Dachhaut mit einer beiderseits 50 cm auskragenden feuerbeständigen Platte aus nichtbrennbaren Baustoffen abzuschließen.
- Für Decken gelten folgende Anforderungen:

  - nichtbrennbare Baustoffe – erdgeschossig mit Sprinkleranlage,
  - feuerhemmend (F30-A) – erdgeschossig ohne Sprinkleranlage,
  - feuerbeständig (F90-A) – sonstige Verkaufsstätten.

- Das Tragwerk von Dächern, die den oberen Abschluss von Räumen der Verkaufsstätte bilden, ist folgendermaßen herzustellen:

  - brennbare Baustoffe – erdgeschossig mit Sprinkleranlage,
  - feuerhemmend – erdgeschossig ohne Sprinkleranlage,
  - nichtbrennbare Baustoffe – sonstige Verkaufsstätten mit Sprinkleranlage,
  - feuerbeständig – sonstige Verkaufsstätten.

- Lichtdurchlässige Bedachungen über Verkaufsräumen und Ladenstraßen sind folgendermaßen herzustellen:

  - Nichtbrennbare Baustoffe in Verkaufsstätten ohne Sprinkleranlage,
  - Schwerentflammbare Baustoffe in Verkaufsstätten mit Sprinkleranlage.

- Für jeden Verkaufsraum, Aufenthaltsraum und für jede Ladenstraße müssen in dem selben Geschoss mindestens zwei voneinander unabhängige Rettungswege zu Ausgängen ins Freie oder zu Treppenräumen notwendiger Treppen vorhanden sein.
- Die maximale Rettungsweglänge (Luftlinie messen – also durch Schreibtische und andere Stellmöbel hindurch, jedoch nicht durch Bauteile) beträgt 25 m für Verkaufsräume und 35m für sonstige Aufenthaltsräume.
- Der erste Rettungsweg darf um 35 m verlängert werden, wenn er über eine Ladenstraße führt, die eine Rauchabzugsanlage hat, und der zweite Rettungsweg nicht über diese Ladenstraße führt.
- Die Ladenstraße oder ein Hauptgang müssen von jeder Stelle eines Verkaufsraumes in höchstens 10 m Entfernung erreichbar sein.
- Notwendige Treppen für Kunden müssen mindestens 2 m breit sein.
- Es genügt eine Breite von 1,25 m, wenn die darauf angewiesenen Verkaufsräume nicht mehr als 500 m² groß sind.
- Notwendige Treppen mit gewendelten Läufen sind unzulässig.

- Ausgänge aus Verkaufsräumen müssen mindestens 2 m breit sein; eine Ausnahme bilden Ausgänge von Verkaufsräumen mit maximal 500 m^2 Grundfläche, diese müssen mindestens 1 m breit sein.

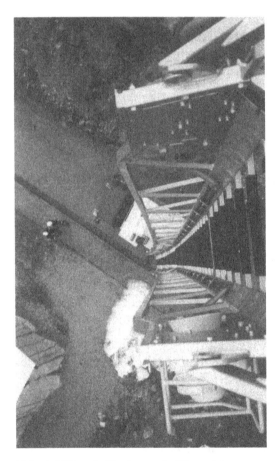

Abb. 2.13 Der 2. Fluchtweg in Warenhäusern muss baulich sein, er darf nicht aus den Leitern der Feuerwehr bestehen

- Türen im Verlauf von Rettungswegen müssen in Fluchtrichtung aufschlagen und dürfen keine Bodenschwellen haben.
- Verkaufsräume ohne notwendige Fenster müssen ausreichende Rauchabzugsanlagen haben. Sie müssen von Hand und automatisch durch Rauchmelder ausgelöst werden können.
- Innenliegende Treppenräume notwendiger Treppen müssen ebenfalls Rauchabzugsanlage haben, wenn sie mindestens 5 % der Grundfläche einnehmen.

- Als Löscheinrichtungen müssen geeignete Feuerlöscher und Wandhydranten vorgehalten werden.
- Verkaufsstätten benötigen Brandmeldeanlage zur unmittelbaren Alarmierung der zuständigen Feuerwehr sowie Vorrichtungen für die interne Alarmierung.
- Für die Verkaufsstätte ist eine Brandschutzordnung nach DIN 14096 zu erstellen.

Abb. 2.14 Besonders in Verkaufsstätten müssen die Notausgänge jederzeit freigehalten werden

2.15 Hotel- und Gaststättenverordnung

Die Gaststättenbauverordnung, kurz GastBauV, vom 8. Dezember 1997 regelt den Brandschutz in Gaststätten mit Gasträumen oder mit Gastplätzen im Freien und in Beherbergungsstätten (Hotels) mit mehr als acht Gastbetten. Hier werden zwei vollkommen verschiedene Gebäudenutzungsarten in ein und derselben Verordnung abgehandelt und deshalb wird die momentan laufende gesetzliche Veränderung die Gaststätten zu den Versammlungsstätten hinzu rechnen. Nachfolgend ein paar wichtige Begriffe:

- Gaststätte/Gasträume: In der Gaststätte halten sich Personen relativ kurzzeitig auf, um Speisen und Getränke zu verzehren.
- Personenzahl: Je nach Größe und Nutzung der Räumlichkeiten können sich große Personenzahlen in der Gaststätte aufhalten. Dies ist ein Faktor, der bei der Evakuierung berücksichtigt werden muss. Besondere Maßnahmen, die wesentlich über die Grundanforderungen der Muster-Bauordnung hinausgehen, sind jedoch erst ab 400 Gastplätzen erforderlich.
- Brandlast/Brandgefahr: Die Brandlast in einer Gaststätte ist im Vergleich zur Verkaufsstätte als eher gering einzustufen. Die Hauptbrandlast wie auch die gefährlichsten Zündquellen befinden sich in der Küche, man denke an Friteusen mit heißem Fett.

Das Brandrisiko und das sich daraus ergebende Gefahrenpotenzial in Schank- und Speisewirtschaften ist, auch wenn man mit inhomogen zusammengesetzten, ortsunkundigen, mitunter angetrunkenen Nutzern rechnen muss, nicht sehr hoch. Dieser Erkenntnis wird insofern Rechnung getragen, dass es künftig keine Sonderbauverordnung für Gaststätten mehr geben wird. Die bisherige Gaststättenbauverordnung wird in naher Zukunft durch die Muster-Verordnung über den Bau und Betrieb von Beherbergungsstätten (Muster-Beherbergungsstättenverordnung, MBeVO) in der Fassung vom Dezember 2000 ersetzt.

Soweit an Gaststätten mit Gasträumen für eine große Gästeanzahl Anforderungen nach den für Versammlungsstätten geltenden Maßstäben gestellt werden müssen, wird dies in der Muster-Versammlungsstättenverordnung geregelt.

Für Gaststätten, an die wegen ihrer besonderen Lage besondere Anforderungen gestellt werden müssen, wie bei Lokalen in Kellern oder in oberen Geschossen höherer Gebäude, kann dies besser im Wege der bauaufsichtlichen Entscheidung im Einzelfall geschehen. Die in der bisherigen Muster-Gaststättenverordnung enthaltenen, eher dem Gaststättenrecht als dem Bauordnungsrecht als Gefahrabwehrrecht zuzuschreibenden Regelungen zu Anforderungen an bestimmte Räume, wie Gasträume, Toiletten oder Küchen, sind nicht mehr erforderlich, weil sie einen Standard beschreiben, der heute überall üblich ist.

Beherbergungsstätten dienen überwiegend dem wohnähnlichen Aufenthalt von Gästen. Die Zahl der Personen, die sich gleichzeitig in einer Beherbergungsstätte aufhalten, ist nicht außergewöhnlich hoch. Die Belegungsdichte entspricht etwa der in einem Bürogebäude und ist daher eher sekundär von Bedeutung. Der Personenkreis der Gäste ist innerhalb der Beherbergungsstätte überwiegend nur eingeschränkt ortskundig. Es muss auch mit einer eingeschränkten Reaktionsfähigkeit (Schlaf, alkoholisiert, nicht der deutschen Sprache mächtig etc.) der Gäste gerechnet werden.

Die Gefahr der Brandentstehung ist geringer einzuschätzen als in Wohnungen. Die Brandlasten reduzieren sich in den Gastbereichen im wesentlichen auf das Mobiliar in den Gastzimmern. Brandlastintensive Dekorationen fehlen in der Regel. Die Problematik der Zündquellen durch elektrische Anlagen und Geräte wird durch hauseigene und regelmäßig überprüfte Geräte entschärft.

Bis zur Umsetzung der Muster-Beherbergungsstättenverordnung gilt jedoch noch die Gaststättenbauverordnung (GastBauV); die hier wesentlichen brandschutztechnischen Vorgaben sind:

- § 1 Geltungsbereich: Die Vorschriften dieser Verordnung gelten für den Bau und Betrieb von nach dem Gaststättengesetz erlaubnispflichtigen

  - Gaststätten mit Gasträumen oder mit Gastplätzen im Freien und
  - Beherbergungsstätten mit mehr als acht Gastbetten.

Kommentar: In der MBeVO beginnt der Anwendungsbereich erst bei 13 Betten, weil für Beherbergungsstätten mit bis zu 12 Gastbetten, also etwa für kleinere Gasthöfe oder Pensionen, ein Regelungsbedürfnis nicht besteht.

- § 8 Rettungswege im Gebäude: Gänge in Gasträumen, Ausgänge zu den Fluren, Flure, Treppen und andere Ausgänge (Rettungswege) müssen in solcher Anzahl und Breite vorhanden und so verteilt sein, dass Gäste und Betriebsangehörige auf dem kürzesten möglichen Weg leicht und gefahrlos ins Freie auf Verkehrsflächen gelangen (siehe §§ 9 bis 12 GastBauV).
- Die lichte Breite eines jeden Teiles von Rettungswegen muss 1 m je 150 darauf angewiesene Personen betragen. Die lichte Mindestbreite muss jedoch betragen für

  - Gänge in Gasträumen 80 cm,
  - Türen 90 cm,
  - Flure und alle übrigen Rettungswege 100 cm.

Fußbodenbeläge in Fluren und Treppenräumen in Gebäuden mit mehr als zwei Vollgeschossen müssen mindestens schwerentflammbar sein.

Kommentar: Die Anforderungen an die lichte Breite der Rettungswege orientiert sich an § 19 Abs. 2 der Versammlungsstättenverordnung

(VStättV). Die Mindestbreiten der Gänge, Türen und übrigen Ret-
tungswege unterschreiten die Forderungen der VStättV.

- § 9 Ausgänge: Gasträume, die einzeln mehr als 200 Gastplätze haben, und Gasträume in Kellergeschossen müssen mindestens zwei möglichst entgegengesetzt gelegene Ausgänge unmittelbar ins Freie, auf Flure oder in Treppenräume haben, wovon ein Ausgang über einen anderen Gastraum führen darf.

Kommentar: Für Gaststätten wird es künftig derart konkrete Regelungen nicht mehr geben. Anforderungen an Rettungswege und Ausgänge orientieren sich an § 14 MBO, wonach grundsätzlich zwei voneinander unabhängige Rettungswege vorzuhalten sind. In welcher Form der zweite Rettungsweg angelegt wird (anleiterbares Fenster oder baulicher Rettungsweg), wird dann von der Behörde unter Berücksichtigung der zu evakuierenden Personenzahl beurteilt. In Beherbergungsstätten hat der zweite Rettungsweg baulich angelegt zu sein (§ 3 MBeVO), wenn die Anzahl von 60 Gastbetten bzw. 30 Gastbetten pro Geschoss überschritten wird. Eine Evakuierung über anleiterbare Fenster ist hier nicht vorgesehen. Die beiden Rettungswege dürfen jedoch innerhalb des Geschosses über denselben notwendigen Flur führen.

- § 11 Treppen und Treppenräume: Jedes nicht zu ebener Erde gelegene Geschoss mit mehr als 30 Gastbetten oder mit Gasträumen, die einzeln oder zusammen mehr als 200 Gastplätze haben, muss über mindestens zwei voneinander unabhängige Treppen oder eine Treppe in einem Sicherheitstreppenraum zugänglich sein (notwendige Treppen).

  Führt der Ausgang aus Treppenräumen über Flure ins Freie, so sind die Flure gegen andere Räume feuerbeständig abzutrennen; Öffnungen sind mit mindestens feuerhemmenden Türen zu versehen.

Kommentar: Alternativ zum zweiten Treppenhaus kann eine Außentreppe vorgesehen werden.

Abb. 2.15 Fluchttreppen außen am Gebäude sind gerade für Hotels optimal
(Quelle: Regnauer Fertigbau GmbH & Co.KG)

- § 16 Feuerlösch-, Brandmelde- und Alarmierungseinrichtungen: Beherbergungsbetriebe müssen geeignete Alarmeinrichtungen haben, durch
die im Gefahrenfall die Gäste gewarnt werden können.
  Weitere Feuerlösch- und Brandmeldeeinrichtungen, wie selbsttätige
Feuerlöschanlagen oder Rauchmeldeanlagen, können gefordert werden,
wenn dies aus Gründen des Brandschutzes erforderlich ist.

*Kommentar: Die MBeVO fordert in § 9 konkret die Ausstattung von
Beherbergungsstätten mit mehr als 60 Gastbetten mit einer Brandmeldeanlage mit automatischen Brandmeldern, die auf die Kenngröße
Rauch in den notwendigen Fluren ansprechen, sowie mit nichtautoma-
tischen Brandmeldern zur unmittelbaren Alarmierung der zuständigen
Stelle. Brandmeldungen sind unmittelbar und automatisch zur zuständigen Feuerwehralarmierungsstelle zu übertragen.*
*Ziel des modernen Brandschutzes wie auch der Musterverordnung ist
es, im notwendigen Umfang eine möglichst frühzeitige Branderkennung
und Alarmierung der Gäste zu gewährleisten.*

- § 25 Übersichtsplan, Brandschutzordnung: In allen Fluren von Beher-
bergungsbetrieben mit mehr als 60 Gastbetten ist an gut sichtbarer Stelle
ein ständig beleuchteter Übersichtsplan anzubringen, der Angaben über
die im Gefahrenfall zu benutzenden Rettungswege, die Rückzugsein-
richtungen und die Feuerlöscheinrichtungen enthält.

Für Beherbergungsbetriebe mit mehr als 60 Gastbetten ist im Einvernehmen mit der örtlichen zuständigen Feuerwehr eine Brandschutzordnung aufzustellen und den Betriebsangehörigen bekannt zu machen.

Kommentar: Die Schnittstelle zwischen dem baulichen und technischen Brandschutz sowie den Beschäftigten und Gästen ist klar zu beschreiben und abzustimmen. Hierfür sind Dokumente, wie Brandschutzordnung, Flucht- und Feuerwehrplan, etc., notwendig, anhand derer die Beschäftigten regelmäßig geschult werden. Damit schafft man die für den sicheren Betrieb des Gebäudes notwendige Akzeptanz gegenüber brandschutztechnischen Einrichtungen und Verhaltensregeln. Die hausbezogene Brandschutzordnung ist ein geeignetes und erforderliches Instrument, um eine Brandentstehung vermeiden zu helfen und Gäste wie auch Personal zu einem vernünftigen Handeln im Brandfall anzuhalten. Dem dient auch die Belehrung der Betriebsangehörigen.

2.16 Industriebaurichtlinie

Ziel der Muster-Industriebaurichtlinie – MIndBauRL, Fassung März 2000 ist es, die Mindestanforderungen an den Brandschutz von Industriebauten zu regeln, insbesondere an die:

- Feuerwiderstandsfähigkeit der Bauteile und die Brennbarkeit der Baustoffe,
- Größe der Brandabschnitte bzw. Brandbekämpfungsabschnitte,
- Anordnung, Lage und Länge der Rettungswege.

Weitergehende Anforderungen an Industriebauten, die sich aus Regelwerken hinsichtlich des Umgangs oder des Lagerns bestimmter Stoffe ergeben, wie Technische Regeln für Gefahrstoffe (TRGS), Technische Regeln für brennbare Flüssigkeiten (TRbF), Löschwasser-Rückhalte-Richtlinie (LöRüRL), Kunststofflager-Richtlinie (KRL), bleiben unberührt.

Industriebauten sind Gebäude oder Gebäudeteile im Bereich der Industrie und des Gewerbes, die der Produktion (Herstellung, Behandlung, Verwertung, Verteilung) oder Lagerung von Produkten oder Gütern dienen. Es gilt dann die jeweils zuständige Landesbauordnung nicht mehr, da das Gebäude nach der Industriebaurichtlinie errichtet wurde. Gesetze und Vorschriften, wie sie die Berufsgenossenschaften, die Gewerbeaufsicht, die Arbeitsstättenverordnung und andere Stellen vorsehen, sind jedoch weiterhin einzuhalten.

Nach der Richtlinie gibt es drei prinzipiell unterschiedliche Verfahren:

1. Berechnung der nötigen Feuerwiderstandsdauer und daraus folgernd der maximal möglichen Flächen,
2. Brandlastberechnung nach der DIN 18 230: maximale Flächen, Qualitäten von Wänden usw. (sehr aufwändig),
3. Brandschutztechnische Ingenieurmethoden (ebenfalls aufwändig).

Es geht in der Richtlinie primär um:

- Brandschutztechnische Mindestanforderungen für Industriebauten,
- Auslegung von Wänden,
- Auslegung von Decken,
- Auslegung von Dachkonstruktionen,
- Konstruktion von Dächern,
- brennbare bzw. nichtbrennbare Baustoffe und Bauteile,
- maximal zulässige Brandbereiche bzw. Gebäudegrößen,
- maximal zulässige über- und unterirdische Etagenanzahl,
- Anordnung und Länge von Rettungswegen,
- technische Brandschutzeinrichtungen wie Sprinklerung,
- technische Brandschutzeinrichtungen wie Brandmeldeanlage,
- technische Brandschutzeinrichtungen wie Notrufanlagen.

Es wird klar geregelt, welche Gebäude unter die Richtlinie fallen und welche nicht. So fallen Industrie und Gewerbe mit Produktion und Lagerung von Gütern pauschal in die Richtlinie. Das Genehmigungsverfahren für große Gebäude wird vereinfacht, wenn folgende Merkmale erfüllt werden:

- wenig/geringe betriebliche Brandlasten,
- große Raumhöhen,
- Brandwände,
- Bauteile mit brandschutztechnischen Eigenschaften,
- keine baulichen Brandlasten,
- Ebenerdigkeit,
- keine unterirdischen Bereiche,
- keine Etagen über dem EG,
- gute Fluchtmöglichkeiten,
- ausreichende Möglichkeit für die Feuerwehr anzufahren, Gerät bereitzustellen, das Gebäude zu umfahren,
- Befahrbarkeit der Gebäude mit Feuerwehrfahrzeugen,
- Brandmeldeanlage,

- ausreichend viel Löschwasser (192 m³/h, d.h. 3.200 l/min.) für zwei mal eine Stunde,
- ständige Anwesenheit von Mitarbeitern,
- verzögerungsfreie Alarmierung der Feuerwehr,
- Sprinklerschutz (d.h. selbsttätige Feuerlöschanlagen),
- günstige Lage, gute Zugänglichkeit,
- große Anzahl von Fluchtwegen je Nutzungseinheit,
- Installation von geeigneten, ausreichend dimensionierten RWA-Anlagen (Rauch- und Wärmeabzugsanlagen),
- günstiger Feuerüberschlagsweg,
- brandschutztechnisch günstige Auslegung des Daches,
- günstige bauliche Art der Fluchtwege,
- berechnete Branddauer,
- Öffnungen in Decken und Geschossen,
- Abschottung von Öffnungen in Brandwänden für Türen, Tore, Rohrleitungen, Kabel, Lüftungsleitungen, Installationsschächte, usw.,
- günstige Größe und Flächen der gebildeten Brandbekämpfungsabschnitte,
- flächendeckendes Vorhandensein von Wandhydranten mit formstabilen Schläuchen,
- große Wärmeabzugsfläche,
- Breite des Industriebaus,
- Anwesenheit eines Brandschutzbeauftragten,
- Erstellung von Feuerwehr-Einsatzplänen,
- frei stehende Gebäude,
- entsprechend günstige Berechnung nach DIN 18 230, Teil 1 (Einstufung in eine Brandsicherheitsklasse),
- eigene Werkfeuerwehr, die ständig besetzt und schnell vor Ort ist.

Gebäude nach der Industriebaurichtlinie werden in Industriegebieten, mindestens aber Gewerbegebieten errichtet. Sie dürfen kleine Nutzungseinheiten wie Büros beinhalten, die zum Betreiben der Anlage(n) nötig sind und ggf. noch kleine Ausstell-Räume. Bürogebäude für die Verwaltung, Rechenzentren, Schulungsräume usw. sind üblicherweise nach der Landesbauordnung errichtet und separat aufgebaut. Grenzen sie an Industriegebäude an, dann sind sie durch Brandwände abgetrennt.

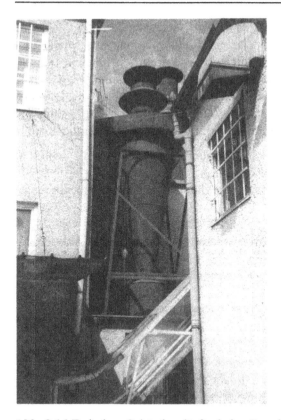

Abb. 2.16 Zwischen Gebäuden dürfen keine Brandbrücken eingebaut werden

Es ist wirtschaftlich nicht tragbar, nach der Landesbauordnung ein Industriegebäude zu bauen – das ist auch nicht Ziel der Landesbauordnung; nach dieser sollen Wohngebäude, Verwaltungsgebäude und vergleichbare Gebäude errichtet werden. Doch in Industriegebäuden ist es meist nicht möglich und auch nicht sinnvoll, alle 40 m eine Brandwand zu ziehen oder andere Vorgaben der Landesbauordnung einzuhalten; zudem sind weniger Menschen (Mitarbeiter) im Gebäude anwesend, die ausgewählt, bekannt, geschult und erwachsen sind und die in diesen Gebäuden nicht schlafen.

2.17 Vorschriften der Versicherungen

Jedes Unternehmen muss sich bei den zuständigen Feuerversicherungen informieren, welche Obliegenheiten, Auflagen und Vorschriften Gültigkeit haben. Dabei können Feuer und Betriebsunterbrechung durch Feuer evtl. durch unterschiedliche Versicherungsgesellschaften abgedeckt sein. Je nach dem, ob eine Versicherung sich an die Vorschläge des VdS (Verband der Schadenversicherer e.V.) hält, eigene Richtlinien hat oder solche aus anderen Ländern, sind unterschiedliche Vorschriften einzuhalten, um im Schadenfall keine Probleme mit der Regulierung zu bekommen. Die Schadenversicherungen, allen voran die Sparte „Feuer", haben ein relativ komplexes Regelwerk mit Vorgaben und Vorschriften. Die nachfolgende Übersicht gibt die wichtigsten Vorgaben der Deutschen Versicherungen an:

1. Allgemeine Sicherheitsvorschriften der Feuerversicherer für Fabriken und gewerbliche Anlagen (VdS 2038)
2. Allgemeine Feuer-Betriebsunterbrechungs-Versicherungsbedingungen (FBUB)
3. Allgemeine Vertragsbedingungen (AVB)
4. Brandwände und Komplextrennwände, Merkblatt für die Anordnung und Ausführung (VdS 2234)
5. Brandschutz-Vorschriften in Anlehnung an die Bestimmungen des VdS/BDI
6. Sicherheitsvorschriften für Starkstromanlagen bis 1.000 Volt
7. Brandschutz im Betrieb
8. Schweiß-, Schneid-, Löt- und Trennschleifarbeiten
9. Sicherheitsvorschriften für Feuerarbeiten
10. Erlaubnisschein für feuergefährliche Arbeiten
11. VdS 2001 Regeln für die Ausrüstung von Arbeitsstätten mit Feuerlöschern (identisch mit der BGR 133)
12. Flüssiggasanlagen mit einer Kapazität von weniger als 3 Tonnen (VdS 2055)
13. Brandschutz bei Bauarbeiten
14. Sonstiges, z.B. produktspezifische Vorgaben für bestimmte Produktionsbereiche, Verwaltungen, Rechenzentren, Lager- und Logistikbereiche.

Diese Broschüren und ggf. noch weitere firmen- oder produktionsspezifische Vorgaben und Vorschriften sollte man sich über seinen Makler oder direkt beim Versicherer oder beim VdS bestellen, um die Inhalte zu kennen und betrieblich umzusetzen.

Die wichtigsten Inhalte der Allgemeinen Sicherheitsvorschriften der Feuerversicherer (ASF) für Fabriken und gewerbliche Anlagen sind nachfolgend aufgeführt. Diese allgemeinen Vorgaben der Versicherungen heißen deshalb „allgemein", weil sie für alle Arten von Unternehmen gelten. Zu den allgemeinen Anforderungen mag es im Einzelfall noch individuelle

Anforderungen geben, die dann die produktspezifischen Belange oder auch die firmenindividuellen Gegebenheiten berücksichtigt.

Gefordert wird, dass alle Aufsichtsführenden über die Sicherheitsvorschriften unterrichtet werden und dass ein Auszug aus den Allgemeinen Sicherheitsvorschriften an den entsprechenden Stellen (schwarze Bretter) ausgehängt wird, um sie allen Mitarbeitern bekannt zu machen.

Es ist nicht relevant, bei welcher Versicherung man die Verträge über die Feuerversicherung und die Feuer-Betriebsunterbrechungsversicherung laufen hat, denn die ASF gelten für alle Versicherungen gleichermaßen. Folgende wesentlichen Punkte sind in den ASF enthalten:

- Gesetzliche Brandschutzvorschriften (z.B. Landesbauordnung, Verordnungen der Innenministerien) sind einzuhalten.
- Behördliche Vorschriften (z.B. Vorgaben der Berufsgenossenschaften, der Gewerbeaufsicht), die den vorbeugenden und abwehrenden Brandschutz tangieren, sind einzuhalten.
- Die Aufsichtsführenden sind über diese Vorschriften zu informieren.
- Den Mitarbeitern ist ein Auszug der ASF durch Aushänge bekannt zu machen.
- Mitarbeiter, die nicht deutsch sprechen, müssen diese Vorschriften in einer verständlichen Form und Sprache vermittelt bekommen.
- Feuerschutzabschlüsse, insbesondere Brandschutztüren und Schotts müssen erkennbar und zugelassen sein.
- Brandschutztüren dürfen nicht aufgekeilt oder aufgebunden werden.

Abb. 2.17 Teure Werkzeuge müssen brandgeschützt in eigenen Räumen aufbewahrt werden.

- Brandschutztüren sollen generell immer geschlossen sein, sie müssen immer selbstschließend sein; wird gewünscht, dass sie während des Betriebs offen stehen, so dürfen nur zugelassene Feststell-Vorrichtungen verwendet werden, die im Brandfall selbsttätig schließen und vom DIBt (Deutsches Institut für Bautechnik, Berlin) freigegeben sind.
- Brandschutztüren sind außerhalb der Arbeitszeiten zu schließen (auch wenn sie im Brandfall selbsttätig schließen).
- Brandschutztüren sind zu warten, ihre ständige Funktionsbereitschaft muss sicher gewährleistet sein.
- Elektrische Anlagen sind nach den anerkannten Regeln der Elektrotechnik zu errichten und zu betreiben.
- Nur Fachkräfte oder unterwiesene Personen dürfen elektrische Anlagen errichten bzw. betreiben.
- In feuer- und/oder explosionsgefährdeten Bereichen herrscht Rauchverbot.
- In Garagen und KFZ-Werkstätten herrscht Rauchverbot.
- In explosionsgefährdeten Bereichen dürfen keine funkenbildenden Geräte, Werkzeuge und nicht explosionsgeschützte Elektrogeräte nicht verwendet werden.
- Brand- und/oder explosionsgefährdete Bereiche sind außen entsprechend auszuschildern, es sind die Gefahren und das korrekte Verhalten bekannt zu machen.
- In brand- und/oder explosionsgefährdeten Bereichen sind geeignete Feuerlöscher oder auch Wandhydranten (so geeignet) in ausreichender Anzahl anzubringen.
- Es sind geeignete Aschenbehälter bereitzustellen.
- Feuergefährliche Arbeiten dürfen nur befähigte Personen durchführen.
- Feuergefährliche Arbeiten außerhalb der hierfür vorgesehenen Bereiche dürfen nur dann durchgeführt werden, wenn sie von dem für diesen Bereich verantwortlichen Mitarbeiter schriftlich freigegeben wurden.
- Es muss einen Erlaubnisschein für feuergefährliche Arbeiten geben, der Maßnahmen zum Brandschutz vor, während und nach den Arbeiten regelt.
- Die jeweils gültigen Vorschriften für Heizräume sind einzuhalten.
- Feuerstätten und Heizeinrichtungen sind im Radius von mindestens 2 m von Brandlasten frei zu halten.
- Brennbare Flüssigkeiten dürfen nicht verheizt werden und auch nicht zum Entfachen des Feuers verwendet werden.

- Heiße Schlacke und Asche muss in dafür vorgesehenen feuerbeständig abgetrennten Gruben oder Räumen oder im Freien mit mindestens 10 m Abstand zu den Gebäuden aufbewahrt werden.
- Elektrogeräte dürfen nur mit Zustimmung der Betriebsleitung benutzt werden.
- Heiße Rohrleitungen sind abzusichern, damit sie keinen Brand auslösen.
- In besonders gefährlichen Situationen des Umgangs mit leicht entzündlichen oder selbstentzündlichen Stoffen oder mit explosionsgefährlichen Flüssigkeiten, Feststoffen und Gasen sind eventuell zusätzliche Schutzmaßnahmen erforderlich.
- In den Arbeitsräumen darf es höchstens die für den Fortgang der Arbeit nötigen Mengen an brennbaren Flüssigkeiten und Gasen je Arbeitsplatz geben, nicht mehr jedoch als der Schichtbedarf.
- Brennbare Flüssigkeiten sind in nicht zerbrechlichen Gefäßen aufzubewahren.
- Brennbare Flüssigkeiten dürfen nicht in Ausgüsse geschüttet werden.
- Im Bereich der Verpackung und Komissionierung darf es leicht entflammbares Verpackungsmaterial höchstens in der während einer Schicht benötigten Menge geben.
- Im Bereich der Verpackung und Komissionierung darf das leicht entflammbare Verpackungsmaterial nicht lose aufbewahrt werden, sondern nur in nichtbrennbaren Behältern mit dicht schließendem Deckel.
- Weiteres Verpackungsmaterial darf nur in eigenen, feuerbeständig abgetrennten Räumen oder im Freien mit mindestens 10 m Abstand zu Gebäuden, aufbewahrt werden.
- Packräume und Lagerräume für Verpackungen dürfen nicht direkt (Ofen, Strahler, Lufterhitzer) beheizt werden, auch wenn dies nach der Landesbauordnung erlaubt ist.
- Brennbare Abfälle sind aus den Arbeitsbereichen mindestens bei Schichtwechsel, eventuell auch öfter zu entfernen.
- Brennbare Abfälle sind in eigenen, feuerbeständig abgetrennten Räumen aufzubewahren oder im Freien in einem Abstand von mindestens 10 m zu Gebäuden.
- Ölige, fettige oder mit brennbaren Flüssigkeiten getränkte Putzlumpen und dergleichen dürfen nur in nichtbrennbaren Behältern mit dicht schließendem Deckel aufbewahrt werden.
- Glutreste, z.B. von Zigaretten, müssen getrennt von anderen Abfällen in nichtbrennbaren und geschlossenen Behältern aufbewahrt werden.
- Staub ist mindestens innerhalb der jeweils vorgegebenen Fristen aus bzw. von den entsprechenden Anlagen zu entfernen.

- Es muss Feuerlöscheinrichtungen geben, die in Qualität und Quantität den jeweiligen Gefahren entsprechen.
- Feuerlöscheinrichtungen sind regelmäßig zu warten.
- Handfeuerlöscher müssen amtlich geprüft und zugelassen sein; sie müssen an gut sichtbarer Stelle und stets leicht zugänglich angebracht sein.
- Die Mitarbeiter sind um Umgang mit den jeweiligen Löscheinrichtungen zu unterweisen.
- Es muss eine Brandschutz- und Feuerlöschordnung geben, die ausgehängt wird.
- Jede Benutzung von Feuerlöscheinrichtungen ist der Betriebsleitung zu melden.
- Der Missbrauch von Feuerlöscheinrichtungen ist verboten.

Abb. 2.18 Zäune werden von den Versicherungen oft vorgeschrieben (Quelle: Gunnebo Wego AG)

- Nach Arbeitsschluss muss eine der Betriebsleitung verantwortliche Person die Betriebsräume auf gefahrdrohende Umstände hin kontrollieren und insbesondere auf Folgendes achten:
  - Sind die Brandschutztüren geschlossen?
  - Sind nicht mehr benötigte Elektrogeräte ausgeschaltet und/oder ausgestreckt?
  - Liegt keine Brandgefahr mehr vor an Stellen, an denen es feuergefährliche Arbeiten gab?

– Sind die Abfälle ordnungsgemäß beseitigt?

– Sind Feuerstätten und Heizeinrichtungen gegen Brandausbruch gesichert?

– Sind die Außenfenster und Außentüren verschlossen?

Es wird in der Vorschrift darauf hingewiesen, dass der Versicherungsschutz beeinträchtigt werden kann, wenn ganz allgemein gegen Brandschutzbestimmungen verstoßen wird.

Da EDV-Bereiche und Rechenzentren heute bei immer mehr Unternehmen Standard sind, wird auf das hier geltende Merkblatt des VdS auch noch verwiesen. Dieses „Merkblatt zum Brandschutz in Räumen für EDV-Anlagen" (VdS 2007) beinhaltet die wesentlichen Brandschutzbestimmungen der Versicherungen für EDV-Bereiche – es ist somit, nach der ASF, die wesentliche Vorschrift für den EDV-Bereich jedes Unternehmens. Es sei darauf hingewiesen, dass es sich nicht (wie beispielsweise die ASF) um eine Vorschrift oder (wie beispielsweise die LBO) um ein Gesetz oder (wie beispielsweise die BGR 133) um autonome Rechtsnormen handelt, sondern es handelt sich um ein Merkblatt mit Empfehlungen. Nachfolgend sind die brandschutztechnischen Vorschläge aus diesem Merkblatt aufgeführt:

- EDV-Bereiche sind von angrenzenden Bereichen feuerbeständig abzutrennen.

- Es sollte weitere Räume geben, die innerhalb des EDV-Bereichs untereinander feuerbeständig abgetrennt sind:

    – Datenerfassung,
    – Vorbereitung,
    – Datenarchiv,
    – Papierlager,
    – Räume für die Klimatisierung,
    – Räume für die Stromversorgung und Stromverteilung,
    – Räume für die Notstromerzeugung,
    – Räume für die USV-Anlagen und Batterieanlagen.

- Türen sollen pauschal feuerbeständig sein.

- Klimakanäle sollen bei Durchgängen durch feuerbeständige Wände und Decken feuerbeständige Brandschutzklappen haben.

- Klimakanäle und ihre Isolierungen sollen aus nichtbrennbaren Stoffen errichtet werden.

- Die Ansaugöffnung für die Klimaluft darf keine Schadstoffe ansaugen können; hier ist zudem auf Sabotageschutz zu achten.

- Die EDV-Räume sollen eine von der Klimaanlage unabhängige Überwachungsanlage erhalten, die Temperatur und Feuchtigkeit kontrolliert und Abweichungen an eine ständig besetzte Stelle meldet.
- Mauerdurchbrüche für Kabel sind mit zugelassenen, feuerbeständigen Schotts zu versehen.
- Die betrieblichen Brandlasten durch Möbel, Bodenbeläge, Vorhänge usw. sind so niedrig wie möglich zu halten; nichtbrennbare Einrichtungsgegenstände sind schwerentflammbaren vorzuziehen.
- Die Gebäude benötigen eine Blitzschutzanlage.
- Zum Blitzschutz wird Potenzialausgleich benötigt.
- Den Schutz der elektrischen und elektronischen Anlagen und Geräte gegen Überspannungen kann man aber nur gewährleisten, wenn es zusätzlich auch noch Grob- und Feinschutzelemente für die Strom- und Datenleitungen gibt.
- Es ist durch besondere Maßnahmen dafür zu sorgen, dass Wasser nicht eindringen kann und wenn doch, dass es schnellst möglich wieder aus den EDV-Räumlichkeiten entfernt werden kann.
- Die elektrischen Anlagen sind nicht nur nach den anerkannten Regeln der Elektrotechnik zu errichten, sondern insbesondere sind die DIN VDE 0100 Teil 720 sowie DIN VDE 0800 anzuwenden.
- Die Beleuchtungsanlagen müssen DIN VDE 0100 Teil 559 entsprechen.
- Leuchten mit Entladungslampen (sog. Neonröhren) müssen entweder mit Drosselspulen mit Temperatursicherung (DIN VDE 0631) und flamm- und platzsicheren Kondensatoren (Kennzeichnung „FP") ausgerüstet sein, oder mit elektronischen Vorschaltgeräten (EVG) nach DIN VDE 0712 Teil 201/83.
- Im Verlauf der Fluchtwege aus den EDV-Bereichen sind Notabschalteinrichtungen für die Maschinen vorzusehen, hier muss die Klimatisierung ebenfalls mit geschaltet werden können.
- Wasserleitungen und Gasleitungen sind außerhalb der EDV-Räume zu verlegen, soweit sie nicht für den Betrieb erforderlich sind; sie müssen zudem absperrbar sein.
- Automatische Brandmelder sind in allen EDV-Räumlichkeiten sowie auch in den oben, unten und seitlich daran angrenzenden Räumlichkeiten anzubringen.
- Automatische Brandmelder sollen nicht nur in den Räumen sein, sondern (so vorhanden) auch in den abgehängten Decken (Zwischendecken) sowie in den Doppelböden (unabhängig von der Höhe des Bodens).

- Die Brandmeldezentrale sowie alle Komponenten sollen der VdS-Richtlinie 2095 entsprechen.
- Automatische Schaltungen sollen von der Brandmeldeanlage nur dann vorgenommen werden, wenn dies mindestens zwei Melder auslösen.
- Die Meldung eines Brandmelders muss an eine ständig besetzte Stelle gehen.
- Nicht vom Raum aus sichtbare Melder sind an der Decke oder auf dem Boden zu kennzeichnen.
- Es muss sicher gewährleistet werden, dass man am Tableau erkennen kann, welcher Melder ausgelöst hat, um verzögerungsfrei die meldende Stelle zu finden.
- Es soll zusätzlich noch Hand-Druckknopfmelder geben.
- Automatische Brandlöschanlagen (Löschgase oder vorgesteuerte Sprinkleranlagen) sind empfehlenswert.
- Qualität und Quantität der Feuerlöscher berechnet sich nach der Vorschrift der Berufsgenossenschaft BGR 133.
- Pulverlöscher sind weder in den EDV-Räumen, noch in deren Umgebung bereitzuhalten.
- Die elektrischen und elektronischen Geräte sind nach der Vorschrift der Berufsgenossenschaft BGV A 2 zu überprüfen.
- In allen EDV-Räumen gilt ein Rauchverbot.
- Brennbare Stoffe dürfen in den EDV-Räumen nur in der Menge eines Tagesbedarfs vorhanden sein.
- Brennbare Abfälle sind in nichtbrennbaren und selbsttätig schließenden Behältern zu sammeln.
- Abfälle sind arbeitstäglich aus den Räumlichkeiten der EDV zu entfernen.
- Die Mitarbeiter sind zu schulen, wie man sich im Brandfall im EDV-Bereich richtig verhält.
- Die Mitarbeiter sind im Umgang mit Handfeuerlöschern zu schulen.
- Es wird empfohlen, mit der zuständigen Feuerwehr regelmäßig Begehungen zu machen und auch über die Löschmittel zu sprechen, die im Brandfall verwendet werden.
- Es soll ein Notfallplan aufgestellt werden, in dem organisatorische Maßnahmen für den Schadenfall sowie Ausweichmöglichkeiten festzulegen sind.
- In den Arbeitsräumen sollen sich nur diejenigen Datenträger befinden, die unmittelbar für den Arbeitsablauf gebraucht werden; alle übrigen Datenträger sind entweder in einem eigenen, feuerbeständig abgetrennten Raum oder in Datensicherungsschränken unterzubringen.

- Durch geeignete Maßnahmen ist dafür zu sorgen, dass alle Daten mit vertretbarem Aufwand rekonstruierbar sind (z.B. durch Kopieren und Auslagern wichtiger Daten).

2.18 Prämiensystem der Feuerversicherungen

Doch es gilt nicht nur, die Vorschriften der Versicherungen zu kennen und einzuhalten. Darüber hinaus ist es ratsam, ein paar sicherheitsrelevante Punkte umzusetzen, um die Versicherungsprämien zu reduzieren. Denn es gibt Zuschläge und/oder Abzüge auf die Versicherungsprämien, entsprechend der risikotechnischen Situation. Neben der Kosten für Brandschutzmaßnahmen gibt es bei den Feuerversicherungen ein kompliziertes Rabattsystem, das derartige Anschaffungen finanziell lukrativ durch Prämienreduzierungen macht. Es gibt je Unternehmensart (Metallbearbeitung, Lebensmittelherstellung, Kunststoffverarbeitung, Holzindustrie, Elektronikmontage) einen sog. Ausgangsprämiensatz, auf den es durch Gefahrenerhöhungen zu Zuschlägen kommen kann; andererseits gibt es wiederum durch gefahrenmindernde Maßnahmen Abzüge. Erhält man keine Zuschläge und viele Rabatte, so kann man bei den deutschen Versicherern den gleichen Versicherungsschutz für weniger als 10% der Ausgangsprämie erhalten.

Für Brandmeldeanlagen gibt es zwischen 2 % und 10 % Rabatt, je nach Auslegung der Anlage und nach der Qualität der Stelle, die den Alarm entgegennimmt (Werkfeuerwehr: 10 %, Berufsfeuerwehr: 8 %, Meldung zum Pförtner: 6 %, Meldung zu einer Privatperson: 2 %).

Am meisten Rabatt gibt es für Brandlöschanlagen, allen voran die Sprinkleranlagen (max. 65 % Rabatt). Bei Sprühwasserlöschanlagen ist, wie bei Kohlendioxid-Löschanlagen, der maximale Rabatt bei 55 %. Schaum- und Pulverlöschanlagen ermöglichen maximal 20 % (automatische Anlagen) bzw. 10 % (manuell zu bedienende Anlagen). Auch für Funkenlöschanlagen (15 %) und Rauch- und Wärmeabzugsanlagen (4 %) gibt es Rabatte.

Eigene Feuerwehren werden auch nicht unbedeutend rabattiert, wie die Zahlen zeigen: Werksfeuerwehren mit überwiegend hauptberuflichen Einsatzkräften: 35 %, sonstige Werksfeuerwehren: 20 %, für Betriebsfeuerwehren mit ständiger Einsatzbereitschaft: 10 % und für Betriebsfeuerwehren ohne ständige Einsatzbereitschaft: 5 %.

Für besondere Brandschutzeinrichtungen und Brandschutzmaßnahmen gibt es darüber hinaus noch ein Punkte-Rabattschema; jeder Punkt kann die Versicherungsprämien reduzieren (in Klammern werden die zu addierenden Punkte angegeben):

- Sicherheitskonzept vorhanden (12 P.),
- Mindestschichtstärke gegeben, d.h. keine Geisterschichten (1 P.),
- Zertifizierung vorhanden (8 P.),
- Registratur und Auswertung aller Arbeitsunfälle (1 P.),
- meldepflichtige Arbeitsunfälle geringer als der BG-Durchschnitt (1 P.),
- Maßnahmenplanung für Notfälle vorhanden (3 P.),
- Bereitschaftsdienst für Notfälle vorhanden (1 P.),
- korrekte Wartung, Instandhaltung und Reparatur aller betriebstechnischer Anlagen (7 P.),
- Einsatz qualifizierter haupt- oder nebenberuflicher Brandschutzbeauftragter (3 P.),
- Brandschutzordnung, Alarm- und Brandschutzpläne vorhanden (2 P.),
- Einweisung der Belegschaft in das Verhalten im Brandfall und im Gebrauch von Sicherheitseinrichtungen (1 P.),
- Einweisung und Überwachung von Fremdfirmen in Sicherheits- und Brandschutzfragen (1 P.),
- regelmäßige Betriebsbesichtigung durch einen Brandschutzberatungsdienst (3 P.),
- korrekte Mängelbeseitigung (2 P.),
- Umsetzung brandschutztechnischer Empfehlungen (6 P.),
- Sicherheitstechnische Beratung bei Planung, Neu- und Umbauten sowie Nutzungsänderungen (3 P.),
- Erlaubnisschein für alle feuergefährlichen Arbeiten eingeführt (3 P.),
- überwachtes Rauchverbot (2 P.),
- Prozessleitsysteme mit Betriebs- und Schutzverriegelungen, unterbrechungsfreie Stromversorgung vorhanden (8 P.),
- gekennzeichnete Ex-Zonen (2 P.),
- ständige Torüberwachung (1 P.),
- Zugangskontrolle der Gebäude (1 P.),
- Einfriedung des Betriebsgeländes (2 P.),
- Einbruchhemmende Verglasung oder Vergitterung der Fenster (1 P.),
- Be- und Ausleuchtung des Betriebsgeländes (1 P.),
- Verschluss der Außentüren, sichere Aufbewahrung der Schlüssel (1 P.),
- Außenhautüberwachung durch VdS-anerkannte Einbruchmeldeanlage (3 P.),
- Innenüberwachung durch VdS-anerkannte Einbruchmeldeanlage (1 P.),
- Freilandüberwachung, Zaunmelder (2 P.),

- Keine Lagerung brennbarer Materialien außen an Gebäuden (2 P.),
- Werkschutz vorhanden (2 P.),
- Prozessleitwarten feuerbeständig abgetrennt (2 P.),
- Mess-, Steuer- und Regelräume feuerbeständig abgetrennt (2 P.),
- Einrichtungen der Energieversorgung redundant (2 P.),
- elektrische Mehrfacheinspeisungen vorhanden (2 P.),
- keine Einschränkung des Repräsentantenbegriffs (15 P.).

Abb. 2.19 Für sicherheitstechnische Einrichtungen wie hier z.B. eine Sicherheitsschleuse können Versicherungen Rabatt gewähren (Quelle: Gunnebo Wego AG)

Von diesen Kriterien müssen mindestens 31 Punkte erreicht werden, darunter gibt es keinen Rabatt. Von der erreichten Punktzahl werden 30 subtrahiert und das Ergebnis mit 0,3 multipliziert, dies ergibt den Rabatt in Prozent. Beispiel: Es wurden 65 Punkte erreicht, dann wird wie folgt gerechnet: (65–30) x 0,3 = 35 x 0,3 = 10,5 % zusätzlicher Brandschutz-Rabatt auf die jährlichen Prämien der Feuer- und Feuer-Betriebs-unterbrechungs-Versicherungen.

Für die Größe von Brandabschnitten gibt es auch Rabatte: Misst der größte Brandabschnitt maximal 1.600 m², dann gibt es noch mal 15 % Prämienrabatt; misst er 1.601 m²–3.200 m², gibt es 10 % und wenn der größte Brandabschnitt zwischen 3.201 m² und 5.000 m² liegt, erhält man noch 5 % Rabatt. Wichtig hierbei ist, dass ein Brandabschnitt die Grundfläche, multipliziert mit den überirdischen Etagen misst, d.h. übereinander liegende Ebenen werden, anders als in den Landesbauordnungen, addiert. Diesen Rabatt erhält man jährlich auf die Feuer- und Feuer-Betriebs-unterbrechungs-Versicherungsprämie.

Insgesamt wären durch Brandschutzmaßnahmen theoretisch über 100 % Rabatte möglich und da dies verständlicherweise nicht akzeptabel sein kann wird das Maximum bei 85 % festgelegt.

Wenn Betriebe vorübergehend stillgelegt werden, dann gibt es, je nach verbleibender Risikosituation, bis zu 33,5 % Rabatt. Für einen positiven Schadensverlauf gibt es ebenfalls Rabatte, und zwar 10 %, wenn der Schadensaufwand in den letzten fünf Versicherungsjahren im Verhältnis zur gezahlten Prämie 50 % unterschreitet und 15 %, wenn der Schadensaufwand in den letzten fünf Versicherungsjahren im Verhältnis zur gezahlten Prämie 20 % unterschreitet.

„Besonders günstige Risikoverhältnisse" nach den Prämienrichtlinien liegen dann vor, wenn alle drei folgenden Voraussetzungen erfüllt sind:

- Der Schadensaufwand der letzten 10 Versicherungsjahre ist im Verhältnis zur gezahlten Prämie < 20 %.
- Das PML liegt bei ≤ 10 % der Gesamtversicherungssumme.
- Der Brandschutzrabatt ist ≤ 60 %.

Bei bestimmten Franchisen (das sind Eigenbehalte des Versicherungsnehmers je Schadensfall) gibt es bei den unterschiedlichen Feuer-PML-Erwartungen unterschiedliche Rabatte. Die festgelegte Spanne reicht von 9,8 % bis 33,4 %, Sonderkonditionen sind in Ausnahmefällen auch möglich. Pauschal gilt: Je höher der Eigenbehalt pro Schaden und je geringer der maximal zu erwartende Schaden gleichzeitig ist, um so mehr Rabatt gibt es. Wenn Unternehmen sehr wenig Schäden haben oder aber derart groß sind, dass sie pro Schaden größere Summen selbst tragen können, so bedeutet ein Rabatt von 20 % durchaus mehrere 100.000,- € jährlich und das kann sich für beide Seiten rechnen: Der Kunde spart immer noch mehr durch den Rabatt, als er im Eigenbehalt zahlen muss und der Versicherer muss sich nicht mit vielen verwaltungstechnisch kostenaufwändigen Kleinschäden beschäftigen.

Die Lagerprämien richten sich nicht nur nach der Brandgefährlichkeit der gelagerten Stoffe und deren Verpackung (Differenz: Faktor 5), sondern auch nach der Kombination der Lagerfläche zur Lagerhöhe. Die Prämiensätze für Lager werden noch mit Multiplikationsfaktoren von 0,85 (d.h. 15 % Rabatt) bis 2,2 (d.h. 220 % Zuschlag) versehen, je nach Lagerfläche und Lagerhöhe. Die stark abweichenden Ausgangsprämiensätze zeigen, dass es sich kaufmännisch durchaus rechnen kann, unterschiedliche betriebliche Aktivitäten in jeweils eigene Brandabschnitte zu verlegen. Besonders im Lagerbereich gibt es extrem abweichende Prämiensätze, aber auch unter den Produktionsarten. Auf die Lagerprämien gibt es noch einmal einen Zuschlag von 50 % für alle Lager über 7,5 m oder über 7.500 m² Brandabschnittsfläche, die nicht mit Sprinklerschutz versehen sind. Pauschal gilt: Kleine Flächen und niedrige Lagerhöhen ergeben günstige Prämien; große Lagerflächen und hohe Lagerhöhen bringen sehr hohe Prämien.

Es gibt drei Arten von Gebäuden: Rabattierfähige Gebäude (R-Gebäude: -10 %), neutrale Gebäude (N-Gebäude: ± 0 %) und zuschlagspflichtige Gebäude (Z-Gebäude: + 10 %). Hieraus resultiert, dass bei der Errichtung eines Gebäudes nicht nur auf den Anschaffungspreis geachtet werden soll, sondern auch auf die Rabattierfähigkeit. R-Gebäude haben primär nicht-brennbare Bauteile und mindestens feuerhemmende Dachtragwerke. N-Gebäude dürfen brennbare Dachtragwerke oder solche ohne Feuerwiderstandsdauer haben und Z-Gebäude sind Gebäude mit vielen brennbaren Bestandteilen.

Für gefahrenerhöhende Einrichtungen in einem Unternehmen gibt es generell Zuschläge, ebenso auch für Hilfs- oder Nebenbetriebe, die aufgrund der Brandlasten oder Zündquellen wesentlich als Gefahrenerhöhung zu bezeichnen sind. Die Zuschläge sind abhängig von der Bedrohungsart. Eine kleine Hobelbank in einer Schmiede wird wohl noch nicht als besorgniserregende Gefahrenerhöhung bezeichnet, doch wenn der gefährdende Bereich 10 % der Unternehmensfläche einnimmt und zudem sicherheitstechnisch nicht baulich abgetrennt ist oder nicht technisch geschützt wird, so ist mit einem Zuschlag zu rechnen. Je nach Bedrohungsart kann der Zuschlag bei 10 % bis über 50 % liegen. Allgemein gelten als gefahrenerhöhende Einrichtungen: Lackierereien, Trocknungsanlagen, Extraktionsanlagen, Holzbearbeitung, Kunststoffverarbeitung und vergleichbares. Wichtig ist hierbei, dass sich diese in nicht feuerbeständig abgetrennten Bereichen des Unternehmens befinden – andernfalls kann auf den Zuschlag verzichtet werden. Als Alternative zu der baulichen Trennung nach F 90 gibt es noch die technische Lösung: Eine automatische Brandlöschanlage schützt das Unternehmen oder zumindest den gefährlichen Bereich. Neben den bereits genannten gefahrenerhöhenden Einrichtungen gibt es in den Tarifen der Feuerversicherer noch den Ausdruck der „besonders ungünstige Risikoverhältnisse", die zu weiteren Zuschlägen führen. Hierunter fallen primär sieben Begriffe:

1. Heizquellen sind nicht feuerbeständig abgetrennt.
2. Es wird ohne Beaufsichtigung produziert (sog. Geisterschichten).

3. Wenn die Bauart aufgrund der Betriebsart, der Bedrohungsart oder anderer Umstände wie z.B. auch der klimatischen Verhältnisse als mangelhaft angesehen werden muss, so ist dies ein Grund für einen Risikozuschlag.
4. Galeriebauten mögen optisch ansprechend sein, aus der Sicht der Feuerversicherer sind sie aufgrund der offenen Bauweise negativ zu bewerten.
5. Für von den Behörden genehmigte Abweichungen von Bauvorschriften oder den Vorgaben der Gewerbeaufsicht muss der Versicherer in der Regel einen Zuschlag berechnen, wenn es hier brandschutzrelevante Verschlechterungen gibt.
6. Die Löscheinrichtungen müssen dem jeweiligen Risiko angepasst sein.
7. Wenn ein Unternehmen radioaktive Isotope benötigt, so kann es dadurch zu Löschbehinderungen kommen. Auch hierfür ist ein Zuschlag zu nehmen.

Die Brandstiftungsgefährdung ist nur sehr subjektiv festzustellen; aufgrund der jahrelangen Erfahrung jedes Besichtigers der Versicherungen und der Schadenserfahrungen aus den Statistiken ist jedoch auch hier eine etwas objektivere Einstufung möglich. Die Unternehmensart ist ein Faktor, der die Gefährdung einer Brandstiftung bestimmt; ein weiterer ist die direkte und weitere Umgebung um das Unternehmen. Wenn man auf dem Land liegt und von Wäldern oder Bauernhöfen umgeben ist, mag die subjektive Einstufung berechtigterweise niedriger liegen als in gefährdeten Großstadtgebieten. Zudem ist es wichtig, ob eine Einzäunung vorhanden ist, ob diese komplett ist und welche mechanische Stabilität die Einzäunung hat.

Der Schadenverlauf wirkt sich unter bestimmten Voraussetzungen positiv aus, er kann aber auch negative Auswirkungen haben. Wenn in den letzten fünf Versicherungsjahren der Schadensaufwand im Verhältnis zur gezahlten Prämie 150 % erreicht oder überschreitet, so gibt es einen Zuschlag von 10 %.

Brandschutz soll sich nicht amortisieren. Dennoch ist es reizvoll, für sicherheitstechnische Anschaffungen einerseits an anderer Stelle einen finanziellen Ausgleich zu erhalten. Versicherungen wissen, dass sie an gut geschützten Unternehmen, die wenig Prämie bezahlen, über die Jahre mehr Geld verdienen als von schlecht bzw. nicht geschützten Unternehmen mit hohen Beiträgen; diese Tatsache sollte man sich zunutze machen, um sein Unternehmen optimal zu schützen.

2.19 Verordnung zur Verhütung von Bränden (Landesrecht)

Die deutschen Bundesländer haben unterschiedliche Brandverhütungsvorschriften erlassen. Stellvertretend für alle anderen seien hier aus der VVB (Verordnung zur Verhütung von Bränden) aus Bayern die wichtigsten Punkte herausgenommen:

- Wer einen Brand wahrnimmt, hat ihn sofort zu löschen, wenn es ihm zumutbar und insbesondere ohne erhebliche eigene Gefahr und ohne Verletzung anderer wichtiger Pflichten möglich ist.
- Kann er den Brand nicht sofort löschen, so hat er unverzüglich öffentliche Hilfe herbeizurufen.
- Feuerstätten sind so zu betreiben, dass sie nicht brandgefährlich werden können. Sie müssen ausreichend beaufsichtigt werden.
- Feste Stoffe dürfen in Feuerstätten nicht mit brennbaren Flüssigkeiten entzündet werden.
- Feuerstätten dürfen nicht betrieben werden in Räumen, in denen größere Mengen leicht entzündlicher Stoffe hergestellt, verarbeitet oder aufbewahrt werden, oder in denen explosionsgefährliche Gas-, Dampf-, Nebel- oder Staub-Luft-Gemische auftreten können.
- Bewegliche Feuerstätten in Räumen müssen von brennbaren Stoffen und ungeschützten Bauteilen aus brennbaren Stoffen seitlich mindestens 1 m und nach oben mindestens 2 m entfernt sein. Sind die Stoffe gegen Wärmestrahlung ausreichend geschützt, so genügt der halbe Abstand. Bewegliche Feuerstätten sind kippsicher aufzustellen.
- Geschlossene Feuerstätten im Freien müssen entfernt sein:
  - von Gebäuden aus brennbaren Stoffen mindestens 5 m, vom Dachvorsprung ab gemessen,
  - von leicht entzündbaren Stoffen mindestens 25 m,
  - von sonstigen brennbaren Stoffen mindestens 5 m.
  Sie dürfen bei starkem Wind nicht benutzt werden.
- Offene Feuerstätten oder unverwahrtes Feuer dürfen im Freien nur entzündet werden, wenn hierdurch für die Umgebung keine Brandgefahren entstehen können; von leicht entzündbaren Stoffen müssen offene Feuerstätten oder unverwahrtes Feuer jedoch mindestens 100 m entfernt sein. Offene Feuerstätten oder unverwahrtes Feuer sind ständig unter Aufsicht zu halten. Bei starkem Wind ist das Feuer zu löschen. Feuer und Glut müssen beim Verlassen der Feuerstelle erloschen sein.
- Behälter, in denen Brennstoffrückstände aufbewahrt werden, müssen dicht verschlossen sein. In Behältern aus brennbaren Stoffen dürfen nur

kalte Brennstoffrückstände aufbewahrt werden. Auf diesen Behältern muss deutlich lesbar darauf hingewiesen werden, dass heiße Brennstoffrückstände nicht eingefüllt werden dürfen.

- Im Freien müssen Behälter, die aus brennbaren Stoffen bestehen, mindestens 2 m, andere Behälter mindestens 1 m von anderen brennbaren Stoffen entfernt aufgestellt werden. In Gebäuden dürfen die Behälter nur in Räumen mit mindestens feuerbeständigen Wänden und Decken aufgestellt werden.
- Das Rauchen ist verboten an Orten, an denen leicht entzündbare Stoffe hergestellt, verarbeitet oder aufbewahrt werden, explosionsgefährliche Gas-, Dampf-, Nebel- oder Staub-Luft-Gemische auftreten oder sonstige explosionsgefährliche Stoffe vorhanden sein können.
- Brennende Zigarren oder Zigaretten, Pfeifenglut oder Rauchzeugasche dürfen nicht so weggelegt oder weggeworfen werden, dass eine Brandgefahr entstehen kann. Aschenbecher dürfen nur in dicht schließende Behälter aus nicht brennbaren Stoffen entleert werden.
- Kleider oder Wäschestücke dürfen über Feuerstätten oder in einer Entfernung unter 50 cm neben Feuerstätten oder Rauchrohren nicht getrocknet werden. An Kachelöfen oder anderen Feuerstätten, deren Außenwände sich nicht stärker als Kachelöfen erwärmen, dürfen sie getrocknet werden, wenn dadurch keine Brandgefahr entsteht.
- Elektrische Bügeleisen, Kocher, Tauchsieder und ähnliche Elektrogeräte sind während des Betriebes ausreichend zu beaufsichtigen. Sie sind auf nicht brennbaren, wärmebeständigen Unterlagen so abzustellen, dass auch bei übermäßiger Erwärmung brennbare Gegenstände nicht entzündet werden können.
- Elektrische Strahlungsöfen, Heizsonnen, Infrarotstrahler und ähnliche Elektrowärmegeräte sind so aufzustellen, dass brennbare Gegenstände nicht entzündet werden können. Sie dürfen nicht in Räumen, in denen größere Mengen leicht entzündlicher Stoffe vorhanden sind, betrieben werden.
- Zugmaschinen und sonstige bewegliche Arbeitsmaschinen mit Verbrennungsmotoren dürfen nicht in Räumen betrieben werden, in denen explosionsgefährliche Gas-, Dampf-, Nebel- oder Staub-Luft-Gemische auftreten können. Ortsfest dürfen sie nicht in Räumen betrieben werden, in denen leicht entzündbare Stoffe hergestellt, aufbewahrt oder verarbeitet werden.
- Arbeiten mit Schneidbrennern, Schweiß- oder Lötgeräten und Schneid- oder Schleifgeräten, die Funken erzeugen, dürfen dort, wo sie eine Brandgefahr hervorrufen können, nur unter ständiger Aufsicht einer mit

den örtlichen Verhältnissen vertrauten, sachkundigen Person ausgeführt werden. Besonders gilt das für Arbeiten

- an Stellen, an denen das Rauchen oder die Benutzung von Feuer oder offenem Licht verboten ist,
- an oder auf weich gedeckten oder mit Pappe gedeckten Dächern,
- in Räumen, die sich unmittelbar oder ohne geschlossene Decke unter weich gedeckten Dächern befinden.

• Diese Arbeiten dürfen ferner nur ausgeführt werden, wenn ausreichende Maßnahmen gegen die Entzündung brennbarer Stoffe getroffen sind. Vor Beginn der Arbeiten sind insbesondere

- Löschwasser oder geeignete Löschgeräte in ausreichender Menge bereitzustellen,
- bewegliche brennbare Gegenstände, Staubschichten und Spinngewebe aus dem Gefahrenbereich zu entfernen,
- ortsfeste brennbare Stoffe, auch wenn sie unter Putz liegen, durch eine die Wärme ausreichende dämmende, nicht brennbar Abdeckung gegen Entzündung zu schützen,
- Öffnungen nach Räumen mit brennbarem Inhalt zu schließen, Fugen und Ritzen in Böden, Wänden und Decken mit nicht brennbaren Stoffen abzudichten,
- bei Arbeiten an Rohrleitungen oder Behältern brennbare Umkleidungen und Wärmeisolierungen aus dem Gefahrenbereich zu entfernen,
- leicht entzündbare Stoffe, welche die zu bearbeitenden Metallteile berühren, von diesen zu entfernen in einem Umkreis von 3 m, bei Verwendung von Elektroschweiß- oder Schleifgeräten von 50 cm von der Schleif-, Schneid-, Schweiß- oder Lötstelle,
- Explosionsgefahren zu beseitigen, die durch Gas-, Dampf-, Nebel- oder Staub-Luft-Gemische entstehen.

• Farbe darf nur auf solchen brennbaren Bauteilen abgebrannt werden, die von nicht brennbaren Bauteilen so umgeben sind, dass ein Brand auf andere Teile des Gebäudes nicht übergreifen kann.

• Lötlampen dürfen in der Nähe leicht entzündbarer Stoffe nicht nachgefüllt oder angeheizt werden.

Abb. 2.20 Staub ist explosionsgefährlich und deshalb immer umgehend zu beseitigen

- Werden Schneidbrenner, Schweiß- oder Lötgeräte während der Arbeit abgelegt, so ist die offene Flamme ständig zu beobachten. Die Geräte sind, wenn möglich, auf geeigneten Ablegevorrichtungen abzulegen.
- Nach Abschluss der Arbeiten ist gründlich zu prüfen, ob im Gefahrenbereich liegende Gebäudeteile oder sonstige Gegenstände brennen, schwelen oder übermäßig erwärmt sind; auf Fugen und Risse ist hierbei besonders zu achten. Diese Prüfung muss anschließend noch mindestens zwei Stunden lang in kürzeren Abständen nach Beendigung der Arbeiten wiederholt werden. Brand- und Glimmstellen sind sorgfältig abzulöschen. Sind sie schwer zugänglich oder besteht sonst Brandverdacht, so ist unverzüglich die Feuerwehr herbeizurufen.
- Werden Teer, Pech, Asphalt oder ähnliche brennbare Stoffe erwärmt, so ist dafür zu sorgen, dass die zu erwärmenden oder sonstige brennbare Stoffe nicht entzündet werden. Insbesondere ist zu beachten:
  - Tragbare Kessel müssen aus einem Stück hergestellt, geschweißt oder hart gelötet sein und auf mindestens 20 cm hohen Füßen stehen.
  - Die Feuerstätte muss eine geschlossene Feuerung und einen geschlossenen Aschenfall haben.
  - Solange die Feuerstätte betrieben wird, muss der Kessel ständig beaufsichtigt werden und müssen geeignete Feuerlöschmittel zur Hand sein.
  - Der Kessel muss mit einem Deckel dicht abschließbar sein.

- Fette müssen beim Erwärmen ständig beaufsichtigt werden.
- Feste Brennstoffe müssen so verwahrt werden, dass sie durch Feuerstätten nicht entzündet werden können. Sie dürfen insbesondere nicht unmittelbar neben Feuerstätten gelagert werden, wenn nicht ein Schutz vor zu starker Erwärmung besteht.
- Feste Brennstoffe dürfen nicht in offenen Dachräumen gelagert werden.
- Leicht entzündbare feste Stoffe dürfen nicht in Treppenräumen, Gängen, Durchfahrten und in offenen Dachräumen gelagert werden, ausgenommen offene Dachräume land- und forstwirtschaftlicher Betriebe.
- Lager brennbarer fester Stoffe von mehr als 100 m³ Lagergut im Freien müssen von Gebäuden mindestens 10 m entfernt sein, es sei denn, dass sie an überragende Brandwände angrenzen. Wenn sie mehr als 3.000 m³ Lagergut enthalten, sind sie in Lager von höchstens 3.000 m³ zu unterteilen, die voneinander mindestens 10 m entfernt oder durch überragende Brandwände geschieden sind; das gilt nicht für Kohlelager, die von Gebäuden mindestens 25 m und von Wäldern mindestens 50 m entfernt sind.
- Zwischenräume zwischen Gebäuden dürfen zum Lagern brennbarer fester Stoffe nicht benutzt werden, wenn hierdurch die Gefahr einer Brandübertragung entsteht.
- Im Freien und unter offenen Schutzdächern gelagerte leicht entzündbare Ernteerzeugnisse müssen folgende Abstände haben:

  - mindestens 50 m zu Wäldern, Mooren und Heiden, Gebäuden mit weicher Bedachung oder Gebäuden, deren Umfassungswände nicht mindestens feuerhemmend hergestellt sind,
  - mindestens 25 m zu allen anderen Gebäuden, anderen brennbaren Stoffen, öffentlichen Verkehrswegen oder seitlich zu Hochspannungsleitungen.

- Im Freien und unter offenen Schutzdächern dürfen leicht entzündbare Ernteerzeugnisse nur in Haufen bis zu 1.500 m³ Rauminhalt gelagert werden. Sind mehrere Lager weniger als 100 m voneinander entfernt, so dürfen auf allen zusammen höchstens insgesamt 1.500 m³ solcher Erzeugnisse gelagert werden.
- Ernteerzeugnisse, die zur Selbstentzündung neigen, insbesondere Heu, Kleehafer und Kleegerste, dürfen in feuchtem Zustand nicht eingelagert werden. Das gilt nicht für vorgetrocknete Ernteerzeugnisse, die durch Belüftungs- oder Entlüftungseinrichtungen ausreichend nachgetrocknet werden.
- Der Leiter des Betriebes hat bei Ernteerzeugnissen, die zur Selbstentzündung neigen, den Temperaturverlauf mindestens drei Monate lang

regelmäßig mit einer Messeinrichtung, die die Temperatur des Lagergutes anzeigt, festzustellen. Erwärmt sich das Lagergut auf mehr als 60 °C, so ist die Temperatur in Abständen von höchstens fünf Stunden zu messen. Erwärmt sich das Lagergut auf mehr als 70 °C oder besteht sonst die Gefahr einer Selbstentzündung, so hat der Leiter des Betriebes sofort die notwendigen Maßnahmen zu treffen. Gefährlich erhitztes Lagergut darf nur abgetragen oder angeschnitten werden, wenn die Feuerwehr löschbereit anwesend ist.

- Öl- oder fettgetränkte Faserstoffe dürfen nur in dicht schließenden, nicht brennbaren Behältern aufbewahrt werden. Die Behälter sind von brennbaren Stoffen mindestens 50 cm entfernt aufzubewahren.
- Sägemehl oder ähnliche Stoffe, die zum Aufnehmen oder Aufsaugen von Öl oder anderen fetthaltigen oder leicht entzündbaren Stoffen benutzt worden sind, sind nach Gebrauch unverzüglich auf gefahrlose Weise zu beseitigen.
- Ungelöschter Kalk ist so zu lagern, dass er weder feucht werden noch mit brennbaren Stoffen in Berührung kommen kann.
- Räume, die dem Aufenthalt einer größeren Anzahl von Menschen dienen, und Rettungswege aus solchen Räumen dürfen nicht mit leicht entzündbaren Stoffen ausgeschmückt werden. Papier und Kunststoffe dürfen hierfür nur verwendet werden, wenn sie mindestens schwer entflammbar sind und nicht brennend abtropfen. Brennbare Stoffe müssen von Feuerstätten mindestens 50 cm entfernt sein. Zu- und Ausgänge und Hinweise auf Ausgänge dürfen durch Ausschmückungsgegenstände nicht verstellt oder verhängt werden.
- Elektrische Leuchten dürfen in Räumen nicht so mit brennbaren Stoffen umgeben werden, dass diese entzündet werden können.
- In offenen Dachräumen dürfen Gegenstände nur so gelagert werden, dass noch ausreichende Bewegungsfreiheit besteht, insbesondere ein ungehinderter Zugang zu den Kaminen und zum Dachraum am Dachfuß möglich ist.
- Dachluken und Dachfenster müssen dicht schließen. Stroh, Heu und sonstige leicht entzündbare Stoffe dürfen nicht aus Zuglöchern herausragen und nicht zum Verschließen von Öffnungen in Umfassungen und Dächern verwendet werden.
- An Kaminen dürfen keine brennbaren Stoffe gelagert werden.
- Zu- und Ausgänge, Durchfahrten, Durchgänge, Treppenräume und Verkehrswege, die bei einem Brand als Rettungswege und Angriffswege für die Feuerwehr dienen können, sind freizuhalten.

- Türen in Rettungswegen aus Räumen, die dem Aufenthalt einer größeren Anzahl von Menschen dienen, dürfen, solange die Räume benutzt werden, in Fluchtrichtung nicht versperrt sein.

Diese Verordnung wird durch die Gemeinden vollzogen. Die Gemeinden können im Einzelfall weitergehende Anordnungen treffen, die zur Verhütung von Gefahren für Leben, Gesundheit, Eigentum oder Besitz durch Brand erforderlich sind. Sie können insbesondere anordnen, dass:

- Anlagen, Geräte und sonstige Gegenstände so instand zu setzen oder zu ändern sind, dass sie den anerkannten Regeln der Technik entsprechen und nicht mehr brandgefährlich sind. Bis das geschehen ist, kann angeordnet werden, dass sie ganz oder teilweise stillzulegen sind.
- Anlagen, Geräte und brennbare Stoffe an bestimmten Orten nicht oder nur unter besonderen Vorkehrungen hergestellt, aufbewahrt oder verwendet werden dürfen,
- offenes Feuer und offenes Licht nur unter besonderen Vorkehrungen verwendet werden darf,
- Feuerlöscheinrichtungen bereitzuhalten und sonstige Vorkehrungen zur Bekämpfung zu treffen sind.

Werden Anordnungen für Betriebe erlassen, die der Gewerbeaufsicht unterliegen, ist vorher das Gewerbeaufsichtsamt zu hören. Die Gemeinden können Ausnahmen von den Vorschriften dieser Verordnung zulassen, wenn keine Bedenken wegen des Brandschutzes bestehen. Sie bewilligen die Ausnahmen im Benehmen mit der zuständigen Versicherung und, wenn es sich um Betriebe oder Anlagen handelt, die der Gewerbeaufsicht unterliegen, auch im Benehmen mit dem Gewerbeaufsichtsamt; das Benehmen ist nicht erforderlich, wenn in einer Gemeinde die Feuerbeschau technisch vorgebildeten hauptamtlichen Bediensteten übertragen ist, die in der Feuerbeschau ständig tätig sind. Weitergehende Gemeindeverordnungen werden durch diese Verordnung nicht berührt.

2.20 Brandschutz-Beauftragter

Anders als die Fachkraft für Arbeitssicherheit, der Betriebsarzt, der Strahlenschutzbeauftragte, der Verantwortlichen für Umweltschutz und sicherlich noch viele weitere Stellen in Unternehmen ist der Brandschutzbeauftragte für produzierende Unternehmen gesetzlich nicht gefordert. Infolgedessen kann es keine allgemein gültige Anerkennung oder Regeln zur Ausbildung geben.

Der Brandschutzbeauftragte wird also nicht gesetzlich gefordert, sondern lediglich z.B. von den Versicherungen empfohlen. Es gibt hierzu von der vfdb (Vereinigung zur Förderung des deutschen Brandschutzes) ein Merkblatt vom Juni 2002, im dem es einen empfehlenden Vorschlag für die Prüfung von Brandschutzbeauftragten gibt. Nur ein Gesetz, die Verkaufsstättenverordnung (VkV) fordert z.B. im § 26 (2), Punkt 1, eine Person als Brandschutzbeauftragten, dabei soll die Auswahl „im Einvernehmen mit der für den Brandschutz zuständigen Dienststelle" erfolgen. Mehr findet man dazu nicht. Für Krankenhäuser kann ein Brandschutzbeauftragter gefordert werden, jedoch werden keine weiteren Qualifikationen gefordert. In der Hochhausrichtlinie wird eine für den Brandschutz verantwortliche Person gefordert, je nach Höhe des Gebäudes sogar eine ständig anwesende Person mit Ausbildung als Feuerwehrmann. Ebenfalls ist in den großen Opern und Theatern die Anwesenheit von 1–2 Feuerwehrmännern erforderlich. Doch für die meisten Unternehmen wird kein Brandschutzbeauftragter gefordert.

In den Gesetzen und Verordnungen wird auch meist nicht vorgegeben, wer Brandschutzbeauftragter sein kann und welche Ausbildung er haben muss. Es wird lediglich angegeben, dass z.B. die Berufsfeuerwehr mit der Auswahl „zufrieden" sein muss und es gibt die o.a. Empfehlung zur Abnahme einer Prüfung von der vfdb. Brandschutzbeauftragte können technische und nichttechnische Akademiker sein oder auch Personen mit einer nicht universitären Ausbildung und auch diese muss nicht zwingend technischer Art sein. Der Brandschutzbeauftragte muss nur „irgendwie" nachweisen, dass er von Brandschutz und den gesetzlichen Forderungen Ahnung hat. Eventuell benötigt er dann noch die eine oder andere Zusatzausbildung. Wer in Magdeburg oder Wuppertal Brandschutz studiert hat, benötigt natürlich keine derartige Zusatzausbildung, ein Architekt, Jurist oder Elektrotechniker jedoch schon.

Brandschutzbeauftragte werden für Kosten von ca. 2.000,- bis über 3.000,- € pro Person von verschiedenen Anbietern (TÜV Akademien, Akademie für Sicherheit, evtl. auch von verschiedenen Berufsgenossenschaften, VdS, TAE, TAW und sicher noch weiteren Stellen) in Deutschland ausgebildet. Gesetzliche Regelungen gibt es nicht, wohl aber Empfehlungen, an die sich alle Ausbildungsinstitutionen auch halten. Diese Leitlinien wurden vom Arbeitskreis Fachausschuss „BG Nahrungs- und Genussmittel" erstellt, in Zusammenarbeit mit dem Werkfeuerwehrverband und der vfdb. Die Inhalte der Ausbildung zum Brandschutzbeauftragten (Empfehlung mit 64 Unterrichtseinheiten à 45 min.) sind:

- Rechtliche Grundlagen,
- Brandlehre,

- Brand- und Explosionsgefahren,
- Brandrisiken,
- baulicher Brandschutz,
- anlagentechnischer Brandschutz,
- handbetätigte Geräte zur Brandbekämpfung,
- organisatorischer Brandschutz,
- Zusammenarbeit mit Behörden, Feuerwehren und Versicherungen.

Die Lehrgänge schließen mit einer mündlichen und/oder schriftlichen Abschlussprüfung (Empfehlung hierzu: 50 schriftliche Fragen, mündliche Prüfung in Form einer Fallstudie).

Die Aufgabe des Brandschutzbeauftragten ist primär die Kontrolle des Einhaltens von Vorschriften (Verhalten der Mitarbeiter und Vorgesetzte, Prüfungsintervalle), ggf. auch Schulungen und das Hinwirken zum brandschutzgerechten Verhalten. Die Aufgabe des Brandschutzbeauftragten ist nicht die Umsetzung von Maßnahmen, denn dafür ist der zuständige Abteilungsleiter verantwortlich.

2.21 Bundes-Immissionsschutzgesetz und Störfall-Verordnung

Das Bundes-Immissionschutzgesetz (BImSchG) hat gemäß § 1 den Zweck, Menschen, Tiere und Pflanzen, den Boden, das Wasser, die Atmosphäre sowie Kultur und sonstige Sachgüter vor schädlichen Umwelteinwirkungen und, soweit es sich um genehmigungsbedürftige Anlagen handelt, auch vor Gefahren, erheblichen Nachteilen und erheblichen Belästigungen, die auf andere Weise herbeigeführt werden, zu schützen und dem Entstehen schädlicher Umwelteinwirkungen vorzubeugen. Es handelt sich um einen umfassenden Auftrag, der im weitesten Sinne die Umgebung einer Anlage betrifft und in den Betrieben ergänzend zum Auftrag des Arbeitsschutzes bzw. des Brandschutzes hinzutritt, der die Beschäftigten betrifft.

Neben den anderen Aspekten des Immissionsschutzes wie z.B. Luftreinhaltung, Schutz vor Lärmbelästigung und Vermeidung und Verwertung von Reststoffen nimmt die Sicherheit der Anlagen einen besonders wichtigen Platz ein. Diese Anlagen unterliegen den Anforderungen des § 22 BImSchG. Anlagen, die nur mit einer ausdrücklichen Genehmigung betrieben werden dürfen, werden nach § 4 BImSchG bewertet: „Die Errichtung und der Betrieb von Anlagen, die auf Grund ihrer Beschaffenheit oder ihres Betriebes in besonderem Maße geeignet sind, schädliche Umwelteinwirkungen hervorzurufen oder in anderer Weise die Allgemeinheit oder die Nachbarschaft zu gefährden, erheblich zu benachteiligen oder erheblich zu belästigen, sowie von ortsfesten Anlagen Abfallentsorgungsanlagen zur Lagerung oder Behandlung von Abfällen bedürfen der Genehmigung."

Dieses Gesetz beschreibt ausführlich Beschaffenheitsanforderungen von Anlagen, Stoffen, Erzeugnissen, Brennstoffen, Treibstoffen und Schmierstoffen. Es überwacht Luftverunreinigungen im Bundesgebiet, fordert Luftreinhaltepläne und Lärmminderungspläne. Das BImSchG (§ 7) bietet das rechtliche Instrumentarium, nach Anhörung beteiligter Kreise Rechtsverordnungen zu erstellen. Diese Rechtsverordnungen beschreiben, wie diese Anlagen beschaffen sein müssen. Demnach sind Anlagen so zu errichten, dass:

- schädliche Umwelteinwirkungen und sonstige Gefahren für die Allgemeinheit nicht hervorgerufen werden können,
- Vorsorge gegen schädliche Umwelteinwirkungen getroffen wird,
- Reststoffe vermieden werden oder als Abfall ohne Beeinträchtigung des Allgemeinwohls beseitigt werden,
- entstehende Wärme nach dem Stand der Technik verwertet wird.

Es existieren insgesamt 28 Verordnungen zum BImSchG. Hier eine Auswahl wichtiger Verordnungen:

- 4. BImSchV: Verordnung über genehmigungsbedürftige Anlagen,
- 5. BImSchV: Verordnung über Immissionsschutz- und Störfallbeauftragte,
- 12. BImSchV: Störfall-Verordnung,
- 22. BImSchV: Verordnung über Immissionswerte.

Unter diesen 28 Verordnungen zum BImSchG ist die Störfall-Verordnung diejenige, die Anforderungen an die gefährlichsten Anlagen stellt, Anlagen, die über große Mengen an Chemikalien verfügen.

Die moderne industrielle Entwicklung hat zum Bau und Betrieb von Anlagen geführt, die wegen ihrer Komplexität sowie der Art und Menge der in ihnen verarbeiteten gefährlichen Stoffen bei einer Störung des regulären Betriebes immense Gefahren verursachen können. Hierfür wurde die Störfallverordnung erlassen. Vor allem die chemische Industrie erzeugt Gefahren und Risiken für die Menschen und ihre Umwelt. Als Beispiele können die schweren Unfälle in Seveso, Sandoz oder Bhopal angeführt werden. Diese Ereignisse machen deutlich, wie gefährlich Chemieanlagen oder Chemieläger sein können. Deutschland ist ein sehr eng und dicht besiedeltes Land, dadurch befinden sich diese Anlagen häufig in der Nähe von

Wohngebieten. Daraus resultieren höhere Auflagen als anderswo, oder sogar die Verpflichtung, die Fabrik zu verlegen.

Speziell der Unglücksfall von Seveso zwang zu einem verstärkten Nachdenken über Vorsorgemaßnahmen. Die Europäische Gemeinschaft hat daher am 17. Mai 1977 und am 29. Juni 1978 Aktionsprogramme für den Schutz der Umwelt sowie für Sicherheit und Gesundheitsschutz am Arbeitsplatz beschlossen. Zentrale Bedeutung gewann hierbei die Richtlinie des Rats der Europäischen Union vom 24. Juni 1982 in der Fassung der Richtlinie vom 19.März 1987 über die Gefahren schwerer Unfälle bei Industrietätigkeiten (82/501 EWG). Dieser Richtlinie, auch Seveso-Richtlinie genannt, lag der Gedanke zugrunde, bestimmten Industrietätigkeiten, durch die schwere Unfälle verursacht werden können, besonderes Augenmerk zu schenken.

Bei allen Industrietätigkeiten, bei denen gefährliche Stoffe eingesetzt werden oder anfallen können, die bei Emission für Mensch und Umwelt schwere Folgen haben können, wird der Betreiber verpflichtet, alle möglichen Maßnahmen und Vorkehrungen zu treffen, um derartige Unfälle zu verhüten und ihre Auswirkungen in Grenzen zu halten.

Der zentrale Begriff der Störfall-Verordnung ist der des Störfalls. Der Störfall wird in § 2 Abs. 1 Satz 1 Störfall-Verordnung als eine Störung des bestimmungsgemäßen Betriebs definiert, bei der ein Stoff nach den Anhängen II, III oder IV z.B. durch Emissionen, Brände oder Explosionen freigesetzt wird oder später eine ernste Gefahr hervorruft. Der Begriff des bestimmungsgemäßen Betriebs wird in der Störfall-Verordnung nicht näher definiert. Eine Anlage wird gemäß ihrer Bestimmung betrieben, wenn ihr Betrieb dem Produktionszweck entspricht und die Bestimmungen ihrer Bau- und Betriebsgenehmigung eingehalten werden. Der bestimmungsgemäße Betrieb umfasst folgende Vorgänge:

- den Normalbetrieb,
- den An- und Abtransport,
- den Test- oder Probebetrieb,
- Prüfungs-, Wartungs- und Instandsetzungsarbeiten.

Nicht jede Störung des bestimmungsgemäßen Betriebs einer Anlage muss zu einem Störfall führen. Dies ergibt sich aus § 11 Abs. 1 Nr. 2 Störfall-Verordnungen, wonach nur eine solche Störung eines bestimmungsgemäßen Betriebs den hierfür zuständigen Behörden gemeldet werden muss, bei der der Eintritt eines Störfalls nicht ausgeschlossen werden kann. Durch die Störung des bestimmungsgemäßen Betriebs muss zudem ein Stoff nach den Anlagen II, III oder IV größere Emissionen, Brände oder Explosionen verursachen.

Der Störfall-Begriff wurde gegenüber den älteren Fassungen der Störfall-Verordnung ausgeweitet. So wird jetzt auch das Bedienpersonal (Arbeitnehmer) von den Regelungen der Störfall-Verordnung erfasst bzw. in ihren Schutzbereich aufgenommen.

Damit beginnt nun die Umwelt unmittelbar an den Anlagen.

Die zwölfte Verordnung zur Durchführung des Bundes-Immissionsschutzgesetzes (Störfall-Verordnung – 12. BImSchV) vom 26. April 2000, beinhaltet u.a.:

Vorschriften für Betriebsbereiche:

- § 3 Allgemeine Betreiberpflichten
- § 4 Anforderungen zur Verhinderung von Störfällen
- § 5 Anforderungen zur Begrenzung von Störfallauswirkungen
- § 6 Ergänzende Anforderungen
- § 7 Anzeige
- § 8 Konzept zur Verhinderung von Störfällen.

Erweiterte Pflichten:

- § 9 Sicherheitsbericht
- § 10 Alarm- und Gefahrenabwehrpläne
- § 11 Informationen über Sicherheitsmaßnahmen
- § 12 Sonstige Pflichten
- § 13 Mitteilungspflicht gegenüber dem Betreiber
- § 14 Berichtspflichten
- § 15 Domino-Effekt
- § 16 Überwachungssystem
- § 17 Grundpflichten
- § 18 Erweiterte Pflichten
- § 21 Ordnungswidrigkeiten.

Der Anwendungsbereich der Verordnung ist in § 1 festgelegt. Demnach gelten die Vorschriften des Zweiten und Vierten Teils mit Ausnahme der §§ 9 bis 12 für Betriebsbereiche, in denen gefährliche Stoffe in Mengen vorhanden sind, die die in Anhang I Spalte 4 genannten Mengenschwellen erreichen oder überschreiten. Diese Schwellen sind z.B.:

- für sehr giftige Stoffe 5.000 kg,
- für brandfördernde Stoffe 50.000 kg,
- für leichtentzündliche Flüssigkeiten 5.000.000 kg,
- für hochentzündliche Flüssigkeiten: 10.000 kg.

Für Betriebsbereiche, in denen gefährliche Stoffe in Mengen vorhanden sind, die die in Anhang I Spalte 5 genannten Mengenschwellen erreichen oder überschreiten, gelten außerdem die Vorschriften der §§ 9 bis 12. Diese Mengenschwellen sind z.B.

- für sehr giftige Stoffe 20.000 kg,
- für brandfördernde Stoffe 200.000 kg,
- für leichtentzündliche Flüssigkeiten 50.000.000 kg,
- für hochentzündliche Flüssigkeiten 50.000 kg.

Der Betreiber einer der Störfall-Verordnung unterliegenden Anlage hat alle Vorkehrungen zu treffen, um Störfälle zu verhindern. Bei der Erfüllung seiner Betreiberpflicht nach § 3 Störfall-Verordnung sind folgende Punkte zu berücksichtigen:

- betriebliche Gefahrenquellen,
- umgebungsbedingte Gefahrenquellen,
- Eingriffe Unbefugter.

Darüber hinaus sind vorbeugende Maßnahmen zu treffen, um die Auswirkungen von Störfällen so gering wie möglich zu halten. In § 4 beschreibt die Störfall-Verordnung explizit, dass neben anderen auch Brandschutzmaßnahmen zu realisieren sind. Der Betreiber hat im Rahmen seiner Pflichten nach § 3 u.a. Maßnahmen zu treffen, damit Brände und Explosionen:

- innerhalb des Betriebsbereiches vermieden werden,
- nicht in einer die Sicherheit beeinträchtigender Weise von einer Anlage auf andere Anlagen des Betriebsbereiches einwirken können,
- nicht in einer die Sicherheit des Betriebsbereiches beeinträchtigender Weise von außen auf ihn einwirken kann.

Zudem ist der Betriebsbereich mit ausreichenden Warn-, Alarm- und Sicherheitseinrichtungen auszurüsten. Die Ergänzenden Anforderungen nach § 6 sehen zusätzliche Maßnahmen vor wie:

- Überwachung und Wartung der gesamten Anlage, insbesondere sicherheitsrelevanter Anlagenteile,
- Durchführung von Schulungen, Bedienungs- und Sicherheitsanweisungen, um Fehlverhalten des Personals vorzubeugen.

Die notwendigen Maßnahmen nach §§ 4 bis 7 sind gemäß § 9 in einem schriftlichen Konzept/Sicherheitsmanagementsystem zur Verhinderung von Störfällen darzustellen. Die Grundsätze für die Erstellung dieses Konzeptes sind in Anhang III beschrieben. Das Konzept ist schriftlich auszufertigen und beinhaltet u.a. das betriebliche Brandschutzkonzept, indem alle baulichen, technischen und organisatorischen Maßnahmen zur Verhinderung bzw. Ausbreitung von Bränden/Explosionen detailliert dargestellt sind.

Ein Brandschutzkonzept nach Industriebau-Richtlinie muss auch aus der Sicht der Störfall-Verordnung betrachtet und u.U. dahingehend ergänzt werden. In jedem Fall sind folgende Anforderungen zur Verhinderung und Begrenzung von Störfällen (durch Brände/Explosionen) unter den Gesichtspunkten Brand- und Explosionsschutz sowie Ereignisse, die von außen auf die Anlage einwirken können zu berücksichtigen:

- Bewertung der vorhandenen Brandlasten:

  - Ersatz brennbarer Stoffe durch nichtbrennbare oder schwer entflammbare Stoffe,
  - Begrenzung der Mengen brennbarer Stoffe,
  - gefahrlose Ableitung brennbarer Stoffe,

- Bewertung eines möglichen Kontaktes mit Sauerstoff (Luft, brandfördernde Stoffe),
- Bewertung möglicher Zündquellen,
- Reduzierung der Brandlast durch Aufbewahrung in geeigneten und zugelassenen Lagerräumen bzw. -schränken,
- Reduzierung der Brandausbreitungsfläche durch konsequenten baulichen Brandschutz (Brandabschnitte, Abstandsflächen),
- Reduzierung der Brandausbreitungsfläche durch den Einsatz geeigneter ortsfester Löschanlagen,
- Bewertung der Feuerwiderstandsdauer tragender Wände und Stützen,
- Gestaltung von Flucht- und Rettungswegen,
- Vermeidung bzw. Begrenzung gefährlicher explosionsfähiger Atmosphäre,
- Vermeidung von Zündquellen,
- Bewertung der baulichen Anlagen hinsichtlich Explosionsunterdrückung, Explosionsdruckentlastung und Sicherheitsabstände,
- Reduzierung der Brandausbreitungsfläche durch ausreichende Abstände,
- Reduzierung der Brandausbreitungsfläche durch äußere Brandwände,
- Berieselungsanlagen zur Kühlung des zu schützenden Objektes,
- Ausreichende Löschwasserversorgung.

Anlagen, die die Mengenschwellen der Spalte 5 (Anhang I) überschreiten, haben zusätzlich einen Sicherheitsbericht nach § 9 der Störfall-Verordnung zu erstellen.

Dieser Bericht stellt u.a. dar, dass

- ein Konzept zur Verhinderung von Störfällen umgesetzt wurde,
- ein Sicherheitsmanagement gemäß Anhang III vorhanden ist,
- alle erforderlichen Maßnahmen zur Verhinderung möglicher Störfälle ergriffen wurden,
- interne Alarm- und Gefahrenabwehrpläne vorliegen und die erforderlichen Informationen zur Erstellung externer Alarm- und Gefahrenabwehrpläne vorhanden sind, damit bei einem Störfall die erforderlichen Maßnahmen getroffen werden können.

Der Sicherheitsbericht enthält mindestens die in Anhang II aufgeführten Angaben und Informationen. Er enthält ferner ein Verzeichnis der in dem Betriebsbereich vorhandenen gefährlichen Stoffe (Gefahrstoff-Kataster gemäß Gefahrstoff-Verordnung).

Wie beschrieben hat der Betreiber gemäß § 10 der Verordnung vor der ersten Inbetriebnahme eines Betriebsbereiches mit gefährlichen Stoffen nach § 1 Abs. 1 Satz 2 einen internen Alarm- und Gefahrenabwehrplan zu erstellen. Der notwendige Inhalt ist in Anhang IV der Störfall-Verordnung dargestellt. Zudem hat der Betreiber der zuständigen Behörde die für die Erstellung externer Alarm- und Gefahrenabwehrpläne erforderlichen Informationen zu übermitteln. Die Beschäftigten sind anhand dieses Plans regelmäßig, mindestens einmal im Jahr, über die erforderlichen Verhaltensregeln zu unterweisen. Die Dritte Allgemeine Verwaltungsvorschrift zur Störfallverordnung (3. Störfall-VwV) gibt Hinweise, wie ein Alarm- und Gefahrenabwehrplan erstellt werden kann. Im betrieblichen Gefahrenabwehrplan müssen insbesondere dargelegt sein:

- allgemeine Angaben über den Betrieb und seine Umgebung,
- betriebliche Gefahrenpotenziale (anlagen-, verfahrens- und stoffspezifische sowie umgebungsbedingte Gefahren),
- auf Störfallablaufszenarien basierende Gefährdungsbereiche,
- Sicherung von betrieblichen Gefahrenbereichen gegen unbeabsichtigtes Betreten,
- stoffspezifische Angaben , die zur Gefahrenabwehr erforderlich sind, z.B. Sicherheitsdatenblätter nach § 14 Gefahrstoffverordnung,
- die Festlegung von Zuständigkeiten der betrieblichen Gefahrenabwehrkräfte,
- Angabe der nach § 5 Abs. 2 Störfall-Verordnung mit der Begrenzung der Auswirkungen von Störfällen beauftragten Personen oder Stelle,
- Qualifikation und Mindestschichtstärke betrieblicher Kräfte zur Gefahrenabwehr und zur Ersten Hilfe,

- Einsatz von betrieblichem Personal zur Bekämpfung der Gefahren und ihrer Auswirkungen einschließlich von Empfehlungen zu Sofortmaßnahmen,
- Einsatz unter Beteiligung öffentlicher Gefahrenabwehrkräfte,
- Maßnahmen zur Überwachung der Gefahr, deren Entwicklung und Auswirkungen,
- Angabe der nach § 5 Abs. 3 Störfall-Verordnung für die Beratung der Gefahrenabwehrbehörden und der Einsatzkräfte zuständigen Personen oder Stellen,
- Anweisungen zum Verhalten im Gefahrenfall an Beschäftigte und Dritte, die sich auf dem Betriebsgelände aufhalten,
- Angabe der Stellen, denen der betriebliche Alarm- und Gefahrenabwehrplan zugeleitet wird.

Dieser Alarm- und Gefahrenabwehrplan ist mit dem Amt für Brand- und Katastrophenschutz rechtzeitig abzustimmen. Ziel der Abstimmung ist es, eine wirksame Gefahrenabwehr sicherzustellen, indem die betriebliche und die außerbetriebliche Gefahrenabwehrplanung ineinander greifen. Folgende Pläne sind in den betrieblichen Alarm- und Gefahrenabwehrplan zu integrieren:

- Feuerwehrplan (DIN 14095),
- Energieversorgungsplan,
- Rohrleitungspläne,
- Abwasserkanalplan einschließlich Löschwasserrückhaltung,
- Absperreinrichtungen,
- Lageplan betrieblicher Alarm- und Warneinrichtungen,
- Flucht- und Rettungswegpläne.

Der Feuerwehrplan enthält feuerwehrrelevante Angaben über das Einsatzobjekt. Er enthält z.B.:

- Grundrisse der einzelnen Gebäude,
- Werkstrassen,
- Gebäudezugänge,
- Brandmeldeanlagen,
- Standorte der Hydranten,
- Ortsfeste Löschanlagen,
- Sammelplätze.

Darüber hinaus müssen Gefahrenschwerpunkte (wie gefährliche Stoffe, technische Einrichtungen) und Sicherheitseinrichtungen (wie Rauch- und

Wärmeabzugsanlagen, Notabschalteeinrichtungen) eingezeichnet werden, damit Einsatzkräfte darüber informiert sind und reagieren können.

Der Flucht- und Rettungswegplan nach § 55 Arbeitsstättenverordnung muss für jedes Gebäude erstellt werden. Er muss deutlich sichtbar ausgehängt sein. Er dient den im Betrieb Anwesenden dazu, das Gebäude schnell und sicher zu verlassen. Aus brandschutztechnischer Sicht sind im Rahmen der Erstellung betrieblicher Alarm- und Gefahrenabwehrpläne folgende drei Maßnahmengruppen zur Brandbekämpfung zu beachten:

Baulicher Brandschutz:

- Abstände zu anderen Gebäuden,
- Feuerwiderstandsklassen der Bauteile,
- Unterteilung des Gebäudes in Brandabschnitte,
- Löschwasserrückhaltesysteme,
- Brandmeldeanlage,
- Rauch- und Wärmeabzugsanlagen.

Technischer Brandschutz:

- Lager für Chemikalien und brennbare Flüssigkeiten, Gase etc.,
- Stationäre Löscheinrichtungen (Gebäude- und Objektschutz),
- Notstromversorgung,
- Löschwasserversorgung (Grund- und Objektschutz).

Organisatorischer Brandschutz:

- Brandschutzbeauftragte,
- Brandschutzübungen mit der zuständige Feuerwehr,
- Brandschutzordnung nach DIN 14096.

Interne und externe Brände und Explosionen können sensiblen Anlagen, die Chemikalien in großen Mengen nach Anhang I Spalte 4 oder 5 der Störfall-Verordnung verarbeiten, gefährlich werden und sie beschädigen. Austretende Chemikalien im Sinne der Verordnung können somit eine ernste Gefahr für Menschen und Umwelt bedeuten.

Aus diesem Grund sind Brandschutzmaßnahmen regelmäßig auf Wirksamkeit zu überprüfen bzw. bei Änderungen in der Produktion schnellstmöglich zu ertüchtigen.

Übersicht über erforderliche baulichen und technischen Brandschutzmaßnahmen bietet das Brandschutzkonzept nach Bauvorlagenverordnung (§ 14), dass im Rahmen der Baugenehmigung erstellt werden muss. Basis hierfür ist in der Regel die Industriebau-Richtlinie als Sonderbaurichtlinie der Länder.

2.22 Kreislaufwirtschafts- und Abfallgesetz

Abfälle sind in zweifacher Hinsicht relevant für Umweltschutz und nachhaltige Entwicklung:

- Abfälle enthalten Rohstoffe und Energie, die ökonomisch und ökologisch effizient genutzt werden können.
- Die Behandlung und Deponierung von Abfällen ist kostenintensiv und trotz hoher Standards mit Umweltbelastungen verbunden.

Die Abfallwirtschaft in Deutschland hat sich in den letzten Jahren von einer Wegwerf- und Ablagerungswirtschaft hin zu einer integrierten Kreislaufwirtschaft entwickelt, die der Abfallvermeidung und der Abfallverwertung Vorrang gibt. Das 1996 in Kraft getretene Kreislaufwirtschafts- und Abfallgesetz prägt den neuen Handlungsansatz der Produktverantwortung, der die Umsetzung der abfallpolitischen Ziele stärker in die Verantwortung von Hersteller und Handel gibt.

Mit Inkrafttreten des neuen Kreislaufwirtschafts- und Abfallgesetzes im Oktober 1996 hat sich der rechtliche Handlungsrahmen für die Abfallwirtschaft erheblich geändert. Den zum Teil komplizierten neuen Regelungen dürfen sich Unternehmen nicht verschließen. Abfallrecht ist kostenrelevant. Im Mittelpunkt des neuen Gesetzes steht der geänderte Abfallbegriff, der europäischem Vorbild folgend jetzt die sogenannten Wirtschaftsgüter oder Reststoffe einbezieht. Mit diesem einheitlichen Abfallbegriff soll ausgeschlossen werden, dass sich ein Abfallbesitzer unter Berufung auf Reststoffeigenschaften dem abfallrechtlichen Instrumentarium zu entziehen versucht. Es liegt jedoch nahe, dass die Probleme auf die nachfolgende Stufe verlagert werden, nämlich auf die Prüfung, ob es sich um sogenannte Abfälle zur Verwertung oder um Abfälle zur Beseitigung handelt. In der Praxis stellt sich die Frage, nach welchen Kriterien die Abgrenzung zu erfolgen hat. Diese Abgrenzung von Verwertung und Beseitigung ist auch deswegen von besonderer Bedeutung, weil sie abgabenrechtliche Konsequenzen haben kann. Das Gesetz normiert eine Zielhierarchie. Abfälle sind danach:

- zu vermeiden,
- stofflich und energetisch zu verwerten (bei der Verwertung hat die umweltverträglichere Verwertungsart Vorrang),
- umweltfreundlich zu beseitigen.

Das Kreislaufwirtschafts- und Abfallgesetz ordnet die Überlassungs- und Entsorgungspflichten neu. Soweit es um die Entsorgungspflichten geht, können die öffentlich-rechtlichen Entsorgungsträger weitergehend als bisher bestimmte Abfälle von der Entsorgung ausschließen. Andererseits besteht bei bestimmten Abfällen aus dem unternehmerischen Bereich grundsätzlich keine Verpflichtung mehr, sie öffentlichen Entsorgungsunternehmen zu überlassen, wenn die Abfälle – häufig kostengünstiger – in eigenen Anlagen beseitigt werden können.

Neu aufgenommen wurde die sog. Produktverantwortung für Hersteller und Vertreiber von Produkten. Die Erzeugnisse sind so zu gestalten, dass bei der Herstellung und dem Gebrauch das Entstehen von Abfällen vermindert wird und die spätere umweltverträgliche Verwertung und Beseitigung der nach dem Gebrauch entstehenden Abfälle sichergestellt wird.

Das Kreislaufwirtschafts- und Abfallgesetz (KrW-/AbfG) ist das Gesetz zur Förderung der Kreislaufwirtschaft und Sicherung der umweltverträglichen Beseitigung von Abfällen. Zweck des Gesetzes ist die Förderung der Kreislaufwirtschaft zur Schonung der natürlichen Ressourcen und die Sicherung der umweltverträglichen Beseitigung von Abfällen. Es beinhaltet u.a.:

§ 2 Geltungsbereich: Die Vorschriften dieses Gesetzes gelten für die:

- Vermeidung,
- Verwertung,
- Beseitigung von Abfällen.

Die Vorschriften dieses Gesetzes gelten nicht für

- die nach dem Tierkörperbeseitigungsgesetz, nach dem Fleischhygiene- und dem Geflügelfleischhygienegesetz, nach dem Lebensmittel- und Bedarfsgegenständegesetz, nach dem Milch- und Margarinegesetz, nach dem Tierseuchengesetz, nach dem Pflanzenschutzgesetz und nach den aufgrund dieser Gesetze erlassenen Rechtsverordnungen zu beseitigenden Stoffe,
- Kernbrennstoffe und sonstige radioaktive Stoffe im Sinne des Atomgesetzes,
- Stoffe, deren Beseitigung in einer aufgrund des Strahlenschutzvorsorgegesetzes erlassenen Rechtsverordnung geregelt ist,
- Abfälle, die beim Aufsuchen, Gewinnen, Aufbereiten und Weiterverarbeiten von Bodenschätzen in den der Bergaufsicht unterstehenden Betrieben anfallen, ausgenommen Abfälle, die nicht unmittelbar und nicht üblicherweise nur bei den im Halbsatz genannten Tätigkeiten anfallen,
- nicht in Behälter gefasste gasförmige Stoffe,
- Stoffe, sobald diese in Gewässer oder Abwasseranlagen eingeleitet oder eingebracht werden,

- das Aufsuchen, Bergen, Befördern, Lagern, Behandeln und Vernichten von Kampfmitteln.

§ 3 Begriffsbestimmungen: Abfälle im Sinne dieses Gesetzes sind alle beweglichen Sachen, die unter die in Anhang I aufgeführten Gruppen fallen und deren sich ihr Besitzer entledigt, entledigen will oder entledigen muss. Abfälle zur Verwertung sind Abfälle, die verwertet werden; Abfälle, die nicht verwertet werden, sind Abfälle zur Beseitigung. Die Entledigung im Sinne des Absatzes 1 liegt vor, wenn der Besitzer bewegliche Sachen einer Verwertung im Sinne des Anhangs II B oder einer Beseitigung im Sinne des Anhangs II A zuführt oder die tatsächliche Sachherrschaft über sie unter Wegfall jeder weiteren Zweckbestimmung aufgibt. Der Wille zur Entledigung im Sinne des Absatzes 1 ist hinsichtlich solcher beweglicher Sachen anzunehmen,

- die bei der Energieumwandlung, Herstellung, Behandlung oder Nutzung von Stoffen oder Erzeugnissen oder bei Dienstleistungen anfallen, ohne dass der Zweck der jeweiligen Handlung hierauf gerichtet ist, oder
- deren ursprüngliche Zweckbestimmung entfällt oder aufgegeben wird, ohne dass ein neuer Verwendungszweck unmittelbar an deren Stelle tritt.

§ 4 Grundsätze der Kreislaufwirtschaft: Abfälle sind in erster Linie zu vermeiden, insbesondere durch die Verminderung ihrer Menge und Schädlichkeit, in zweiter Linie

- stofflich zu verwerten oder
- zur Gewinnung von Energie zu nutzen (energetische Verwertung).

Maßnahmen zur Vermeidung von Abfällen sind insbesondere

- die anlageninterne Kreislaufführung von Stoffen,
- die abfallarme Produktgestaltung sowie ein auf den Erwerb abfall- und schadstoffarmer Produkte gerichtetes Konsumverhalten.

Die stoffliche Verwertung beinhaltet die Substitution von Rohstoffen durch das Gewinnen von Stoffen aus Abfällen (sekundäre Rohstoffe) oder die Nutzung der stofflichen Eigenschaften der Abfälle für den ursprünglichen Zweck oder für andere Zwecke mit Ausnahme der unmittelbaren Energierückgewinnung. Eine stoffliche Verwertung liegt vor, wenn nach einer wirtschaftlichen Betrachtungsweise, unter Berücksichtigung der im einzelnen Abfall bestehenden Verunreinigungen, der Hauptzweck der Maßnahme in der Nutzung des Abfalls und nicht in der Beseitigung des Schadstoffpotenzials liegt.

Die energetische Verwertung beinhaltet den Einsatz von Abfällen als Ersatzbrennstoff, vom Vorrang der energetischen Verwertung unberührt bleibt die thermische Behandlung von Abfällen zur Beseitigung, insbesondere von Hausmüll. Für die Abgrenzung ist auf den Hauptzweck der Maßnahme abzustellen. Ausgehend vom einzelnen Abfall, ohne Vermischung mit anderen Stoffen, bestimmen Art und Ausmaß seiner Verunreinigungen sowie die durch seine Behandlung anfallenden weiteren Abfälle und entstehenden Emissionen, ob der Hauptzweck auf die Verwertung oder die Behandlung gerichtet ist.

Die Kreislaufwirtschaft umfasst auch das Bereitstellen, Überlassen, Sammeln, Einsammeln durch Hol- und Bringsysteme, Befördern, Lagern und Behandeln von Abfällen zur Verwertung.

§ 5 Grundpflichten der Kreislaufwirtschaft: Die Pflichten zur Abfallvermeidung richten sich nach § 9 sowie den auf Grund der §§ 23 und 24 erlassenen Rechtsverordnungen.

Die Erzeuger oder Besitzer von Abfällen sind verpflichtet, diese nach Maßgabe des § 6 zu verwerten. Soweit sich aus diesem Gesetz nichts anderes ergibt, hat die Verwertung von Abfällen Vorrang vor deren Beseitigung.

Die Verwertung von Abfällen, insbesondere durch ihre Einbindung in Erzeugnisse, hat ordnungsgemäß und schadlos zu erfolgen. Die Verwertung erfolgt ordnungsgemäß, wenn sie im Einklang mit den Vorschriften dieses Gesetzes und anderen öffentlich-rechtlichen Vorschriften steht. Sie erfolgt schadlos, wenn nach der Beschaffenheit der Abfälle, dem Ausmaß der Verunreinigungen und der Art der Verwertung Beeinträchtigungen des Wohls der Allgemeinheit nicht zu erwarten sind, insbesondere keine Schadstoffanreicherung im Wertstoffkreislauf erfolgt.

Die Pflicht zur Verwertung von Abfällen ist einzuhalten, soweit dies technisch möglich und wirtschaftlich zumutbar ist, insbesondere für einen gewonnenen Stoff oder gewonnene Energie ein Markt vorhanden ist oder geschaffen werden kann.

Die Verwertung von Abfällen ist auch dann technisch möglich, wenn hierzu eine Vorbehandlung erforderlich ist. Die wirtschaftliche Zumutbarkeit ist gegeben, wenn die mit der Verwertung verbundenen Kosten nicht außer Verhältnis zu den Kosten stehen, die für eine Abfallbeseitigung zu tragen wären.

Der in Absatz 2 festgelegte Vorrang der Verwertung von Abfällen entfällt, wenn deren Beseitigung die umweltverträglichere Lösung darstellt. Dabei sind insbesondere zu berücksichtigen:

- die zu erwartenden Emissionen,
- das Ziel der Schonung der natürlichen Ressourcen,
- die einzusetzende oder zu gewinnende Energie,
- die Anreicherung von Schadstoffen in Erzeugnissen, Abfällen zur Verwertung oder daraus gewonnenen Erzeugnissen.

Der Vorrang der Verwertung gilt nicht für Abfälle, die unmittelbar und üblicherweise durch Maßnahmen der Forschung und Entwicklung anfallen.

§ 19 Abfallwirtschaftskonzepte: Erzeuger, bei denen jährlich mehr als insgesamt 2.000 kg besonders überwachungsbedürftige Abfälle oder jährlich mehr als 2.000 t überwachungsbedürftige Abfälle je Abfallschlüssel anfallen, haben ein Abfallwirtschaftskonzept über die Vermeidung, Verwertung und Beseitigung der anfallenden Abfälle zu erstellen. Das Abfallwirtschaftskonzept dient als internes Planungsinstrument und ist auf Verlangen der zuständigen Behörde zur Auswertung für die Abfallwirtschaftsplanung vorzulegen. Das Abfallwirtschaftskonzept hat zu enthalten:

- Angaben über Art, Menge und Verbleib der besonders überwachungsbedürftigen Abfälle, der überwachungsbedürftigen Abfälle zur Verwertung sowie der Abfälle zur Beseitigung,
- Darstellung der getroffenen und geplanten Maßnahmen zur Vermeidung, zur Verwertung und zur Beseitigung von Abfällen,
- Begründung der Notwendigkeit der Abfallbeseitigung, insbesondere Angaben zur mangelnden Verwertbarkeit aus den in § 5 Abs. 4 genannten Gründen,
- Darlegung der vorgesehenen Entsorgungswege für die nächsten fünf Jahre; bei Eigenentsorgern Angaben zur notwendigen Standort- und Anlagenplanung sowie ihrer zeitlichen Abfolge,
- gesonderte Darstellung des Verbleibs der unter Nummer 1 genannten Abfälle bei der Verwertung oder Beseitigung außerhalb der Bundesrepublik Deutschland.

Bei Erstellung des Abfallwirtschaftskonzepts sind die Vorgaben der Abfallwirtschaftsplanung nach § 29 zu berücksichtigen.

§ 22 Produktverantwortung: Wer Erzeugnisse entwickelt, herstellt, be- und verarbeitet oder vertreibt, trägt zur Erfüllung der Ziele der Kreislaufwirtschaft die Produktverantwortung. Zur Erfüllung der Produktverantwortung sind Erzeugnisse möglichst so zu gestalten, dass bei deren Herstellung und Gebrauch das Entstehen von Abfällen vermindert wird und die umweltverträgliche Verwertung und Beseitigung der nach deren Gebrauch entstandenen Abfälle sichergestellt ist.

Die Produktverantwortung umfasst insbesondere:

- die Entwicklung, Herstellung und das Vertreiben von Erzeugnissen, die mehrfach verwendbar, technisch langlebig und nach Gebrauch zur ordnungsgemäßen und schadlosen Verwertung und umweltverträglichen Beseitigung geeignet sind,
- den vorrangigen Einsatz von verwertbaren Abfällen oder sekundären Rohstoffen bei der Herstellung von Erzeugnissen,
- die Kennzeichnung von schadstoffhaltigen Erzeugnissen, um die umweltverträgliche Verwertung oder Beseitigung der nach Gebrauch verbleibenden Abfälle sicherzustellen,
- den Hinweis auf Rückgabe-, Wiederverwendungs- und Verwertungsmöglichkeiten oder -pflichten und Pfandregelungen durch Kennzeichnung der Erzeugnisse,
- die Rücknahme der Erzeugnisse und der nach Gebrauch der Erzeugnisse verbleibenden Abfälle sowie deren nachfolgende Verwertung oder Beseitigung.

Im Rahmen der Produktverantwortung nach den Absätzen 1 und 2 sind neben der Verhältnismäßigkeit der Anforderungen entsprechend § 5 Abs. 4, die sich aus anderen Rechtsvorschriften ergebenden Regelungen zur Produktverantwortung und zum Schutz der Umwelt sowie die Festlegungen des Gemeinschaftsrechts über den freien Warenverkehr zu berücksichtigen.

Die Bundesregierung bestimmt durch Rechtsverordnungen auf Grund der §§ 23 und 24, welche Verpflichteten die Produktverantwortung nach den Absätzen 1 und 2 zu erfüllen haben. Sie legt zugleich fest, für welche Erzeugnisse und in welcher Art und Weise die Produktverantwortung wahrzunehmen ist.

2.23 Wasserhaushaltsgesetz

Das Wasserhaushaltsgesetz (WHG) in der Fassung von 1986 regelt als Rahmengesetz des Bundes die Bewirtschaftung der oberirdischen Gewässer, der Küstengewässer und des Grundwassers. Dabei hat jede vermeidbare Beeinträchtigung zu unterbleiben, nachteilige Veränderungen der Eigenschaften des Wassers sind zu verhüten, und eine sparsame Verwendung des Wassers ist anzustreben. Alle Handlungen, die schädliche Veränderungen der physikalischen, chemischen oder biologischen Beschaffenheit des

Wassers herbeiführen können, bedürfen einer Genehmigung. Ein Rechts-
anspruch auf die Erteilung einer Erlaubnis oder einer Bewilligung besteht
nicht. Diese ist zu verweigern, wenn dadurch das Wohl der Allgemeinheit,
insbesondere die Trinkwasserversorgung, gefährdet wird.

Jede Abwasserleitung muss bestimmten Mindestanforderungen genügen. Dabei werden in den von der Bundesregierung erlassenen Verwaltungsvorschriften (RahmenabwasserVwV) die allgemeinen anerkannten
Regeln der Technik zugrunde gelegt. Die Anforderungen an das Einleiten
von gefährlichen Stoffen müssen dem Stand der Technik genügen. Alte
Wasserrechte können gegen Entschädigung aufgehoben werden. Unter bestimmten Voraussetzungen entfällt eine Entschädigung. Zum Schutz der
öffentlichen Wasserversorgung können Wasserschutzgebiete festgesetzt
werden.

Für Anlagen, die wassergefährdende Stoffe befördern oder mit ihnen
umgehen gelten besondere Vorschriften (§§ 19 a-l WHG). Eine wasser-
rechtliche Erlaubnis oder Bewilligung verpflichtet den Inhaber zur Dul-
dung der behördlichen Überwachung.

Gemäß dem Wasserhaushaltsgesetz § 19 werden wassergefährdende
Stoffe mittels Verwaltungsvorschrift näher bestimmt und entsprechend ihres Gefahrenpotenzials für Mensch und Umwelt in Wassergefährdungs-
klassen eingestuft. Ziel ist es, angemessene Sicherheitsvorkehrungen zum
Schutz der Gewässer beim Umgang mit den Stoffen, z.B. Lagern, Umfül-
len, Herstellen, Verwenden und Befördern, zu treffen. In Ergänzung der
Verwaltungsvorschrift erscheint im Katalog wassergefährdender Stoffe,
der vom Beirat beim Bundesminister für Umwelt, Naturschutz und Reaktorsicherheit bzw. dem Umweltbundesamt herausgegeben wird, eine umfassende Liste von Stoffen, die vier verschiedenen Wassergefährdungs-
klassen (WGK) zugeordnet sind. In größeren Anlagen muss ein Gewässerschutzbeauftragter bestellt werden.

Wer die Beschaffenheit des Wassers verändert oder Inhaber einer Anlage ist, die unbeabsichtigt die Beschaffenheit des Wassers verändert, so
dass einem anderen dadurch Schaden entsteht, ist entsprechend der sog.
Gefährdungshaftung zum Schadensersatz verpflichtet. Die Gefährdungshaftung ist bis dato im Umweltrecht nur in Ansätzen (etwa im Gentechnik-
gesetz oder Wasserhaushaltsgesetz) vorhanden. Die Gefährdungshaftung
wird durch das neue Umwelthaftungsgesetz für eine Vielzahl von Anlagen
eingeführt. Die Gefährdungshaftung ist dadurch gekennzeichnet, dass sie
den Verursacher eines Schadens zum Ersatz verpflichtet, ohne dass der
Geschädigte ihm ein Verschulden an der Entstehung des Schadens nachweisen muss. Die Position des Geschädigten wird hierdurch verbessert. Ob
die Gefährdungshaftung allerdings zu einem verbesserten Umweltschutz

beitragen kann, ist u.a. wegen der Versicherbarkeit des Risikos zweifelhaft (Kalkulierbarkeit der Kosten der Umweltverschmutzung).

Das Wasserhaushaltsgesetz (WHG) ist das Gesetz zur Ordnung des Wasserhaushalts in der Fassung der Bekanntmachung vom 12. November 1996 (Bible. I S. 1696); es beinhaltet u.a.:

§ 1 Grundsatz

(1) Die Gewässer sind als Bestandteil des Naturhaushaltes und als Lebensraum für Tiere und Pflanzen zu sichern. Sie sind so zu bewirtschaften, dass sie dem Wohl der Allgemeinheit und im Einklang mit ihm auch dem Nutzen einzelner dienen und vermeidbare Beeinträchtigungen ihrer ökologischen Funktionen unterbleiben.

(2) Jedermann ist verpflichtet, bei Maßnahmen, mit denen Einwirkungen auf ein Gewässer verbunden sein können, die nach den Umständen erforderliche Sorgfalt anzuwenden, um eine Verunreinigung des Wassers oder eine sonstige nachteilige Veränderung seiner Eigenschaften zu verhüten, um eine mit Rücksicht auf den Wasserhaushalt gebotene sparsame Verwendung des Wassers zu erzielen, um die Leistungsfähigkeit des Wasserhaushaltes zu erhalten und um eine Vergrößerung und Beschleunigung des Wasserabflusses zu vermeiden.

§ 3 Benutzungen

(1) Benutzungen im Sinne dieses Gesetzes sind
1. Entnehmen und Ableiten von Wasser aus oberirdischen Gewässern,
2. Aufstauen und Absenken von oberirdischen Gewässern,
3. Entnehmen fester Stoffe aus oberirdischen Gewässern, soweit dies auf den Zustand des Gewässers oder auf den Wasserabfluss einwirkt,
4. Einbringen und Einleiten von Stoffen in oberirdische Gewässer,
4a. Einbringen und Einleiten von Stoffen in Küstengewässer,
5. Einleiten von Stoffen in das Grundwasser,
6. Entnehmen, Zutagefördern, Zutageleiten und Ableiten von Grundwasser.

§ 7a Anforderungen an das Einleiten von Abwasser

(1) Eine Erlaubnis für das Einleiten von Abwasser darf nur erteilt werden, wenn die Schadstoffe des Abwassers so gering gehalten werden, wie dies bei Einhaltung der jeweils in Betracht kommenden Verfahren nach dem Stand der Technik möglich ist. § 6 bleibt unberührt. Die Bundesregierung legt durch Rechtsverordnung mit Zustimmung des Bundesrats Anforderungen fest, die dem Stand der Technik entsprechen. Diese Anforderungen können auch für den Ort des Anfalls des Abwassers oder vor seiner Vermischung festgelegt werden.

§ 18a Pflicht und Pläne zur Abwasserbeseitigung
(1) Abwasser ist so zu beseitigen, dass das Wohl der Allgemeinheit nicht beeinträchtigt wird. Dem Wohl der Allgemeinheit kann auch die Beseitigung von häuslichem Abwasser durch dezentrale Anlagen entsprechen. Abwasserbeseitigung im Sinne dieses Gesetzes umfasst das Sammeln, Fortleiten, Behandeln, Einleiten, Versickern, Verregnen und Verrieseln von Abwasser sowie das Entwässern von Klärschlamm in Zusammenhang mit der Abwasserbeseitigung.

§ 19a Genehmigung von Rohrleitungsanlagen zum Befördern wassergefährdender Stoffe
(1) Die Errichtung und der Betrieb von Rohrleitungsanlagen zum Befördern wassergefährdender Stoffe bedürfen der Genehmigung der für das Wasser zuständigen Behörde. Dies gilt nicht für Rohrleitungsanlagen, die den Bereich eines Werksgeländes nicht überschreiten oder die Zubehör einer Anlage zum Lagern solcher Stoffe sind.

(2) Wassergefährdende Stoffe im Sinne des Absatzes 1 sind
  −Rohöle, Benzine, Diesel-Kraftstoffe und Heizöle;
  −andere flüssige oder gasförmige Stoffe, die geeignet sind, Gewässer zu verunreinigen oder sonst in ihren Eigenschaften nachteilig zu verändern; sie werden von der Bundesregierung durch Rechtsverordnung mit Zustimmung des Bundesrats bestimmt.

(3) Der Genehmigung bedürfen ferner die wesentliche Änderung einer unter Absatz 1 fallenden Rohrleitungsanlage und die wesentliche Änderung des Betriebs einer solchen Anlage.

(4) Die Genehmigung geht mit der Anlage auf den Rechtsnachfolger über. Der bisherige Inhaber der Genehmigung hat der nach Absatz 1 zuständigen Behörde den Übergang anzuzeigen.

§ 19g Anlagen zum Umgang mit wassergefährdenden Stoffen
(1) Anlagen zum Lagern, Abfüllen, Herstellen und Behandeln wassergefährdender Stoffe sowie Anlagen zum Verwenden wassergefährdender Stoffe im Bereich der gewerblichen Wirtschaft und im Bereich öffentlicher Einrichtungen müssen so beschaffen sein und so eingebaut, aufgestellt, unterhalten und betrieben werden, dass eine Verunreinigung der Gewässer oder eine sonstige nachteilige Veränderung ihrer Eigenschaften nicht zu besorgen ist. Das gleiche gilt für Rohrleitungsanlagen, die den Bereich eines Werksgeländes nicht überschreiten.

(2) Anlagen zum Umschlagen wassergefährdender Stoffe und Anlagen zum Lagern und Abfüllen von Jauche und Gülle müssen so beschaffen sein, dass der bestmögliche Schutz der Gewässer vor Verunreinigung oder sonstiger nachteiliger Veränderung ihrer Eigenschaften erreicht wird.

(3) Anlagen im Sinne der Absätze 1 und 2 müssen mindestens entsprechend den allgemein anerkannten Regeln der Technik beschaffen sein sowie eingebaut, aufgestellt, unterhalten und betrieben werden.

(4) Landesrechtliche Vorschriften für das Lagern wassergefährdender Stoffe in Wasserschutz-, Quellenschutz-, Überschwemmungs- oder Plangebieten bleiben unberührt.

(5) Wassergefährdende Stoffe im Sinne der §§ 19g bis 19l sind feste, flüssige und gasförmige Stoffe, insbesondere

- Säuren, Laugen,
- Alkalimetalle, Siliciumlegierungen mit über 30 vom Hundert Silicium, metallorganische Verbindungen, Halogene, Säurehalogenide, Metallcarbonyle und Beizsalze,
- Mineral- und Teeröle sowie deren Produkte,
- flüssige sowie wasserlösliche Kohlenwasserstoffe, Alkohole, Aldehyde, Ketone, Ester, halogen-, stickstoff- und schwefelhaltige organische Verbindungen,
- Gifte,

die geeignet sind, nachhaltig die physikalische, chemische oder biologische Beschaffenheit des Wassers nachteilig zu verändern. Das Bundesministerium für Umwelt, Naturschutz und Reaktorsicherheit erlässt mit Zustimmung des Bundesrats allgemeine Verwaltungsvorschriften, in denen die wassergefährdenden Stoffe näher bestimmt und entsprechend ihrer Gefährlichkeit eingestuft werden.

(6) Die Vorschriften der §§ 19g bis 19l gelten nicht für Anlagen im Sinne der Absätze 1 und 2 zum Umgang mit

1. Abwasser,
2. Stoffen, die hinsichtlich der Radioaktivität die Freigrenzen des Strahlenschutzrechts überschreiten.

Absatz 1 und die §§ 19h bis 19l finden auf Anlagen zum Lagern und Abfüllen von Jauche und Gülle keine Anwendung.

§ 19i Pflichten des Betreibers

(1) Der Betreiber hat mit dem Einbau, der Aufstellung, Instandhaltung, Instandsetzung oder Reinigung von Anlagen nach § 19g Abs. 1 und 2 Fachbetriebe nach § 19l zu beauftragen, wenn er selbst nicht die Voraussetzungen des § 19l Abs. 2 erfüllt oder nicht eine öffentliche Einrichtung ist, die über eine dem § 19l Abs. 2 Nr. 2 gleichwertige Überwachung verfügt.

(2) Der Betreiber einer Anlage nach § 19g Abs. 1 und 2 hat ihre Dichtheit und die Funktionsfähigkeit der Sicherheitseinrichtungen ständig zu überwachen. Die zuständige Behörde kann im Einzelfall anordnen, dass

der Betreiber einen Überwachungsvertrag mit einem Fachbetrieb nach §
19l abschließt, wenn er selbst nicht die erforderliche Sachkunde besitzt o-
der nicht über sachkundiges Personal verfügt. Er hat darüber hinaus nach
Maßgabe des Landesrechts Anlagen durch zugelassene Sachverständige
auf den ordnungsgemäßen Zustand überprüfen zu lassen:

- vor Inbetriebnahme oder nach einer wesentlichen Änderung,
- spätestens fünf Jahre, bei unterirdischer Lagerung in Wasser- und Quel-
  lenschutzgebieten spätestens zweieinhalb Jahre nach der letzten Überprüfung,
- vor der Wiederinbetriebnahme einer länger als ein Jahr stillgelegten Anlage,
- wenn die Prüfung wegen der Besorgnis einer Wassergefährdung angeordnet wird,
- wenn die Anlage stillgelegt wird.

§ 19l Fachbetriebe
(1) Anlagen nach § 19g Abs. 1 und 2 dürfen nur von Fachbetrieben eingebaut, aufgestellt, instandgehalten, instandgesetzt und gereinigt werden;
§ 19i Abs. 1 bleibt unberührt. Die Länder können Tätigkeiten bestimmen,
die nicht von Fachbetrieben ausgeführt werden müssen.

(2) Fachbetrieb im Sinne des Absatzes ist, wer

- über die Geräte und Ausrüstungsteile sowie über das sachkundige Personal verfügt, durch die die Einhaltung der Anforderungen nach § 19g
  Abs. 3 gewährleistet wird, und
- berechtigt ist, Gütezeichen einer baurechtlich anerkannten Überwa-
  chungs- oder Gütegemeinschaft zu führen, oder einen Überwachungsvertrag mit einer Technischen Überwachungsorganisation abgeschlossen
  hat, der eine mindestens zweijährige Überprüfung einschließt.

Ein Fachbetrieb darf seine Tätigkeit auf bestimmte Fachbereiche beschränken.

§ 21a Bestellung von Betriebsbeauftragten für Gewässerschutz
(1) Benutzer von Gewässern, die an einem Tag mehr als 750 m^3 Abwasser
einleiten dürfen, haben einen oder mehrere Betriebsbeauftragte für Gewässerschutz (Gewässerschutzbeauftragte) zu bestellen.

(2) Die zuständige Behörde kann anordnen, dass die Einleiter von Abwasser in Gewässer, für die die Bestellung eines Gewässerschutzbeauftragten nach Absatz 1 nicht vorgeschrieben ist, und die Einleiter von Abwasser
in Abwasseranlagen einen oder mehrere Gewässerschutzbeauftragte zu
bestellen haben.

(3) Wer vor dem 1. Oktober 1976 nach § 4 Abs. 2 Nr. 2 als verantwortlicher Betriebsbeauftragter hinsichtlich des Einleitens von Abwasser bestellt worden ist, gilt als Gewässerschutzbeauftragter.

§ 21b Aufgaben

(1) Der Gewässerschutzbeauftragte berät den Benutzer und die Betriebsangehörigen in Angelegenheiten, die für den Gewässerschutz bedeutsam sein können.

(2) Der Gewässerschutzbeauftragte ist berechtigt und verpflichtet,

1. die Einhaltung von Vorschriften, Bedingungen und Auflagen im Interesse des Gewässerschutzes zu überwachen, insbesondere durch regelmäßige Kontrolle der Abwasseranlagen im Hinblick auf die Funktionsfähigkeit, den ordnungsgemäßen Betrieb sowie die Wartung, durch Messungen des Abwassers nach Menge und Eigenschaften, durch Aufzeichnungen der Kontroll- und Messergebnisse; er hat dem Benutzer festgestellte Mängel mitzuteilen und Maßnahmen zu ihrer Beseitigung vorzuschlagen,

2. auf die Anwendung geeigneter Abwasserbehandlungsverfahren einschließlich der Verfahren zur ordnungsgemäßen Verwertung oder Beseitigung der bei der Abwasserbehandlung entstehenden Reststoffe hinzuwirken,

3. auf die Entwicklung und Einführung von
   a) innerbetrieblichen Verfahren zur Vermeidung oder Verminderung des Abwasseranfalls nach Art und Menge,
   b) umweltfreundlichen Produktionen hinzuwirken,

4. die Betriebsangehörigen über die in dem Betrieb verursachten Gewässerbelastungen sowie über die Einrichtungen und Maßnahmen zu ihrer Verhinderung unter Berücksichtigung der wasserrechtlichen Vorschriften aufzuklären.

(3) Der Gewässerschutzbeauftragte erstattet dem Benutzer jährlich einen Bericht über die nach Absatz 2 getroffenen und beabsichtigten Maßnahmen.

(4) Die zuständige Behörde kann im Einzelfall die in den Absätzen 1 bis 3 aufgeführten Aufgaben des Gewässerschutzbeauftragten

   1. näher regeln,
   2. erweitern, soweit es die Belange des Gewässerschutzes erfordern,
   3. einschränken, wenn dadurch die ordnungsgemäße Selbstüberwachung nicht beeinträchtigt wird.

§ 21c Pflichten des Benutzers

(1) Der Benutzer hat den Gewässerschutzbeauftragten schriftlich zu bestellen und die ihm obliegenden Aufgaben genau zu bezeichnen. Der Benutzer

hat die Bestellung des Gewässerschutzbeauftragten und die Bezeichnung seiner Aufgaben sowie Veränderungen in seinem Aufgabenbereich und seine Abberufung der zuständigen Behörde unverzüglich anzuzeigen. Dem Gewässerschutzbeauftragten ist eine Abschrift der Anzeige auszuhändigen.

(1a) Der Benutzer hat den Betriebs- oder Personalrat vor der Bestellung des Gewässerschutzbeauftragten unter Bezeichnung der ihm obliegenden Aufgaben zu unterrichten. Entsprechendes gilt bei Veränderungen im Aufgabenbereich des Gewässerschutzbeauftragten und bei seiner Abberufung.

(2) Der Benutzer darf zum Gewässerschutzbeauftragten nur bestellen, wer die zur Erfüllung seiner Aufgaben erforderliche Fachkunde und Zuverlässigkeit besitzt. Werden der zuständigen Behörde Tatsachen bekannt, aus denen sich ergibt, dass der Gewässerschutzbeauftragte nicht die zur Erfüllung seiner Aufgaben erforderliche Fachkunde oder Zuverlässigkeit besitzt, kann sie verlangen, dass der Benutzer einen anderen Gewässerschutzbeauftragten bestellt.

(3) Werden mehrere Gewässerschutzbeauftragte bestellt, so hat der Benutzer für die erforderliche Koordinierung in der Wahrnehmung der Aufgaben, insbesondere durch Bildung eines Ausschusses, zu sorgen. Entsprechendes gilt, wenn neben einem oder mehreren Gewässerschutzbeauftragten Betriebsbeauftragte nach anderen gesetzlichen Vorschriften bestellt werden. Der Benutzer hat ferner für die Zusammenarbeit der Betriebsbeauftragten mit den im Bereich des Arbeitsschutzes beauftragten Personen zu sorgen.

(4) Der Benutzer hat den Gewässerschutzbeauftragten bei der Erfüllung seiner Aufgaben zu unterstützen, ihm insbesondere, soweit dies zur Erfüllung seiner Aufgaben erforderlich ist, Hilfspersonal sowie Räume, Einrichtungen, Geräte und Mittel zur Verfügung zu stellen und die Teilnahme an Schulungen zu ermöglichen.

2.24 Strahlenschutz

Der Schutz des Menschen und der Umwelt vor schädlichen Wirkungen ionisierender Strahlung wird in der Strahlenschutzverordnung (StrSchV) geregelt. Am 14.3.2001 hat das Bundeskabinett die Novelle der Strahlenschutzverordnung beschlossen. Der Bundesrat hat dem Verordnungsentwurf am 1. Juni 2001 im Grundsatz zugestimmt. Mit der Novellierung der Strahlenschutzverordnung wird der Schutz von Mensch und Umwelt vor radioaktiver Strahlung auf eine neue Grundlage gestellt. Im Zuge des umfangreichen Novellierungsvorhabens werden in ersten Linie europäische Vorgaben der Richtlinien 96/29/EURATOM (EURATOM-Grundnormen) und 97/43/EURATOM (Patientenschutz-Richtlinie) in deutsches Recht umgesetzt.

Die Strahlenschutzverordnung wird gleichzeitig neu gefasst; Inhalt und Struktur werden dabei übersichtlicher gestaltet. Auf der Basis des erreichten Standards wird der Strahlenschutz fortentwickelt; zugleich werden neuere europäische Vorgaben umgesetzt.

Wichtiger Eckpunkt der Neuregelung ist die Absenkung der Dosisgrenzwerte für die Bevölkerung und die Arbeitskräfte. Zum Schutz der Bevölkerung vor Strahlenexpositionen aus zielgerichteter Nutzung radioaktiver Stoffe und ionisierender Strahlung wird der Grenzwert von 1,5 auf 1,0 Millisievert (mSv) im Kalenderjahr abgesenkt; der Grenzwert für beruflich strahlenexponierte Personen wird von 50 auf 20 mSv gesenkt.

Ausgedehnt wird der Strahlenschutz auf Strahlenexpositionen durch natürliche Strahlungsquellen. Es werden Strahlenschutzanforderungen bei Expositionen aus natürlichen Strahlungsquellen für Arbeitskräfte festgelegt, Vorsorge-, Schutz- und Überwachungsmaßnahmen sowie ein Grenzwert von 20 mSv für die effektive Dosis im Kalenderjahr vorgeschrieben.

Verstärkt wird u.a. auch der Strahlenschutz im medizinischen Anwendungsbereich, der den ganz überwiegenden Anteil der Strahlenexposition der Bevölkerung bewirkt, und in der medizinischen Forschung. Für mit der Sanierung der Hinterlassenschaften des Uranbergbaus befasste Beschäftigte werden künftig die Schutzbestimmungen der Strahlenschutzverordnung gelten; insoweit wird noch fortgeltendes DDR-Strahlenschutzrecht abgelöst. Neue Meldepflichten sehen vor, dass die Behörden künftig umfassend und zeitnah von Überschreitungen von Grenzwerten an Behältern, die zur Beförderung bestrahlter Kernbrennstoffe bestimmt sind, unterrichtet werden.

Erstmals wird auch die „Freigabe" für Stoffe aus genehmigungsbedürftigem Umgang mit radioaktiven Stoffen oder dem Betrieb von Anlagen bundesweit und umfassend geregelt. Beim Betrieb und der Stilllegung von Kernkraftwerken und von Anlagen des Brennstoffkreislaufes (Brennelemente-Herstellung, Urananreicherung) fallen radioaktive Stoffe an, ebenso in der Nuklearmedizin und in der Forschung. Die Entscheidung, wie mit den unterschiedlich kontaminierten Materialien sach- und umweltgerecht zu verfahren ist, ist Gegenstand des Freigabeverfahrens.

Die neue Strahlenschutzverordnung legt fest, auf welchem Weg solche Stoffe je nach ihrer Kontamination sachgerecht zu behandeln und verantwortungsvoll und umweltbewusst zu entsorgen sind. Durch die Festschreibung eines transparenten Verfahrens zur Entlassung der Stoffe aus der strahlenschutzrechtlichen Überwachung kann der Weg der Stoffe nachvollzogen und Missbrauch vermieden werden. Mit der neuen Strahlenschutzverordnung wird ein wichtiger Schritt zur umfassenden Durchsetzung eines anspruchsvollen Strahlenschutzes in Deutschland vollzogen.

Mit der umfassenden Novellierung der Strahlenschutzverordnung, die durch neue europäische Vorgaben in den Richtlinien: 96/29/EURATOM (EURATOM-Strahlenschutzgrundnormen) und 97/43/EURATOM (Patientenschutzrichtlinie) erforderlich wurde, wird der Schutz von Mensch- und Umwelt vor radioaktiver Strahlung auf eine neue Grundlage gestellt. Ferner werden die Rechtsgrundlagen zur Vorbereitung von Notfallmaßnahmen und der Information der Bevölkerung verstärkt. Damit wird auch Vorstellungen der EU-Kommission zur effektiven Umsetzung der Richtlinie 89/618/EURATOM über die Unterrichtung der Bevölkerung in radiologischen Notstandssituationen Rechnung getragen. Der besseren Vollziehbarkeit und Übersichtlichkeit halber wird die Strahlenschutzverordnung grundlegend neu gegliedert. Die Grundsätze des Strahlenschutzes beinhalten:

- Rechtfertigung für den Einsatz von radioaktiven Stoffen,
- Einhaltung der Grenzwerte,
- Pflicht zur Dosisbegrenzung,
- Dosisreduzierung.

Diese werden an zentraler Stelle in der Verordnung verankert.

Die Neutronendosis wird dabei wie von den EURATOM-Strahlenschutzgrundnormen vorgegeben bis zu zweifach höher bewertet als bisher, d.h. bis zu zwanzigfach höher als Gammastrahlung. Die Frage, wann Stoffe, die der Strahlenschutzüberwachung unterliegen, in dem Sinne „unbedenklich" sind, dass ihr Eintritt oder Wiedereintritt in den Wirtschaftskreislauf verantwortbar ist, ist in den letzten Jahren sowohl national als auch in europäischen und internationalen Wissenschaftler- und Expertengremien intensiv diskutiert worden. Sie bewegt sich in dem Spannungsfeld, dass einerseits bereits geringe Strahlendosen schädliche Folgen haben können, andererseits aber auch in der Natur Radioaktivität vorkommt, die zu nicht vermeidbaren Dosen führt.

Es galt also, einen Wert für diese „Unbedenklichkeit" zu ermitteln, der dem wissenschaftlichen Kenntnisstand über die Wirkung der Radioaktivität umfassend Rechnung trägt, ohne zu grundlegenden Wertungswidersprüchen insbesondere mit der natürlichen Radioaktivität zu kommen.

Im Zuge dieser wissenschaftlichen Diskussionen und Prüfungen hat sich mittlerweile ein internationaler Maßstab durchgesetzt, wonach eine Entlassung aus der strahlenschutzrechtlichen Überwachung dann verantwortet werden kann, wenn sie zu Strahlenexpositionen führt, die allenfalls im Bereich von 10 Mikrosievert (µSv) im Kalenderjahr für Einzelpersonen der Bevölkerung liegen.

Diese Dosis von 10 µSv pro Jahr liegt weit unterhalb der Dosen durch natürliche radioaktive Strahlung und unterhalb der Strahlungspegel, die zeitweise im Alltag auftreten. So liegt die natürliche Strahlenbelastung in Deutschland bei durchschnittlich 2.400 µSv pro Jahr. Zum Vergleich: Die typischen Werte einer Röntgenaufnahme betragen ca. 100 bis 1.000 µSv und bei einem Nordatlantikflug ergeben sich ca. 100 µSv.

Auf der Grundlage dieses 10-Mikrosievert-Konzeptes sind die in der Novelle festgeschriebenen Freigabewerte für die Verwertung und Beseitigung der für Deutschland prognostizierten großen Materialmassen ermittelt worden.

Die Novelle der Strahlenschutzverordnung zeigt nunmehr einen Weg auf, geringfügig radioaktive Stoffe je nach ihrer Kontamination sachgerecht zu behandeln und verantwortungsvoll und umweltbewusst zu entsorgen. Durch die Festschreibung eines transparenten Verfahrens kann der Weg der Stoffe nachvollzogen und Missbrauch vermieden werden. Die bundeseinheitlichen Vorgaben der Novelle lösen das bisherige uneinheitliche, einzelfallbezogene Vorgehen der Länder ab.

Der Schutz des werdenden Lebens bei beruflich strahlenexponierten Arbeitnehmerinnen wird durch besondere Grenzwerte und verstärkte Schutzanforderungen verbessert. Für ein ungeborenes Kind, das aufgrund der Tätigkeit der Mutter einer Strahlenexposition ausgesetzt ist, wird ein Grenzwert für die effektive Dosis vom Zeitpunkt der Mitteilung der Schwangerschaft bis zu deren Ende von 1 mSv festgelegt. Dies entspricht Art. 10 Abs. 1 der EU-Grundnormen.

Die Novelle verbessert weiter den Schutz des ungeborenen Lebens bei beruflicher Strahlenexposition gebärfähiger Frauen. Zum Schutz des ungeborenen Lebens bei noch nicht erkannter Schwangerschaft beträgt der Grenzwert für die berufliche Strahlenexposition gebärfähiger Frauen künftig 2 mSv für die im Monat kumulierte Dosis an der Gebärmutter (bisher 5 mSv).

Hohen strahlenschutzrechtlichen Anforderungen wird künftig auch der medizinische Bereich unterworfen, indem beispielsweise Pflichten zum verstärkten Einsatz von Medizinphysik-Experten im diagnostischen und therapeutischen Bereich festgelegt sowie Qualitätskontrollen durch ärztliche Stellen eingeführt werden.

Es folgt ein Auszug aus der Verordnung über den Schutz vor Schäden durch ionisierende Strahlen. (Strahlenschutzverordnung – StrlSchV – vom 13. Oktober 1976 (BGBl. 1 S. 2905, 1977 S. 184, 269) in der Fassung der Bekanntmachung vom 30. Juni 1989 (BGBl. I S. 1321, S. 1926; BGBl.

111 751-1-1). Zuletzt geändert durch Medizinproduktegesetz vom 2. August 1994 (BGBl. 1 S. 1963, 198 1)).

§ 1 Zweckbestimmung: Zweck der Verordnung ist in erster Linie Anforderungen festzulegen, die sicherstellen sollen, dass Menschen vor den Gefahren ionisierender Strahlung ausreichend geschützt sind (Gefahrenabwehr). Der Schutz des Menschen hat einen höheren Rang als der Schutz der Umwelt. Die Verordnung dient nicht dem Schutz vor erheblichen Belästigungen. Der Schutz des Menschen erfasst die Gesundheit des Menschen im Sinne eines Freiseins von Krankheit und des physischen und psychischen Wohlbefindens.

§ 2 Anwendungsbereiche:
- **Persönlicher Geltungsbereich:** Die Verordnung gilt für Jedermann. Ihr Anwendungsbereich ist nicht auf natürliche oder juristische Personen beschränkt, die gewerbsmäßig tätig sind. Sie gilt damit auch für freiberufliche Tätigkeiten.
- **Sachlicher Geltungsbereich** Die StrSchV gilt nach § 2 Abs. 1 für radioaktive Stoffe als Oberbegriff. Radioaktive Stoffe sind Stoffe, für die nach dem Atomgesetz besondere Überwachungsmaßnahmen festgelegt wurden. Dabei wird nicht zwischen künstlichen und natürlichen radioaktiven Stoffen oder hinsichtlich der Art und Nutzung unterschieden. Es handelt sich damit um Stoffe, die ionisierende Strahlen spontan aussenden.
- **Ionisierende Strahlung** ist Strahlung, die unmittelbar oder mittelbar durch Stoß zu ionisieren vermag. Ionisierende Strahlung ist Photonen- oder Teilchenstrahlung, die in der Lage ist, direkt oder indirekt Ionen zu erzeugen und dadurch biologische Wirkung hervorrufen kann. Für die Wirkung der Strahlung besteht eine Schwellendosis. Die Beispiele reichen von der Trübung der Augenlinse bis zum Tod durch akutes Strahlensyndrom.

§ 5 Dosisbegrenzung: Wer folgende Tätigkeiten ausübt oder ausüben lässt, ist verpflichtet dafür zu sorgen, dass die Dosisgrenzwerte der §§ 46, 47, 55, 56 und 58 nicht überschritten werden:

- Umgang mit
  - künstlich erzeugten radioaktiven Stoffen,
  - natürlich vorkommenden radioaktiven Stoffen,
- Erwerb oben genannter Stoffe,
- Verwahrung, Aufbewahrung von Kernbrennstoffen (§§ 5, 6 Atomgesetz), Errichtung, Betrieb, Stillegung Abbau einer Anlage nach § 7 Atomgesetz,

- Errichtung und Betrieb von Anlagen zur Erzeugung ionisierender Strahlen mit einer Teilchen- oder Photonengrenzenergie von mindestens 5 keV,
- Zusatz von radioaktiven Stoffen bei der Herstellung von Konsumgütern und Arzneimittel.

Die Grenzwerte der effektiven Dosis im Kalenderjahr betragen für den

- Schutz von Einzelpersonen der Bevölkerung 1 mSv (§ 46 Abs. 1),
- Schutz beruflich strahlenexponierter Personen bei deren Berufsausübung 20 mSv (§ 55 Abs. 1 Satz 1).

§ 30 Fachkunde im Strahlenschutz

Die erforderliche Fachkunde im Strahlenschutz nach den §§ 9, 12, 13, 14, 15, 24, 31, 64 und 82 wird in der Regel durch eine für den jeweiligen Anwendungsbereich geeignete Ausbildung, praktische Erfahrung und die erfolgreiche Teilnahme an anerkannten Kursen erworben. Der Erwerb der Fachkunde wird von der zuständigen Stelle geprüft und bescheinigt. Die Kursteilnahme darf nicht länger als fünf Jahre zurückliegen. Die Fachkunde im Strahlenschutz muss mindestens alle fünf Jahre durch eine erfolgreiche Teilnahme an einem von der zuständigen Stelle anerkannten Kurs aktualisiert werden.

§ 31 Strahlenschutzverantwortliche und Strahlenschutzbeauftragte

Strahlenschutzverantwortlicher ist, wer

- einer Genehmigung nach den §§ 6, 7 oder 9 des Atomgesetzes bedarf,
- einer Genehmigung nach den §§ 7, 11 und 15 dieser Verordnung bedarf,
- eine Tätigkeit nach § 5 Atomgesetz ausübt,
- eine Anzeige nach § 12 Abs. 1 Satz 1 dieser Verordnung zu erstatten hat oder wer
- aufgrund des § 7 Abs. 3 dieser Verordnung keine Genehmigung nach § 7 Abs. 7 bedarf.

Soweit dies für die Gewährleistung des Strahlenschutzes bei der Tätigkeit notwendig ist, sind für die Leitung oder Beaufsichtigung dieser Tätigkeiten die erforderliche Anzahl von Strahlenschutzbeauftragten schriftlich zu bestellen.

Bei der Bestellung des Strahlenschutzbeauftragten sind dessen Aufgaben, innerbetriebliche Entscheidungsbereiche und die erforderlichen Befugnisse schriftlich festzulegen. Der Strahlenschutzverantwortliche bleibt auch dann für die Einhaltung der Anforderungen der Teile 2 und 5 (StrSchV) verantwortlich, wenn er Strahlenschutzbeauftragte bestellt hat. Es dürfen nur Personen zu Strahlenschutzbeauftragten bestellt werden, die zuverlässig sind und die erforderliche Fachkunde im Strahlenschutz besitzen. Die Bestellung der Strahlenschutzbeauftragten ist der zuständigen Behörde unverzüglich mitzuteilen.

§ 32 Stellung des Strahlenschutzverantwortlichen und des Strahlenschutzbeauftragten: Der Strahlenschutzverantwortliche und der Strahlenschutzbeauftragte haben bei der Wahrnehmung ihrer Aufgaben mit dem Betriebsrat oder dem Personalrat und den Fachkräften für Arbeitssicherheit zusammenzuarbeiten und sie über wichtige Angelegenheiten des Strahlenschutzes zu unterrichten.

§ 33 Pflichten des Strahlenschutzverantwortlichen und des Strahlenschutzbeauftragten: Der Strahlenschutzverantwortliche hat unter Beachtung des Standes von Wissenschaft und Technik zum Schutz des Menschen und der Umwelt vor den schädlichen Wirkungen ionisierender Strahlung durch geeignete Schutzmaßnahmen, insbesondere durch

- Bereitstellung geeigneter Räume,
- Bereitstellung von Ausrüstungen und Geräten,
- Regelungen des Betriebsablaufs und durch
- Bereitstellung ausreichenden und geeigneten Personals

dafür zu sorgen, dass die Anforderungen dieser Verordnungen eingehalten werden

§ 36 Strahlenschutzbereiche (Anforderungen an Gebäude/Räume und Technik). Bei genehmigungs- und anzeigebedürftigen Tätigkeiten wie

- Umgang mit
  - künstlich erzeugten radioaktiven Stoffen,
  - natürlich vorkommenden radioaktiven Stoffen,
  - Verwahrung, Aufbewahrung von Kernbrennstoffen (§§ 5, 6 Atomgesetz), Errichtung, Betrieb, Stillegung Abbau einer Anlage nach § 7 Atomgesetz,

- Errichtung und Betrieb von Anlagen zur Erzeugung ionisierender Strahlen mit einer Teilchen- oder Photonengrenzenergie von mindestens 5 keV

sind Strahlenschutzbereiche einzurichten. Je nach Strahlenschutzexposition unterscheidet man Überwachungsbereiche, Kontrollbereiche und Sperrbereiche. Letztere sind Teile der Kontrollbereiche.

Überwachungsbereiche sind nicht zum Kontrollbereich gehörende betriebliche Bereiche, in denen Personen im Kalenderjahr eine effektive Dosis

- von mehr als 1 mSv oder
- höhere Organdosen als 15 mSv für die Augenlinse oder
- 50 mSv für die Haut, die Hände, die Unterarme, die Füße oder Knöchel erhalten können.

Kontrollbereiche sind Bereiche, in denen Personen im Kalenderjahr eine effektive Dosis

- von mehr als 6 mSv oder
- höhere Organdosen als 45 mSv für die Augenlinse oder
- 150 mSv für die Haut, die Hände, die Unterarme, die Füße oder Knöchel erhalten können.

Sperrbereiche sind Bereiche des Kontrollbereiches, in denen die Orts-dosisleistung höher als 3 mSv pro Stunde sein kann.

Maßgebend bei der Festlegung der Grenze von Kontrollbereich oder Überwachungsbereich ist eine Aufenthaltszeit von 40 Stunden je Woche und 50 Wochen im Kalenderjahr. Diese Bereiche sind abzugrenzen und deutlich sichtbar und dauerhaft zusätzlich durch Kennzeichnung nach § 68 Abs. 1 Satz 1 Nr. 3 mit dem Zusatz „Kontrollbereich" oder „Sperrbereich – Kein Zutritt" zu kennzeichnen. Sperrbereich sind darüber hinaus so abzusichern, dass Personen, auch mit einzelnen Körperteilen, nicht unkontrolliert hineingelangen können.

Der Schutz beruflich strahlenexponierter Personen vor äußerer und innerer Strahlenexposition ist vorrangig durch bauliche und technische Vorrichtungen oder durch geeignete Arbeitsverfahren sicherzustellen; man beachte die Rangfolge der Schutzmaßnahmen.

3 Organisation der betrieblichen Arbeit

Der Schutz der Gesundheit der Beschäftigten ist eine sozialpolitische Aufgabe von hohem Rang. Sie findet ihren verfassungsrechtlichen Auftrag im Grundgesetz. Diesem Auftrag kommt der Staat durch die Arbeitsschutzgesetzgebung und durch die ordnungsrechtliche Überwachung nach. Adressat des Arbeitsschutzrechts ist in der Regel der Unternehmer: Es verpflichtet ihn, die Betriebsabläufe so zu regeln, dass die Beschäftigten vor Gefahren für Leben und Gesundheit geschützt sind.

Unterstützt und entlastet wird der Unternehmer bei der Erfüllung dieser Verpflichtungen durch Fachkräfte für Arbeitssicherheit und Betriebsärzte, die nach den Bestimmungen des Arbeitssicherheitsgesetzes (ASiG) mit von den Unfallversicherungsträgern vorgegebenen Einsatzzeiten als betriebsinterner oder externer Dienst in den Unternehmen tätig sind.

Das Arbeitsschutzsystem in Deutschland, das sich auf den Unternehmer als Verpflichteten, auf die Fachkräfte nach dem ASiG, sonstige Experten (Beauftragte) und auf die Aufsichtsdienste stützt, ist ein vorschriften- und expertengestütztes Arbeitsschutzsystem. Die Motivation des Unternehmers zum Arbeitsschutz resultiert aus der gesetzlichen und vornehmlich haftungsrechtlichen Verpflichtung, die Gesundheit der Beschäftigten zu schützen. Erst in wenigen Unternehmen wird der Arbeitsschutz als eine ökonomisch oder innovativ begründete unternehmerische Aufgabe gesehen, die als Unternehmensziel festgelegt und als kooperative Aufgabe von allen Beschäftigten eines Unternehmens umgesetzt wird.

3.1 Arbeitsschutzmanagement

Durch die zunehmende Globalisierung und die sich dadurch ändernden wirtschaftlichen, politischen und rechtlichen Rahmenbedingungen wird der Nachweis des aktiven Arbeitsschutzes in den Unternehmen sowie die Sicherheit der hergestellten Produkte und Dienstleistungen zu einem immer wesentlicheren Wettbewerbsfaktor.

Unternehmen, die sich diesem Wettbewerb nicht stellen, werden es in der Zukunft schwer haben, sich auf dem Markt zu behaupten.

Der Arbeitsschutz muss neben Wirtschaftlichkeit, Qualität und Umweltschutz gleichrangiges Unternehmensziel werden. Denn Arbeitsunfälle und arbeitsbedingte Gesundheitsgefahren zu vermeiden oder soweit wie möglich zu minimieren, liegt im gemeinsamen Interesse von Beschäftigten und Unternehmern.

Bei einem Arbeitsschutzmanagementsystem (AMS) geht es um die systematische, planmäßige und zielorientierte Bearbeitung der betrieblichen Kernprozesse sowie der externen und internen Schnittstellen. Alle Arbeitsschutzmaßnahmen müssen geplant, eingerichtet, unterhalten und in einem eigenen AMS zusammengefasst werden. Nur ein durchdachtes und zweckmäßig gewähltes AMS vermittelt den gesetzlichen Organen das notwendige Maß an Vertauen, dass im Unternehmen die Fähigkeit zur Erfüllung der öffentlich-rechtlichen Anforderungen vorhanden ist.

Erfahrungen mit Qualitätsmanagementsystemen haben gezeigt, dass in Unternehmen insbesondere die organisatorischen Strukturen, also die gezielte Organisation von Abläufen, Zuständigkeiten und Verantwortlichkeiten zu optimieren sind. Das Arbeitsschutzgesetz unterstreicht dies im § 3, Grundpflichten des Arbeitgebers. Danach hat der Arbeitgeber so für eine geeignete Organisation zu sorgen, dass der Arbeitsschutz bei allen betrieblichen Tätigkeiten und Abläufen realisiert ist. Diesem Anspruch wird man am besten mit dem Aufbau eines Arbeitsschutzmanagementsystems gerecht. Es führt zu einer nachhaltigen Verbesserung des Arbeits- und Gesundheitsschutzes und zu einer solchen Gestaltung der Arbeitsbedingungen, dass Gesundheitsschäden bereits im Vorfeld verhindert werden.

Das Bundesministerium für Arbeitsschutz, die obersten Arbeitsschutzbehörden der Bundesländer, die Träger der gesetzlichen Unfallversicherung und die Sozialpartner haben sich im Juni 1997 auf einen gemeinsamen Standpunkt zu Arbeitsschutzmanagementsystemen verständigt. Dieser gemeinsame Standpunkt sieht die Entwicklung eines einheitlichen Modells für AMS vor. Vor dem Hintergrund der verschiedenen vorliegenden AMS-Konzepte sind sich die genannten Partner einig, dass die Entwicklung eines einheitlichen deutschen Konzeptes für AMS derzeit nicht angestrebt werden soll. Dagegen sollen Eckpunkte für die Entwicklung und Bewertung von AMS-Konzepten formuliert werden.

Da ein AMS im Wesentlichen aus spezifischen Führungselementen und einer entsprechenden Aufbau- und Ablauforganisation, also aus strukturellen Festlegungen und Prozessen besteht, sollte es sich an den Kernelementen und -prozessen, die zum Betreiben eines AMS erforderlich sind, orientieren. Diese sind:

- Arbeitsschutzpolitik und -strategie,
- Verantwortung, Aufgaben und Befugnisse,

- Aufbau des AMS,
- interner und externer Informationsfluss sowie Zusammenarbeit,
- Verpflichtungen,
- Einbindung von Sicherheit und Gesundheitsschutz in betriebliche Prozesse,
- Dokumentation und Dokumentenlenkung und
- Ergebnisermittlung und -bewertung sowie Verbesserung des AMS.

Die oberste Leitung sollte eine auf die Organisation zugeschnittene Politik und Strategie für Sicherheit und Gesundheitsschutz als Teil der Gesamtpolitik der Organisation entwickeln, innerbetrieblich abstimmen und bekannt machen. Grundlage hierfür sind insbesondere Ziele und Grundsätze der Organisation sowie der Präventionsgedanke des Arbeitsschutzgesetzes. Sie soll mindestens umfassen:

- eine Grundsatzerklärung zum Stellenwert der Sicherheit und des Gesundheitsschutzes,
- Ziele grundsätzlicher Art bezüglich Sicherheit und Gesundheitsschutz,
- grundsätzliche Aussagen zu den Pflichten und Aufgaben der obersten Leitung, der Führungskräfte und der Beschäftigten sowie zu Handlungs- und Verhaltensgrundsätzen,
- einen Hinweis, dass die Pflichten und Rechte der Beschäftigten und der Interessensvertretungen der Beschäftigten nach BetrVG und ArbSchG zu beachten sind,
- die Zusicherung, die erforderlichen Mittel bereitzustellen,
- die Festlegung, dass die Wirksamkeit des AMS regelmäßig geprüft wird und bei Bedarf Verbesserungsmaßnahmen eingeleitet werden.

Die Arbeitsschutzpolitik und -strategie soll schriftlich festgelegt, durch Unterschrift der obersten Leitung in Kraft gesetzt und in ihrer praktischen Umsetzung regelmäßig überprüft und bei Bedarf fortgeschrieben werden.
Ein AMS-Konzept soll eine Festlegung von Verantwortlichkeiten, Aufgaben und Befugnissen bezüglich Sicherheit und Gesundheitsschutz enthalten. Festlegungen sollen erfolgen für:

- die oberste Leitung,
- die Führungskräfte,
- die besonderen Funktionsträger, insbesondere Fachkräfte für Arbeitssicherheit, Betriebsärzte, Sicherheitsbeauftragte und Interessensvertretung der Beschäftigten,
- die weiteren Beschäftigten,

- den Beauftragten des AMS, sofern diese Funktion nicht durch die oberste Leitung wahrgenommen wird, sowie
- die Ausschüsse/Arbeitskreise des betrieblichen Arbeitsschutzes.

Bei der Festlegung soll darauf geachtet werden, dass die für eine sachgerechte Erledigung der übertragenen Aufgaben erforderlichen Befugnisse zugewiesen werden.

Die Entwicklung des Managementsystems OHRIS für Arbeitsschutz und Anlagensicherheit bot sich gerade im Gefolge der ISO 14001 und des EMAS an, da Arbeitsschutz und Umweltschutz im Bereich der Anlagensicherheit eine große Schnittmenge aufweisen und die Gewährleistung der Anlagensicherheit sowohl aus der Sicht des Arbeitsschutzes als auch aus der des Umweltschutzes relevant ist.

Ziel des OHRIS ist es, Unternehmen so zu führen, dass der Schutz der Gesundheit der Beschäftigten und der Schutz der Anwohner von Anlagen mit erhöhtem Gefährdungspotential als unternehmenspolitische Zielsetzung gleichwertig neben der qualitäts- und ertragsorientierten Erbringung der Marktleistungen steht und in allen Unternehmensbereichen und Arbeitsebenen konsequent umgesetzt wird. Dabei ist in Rechnung zu stellen, dass der Gesundheitsschutz der Beschäftigten neben der Erfüllung der vorrangigen sozialen Verpflichtung und der Erfüllung der ordnungsrechtlichen Pflichten des Unternehmers natürlich auch eine ertragsorientierte Komponente durch die damit erreichbare Verringerung der Arbeitsunfähigkeitszeiten und der Dauer von Betriebsstörungen hat. Die OHRIS-Ist-Analyse besteht aus zehn Systemelementen.

Element 1: Aufgaben und Verantwortung der Leitung

Ansatzpunkte/Inhalte	Vorhanden/Nachweise
1.1 Politik und Strategie	

- Leitsätze als Grundlage für alle Aktivitäten
- Zielvorstellungen

1.2 Festlegung der Verantwortung

- Linien und Stabsfunktionen
- Organigramm
- Pflichtenübertragung

1.3 Bewertung des Systems

- regelmäßig (mind.1 x jährlich) durch oberste Leitung
- Grundlage zur Verbesserung des Systems

1.4 Kommunikation

- intern (Führungskräfte, Mitarbeiter)
- extern (Behörden, Berufsgenossenschaften, Versicherungen, Sachverständige etc.)

1.5 Bereitstellung der Mittel

- Personal
- Sachmittel

Element 2: Managementsystem

Ansatzpunkte/Inhalte	Vorhanden/Nachweise
2.1 Aufbau und Struktur	

- Verantwortliche Mitarbeiter (Qualifikation)
- Leitende/beratende Funktionen
- Aufgaben zur Umsetzung von Politik und Strategie
- Überwachung von Einzelzielen

2.2 Innerbetriebliche Ausschüsse und Arbeitskreise

- Arbeitsschutzausschuss
- Arbeitskreise (zeitlich befristet, themenbezogen)

2.3 Mitwirkung und Mitbestimmung

- Beteiligung von Beschäftigten, z.B. betriebliches Vorschlagwesen, Unfallmeldewesen
- Meldung von Beinahe-Unfällen, Gefahrenstellen
- Beteiligung der Arbeitnehmervertretung

2.4 Verknüpfung mit anderen Management-
systemen
- Qualitätsmanagement (ISO 9001)
- Umweltmanagement (ISO 14001, Öko-Audit)

2.5 Ablauforganisation
- Zusammenwirken der festgelegten Linien-
  und Stabsfunktionen
- Strukturierung von Tätigkeitsbereichen und
  Prozessen
- Festlegung von Einzelzielen durch oberste
  Leitung und Führungskräfte

2.6 Dokumentation
- Handbuch, Verfahrens-, Arbeitsanweisungen
- Aufzeichnungen und Nachweise
- Systematische Zusammenführung, Lenkung
  und Aufbewahrung
- Überprüfung und Aktualisierung
- Verwendung von gültigen Dokumenten

Element 3: Verpflichtungen

Ansatzpunkte/Inhalte	Vorhanden/Nachweise
3.1 Öffentlich-rechtliche Verpflichtungen (Gesetze, Verordnungen, Unfallverhütungs-vorschriften)	
• Ermittlung	
• Verzeichnis	
3.2 Weitere Verpflichtungen	
• Technische Regelwerke	
• Tarif- und Arbeitsverträge	
• Beteiligungsrechte	
• Interne Richtlinien	

Element 4: Prävention

Ansatzpunkte/Inhalte	Vorhanden/Nachweise
4.1 Ermittlung und Beschreibung sicherheitsrelevanter Arbeiten, Abläufe und Prozesse	
• Planung	
• Normalbetrieb	
• Änderungen	
• Außerbetriebnahme	
4.2 Ermittlung von Gefahren und Gefährdungen (Ermittlung und Bewertung von Risiken)	
• Gefährdungsanalyse	
• Audits	
• Gefährliche Arbeiten definieren	
4.3 Minimierung von Gefahren, Gefährdungen und Risiken	
• Festlegung und Durchführung von Maßnahmen für die Verhütung und Begrenzung von Gefahren nach:	
– Stand der Technik	
– Arbeitsmedizin	
– Hygiene	
– arbeitswissenschaftlichen Erkenntnissen	
• Dokumentation von verbleibenden Gefährdungen mit entsprechenden Anweisungen für Mitarbeiter	
4.4 Arbeitsmedizinische Vorsorge	
• Ermittlung des Bedarfs an arbeitsmedizinischen Vorsorgeuntersuchungen	
• Arbeitsmedizinische Betreuung	
4.5 Aktionsprogramme	
• Hinwirken auf gesundheits- und sicherheitsbewusstes Verhalten im und außerhalb des Betriebs	

Element 5: Überprüfung, Überwachung und Korrektur- maßnahmen

Ansatzpunkte/Inhalte	Vorhanden/Nachweise
5.1 Verfahren der Überprüfung und Über- wachung	

- Systemaudits:
  - Systematische Einführung MS
  - Erfüllung der Systemanforderungen
- Complianceaudits:
  - Einhaltung des Arbeitsschutzrechts
  - sicherheitstechnische Bestimmungen
  - innerbetriebliche Regelungen
- Umsetzung, Ergebnisse und Erfolg v. Maß- nahmen
- Besichtigung von Arbeitsplätzen, Arbeits- bereichen und Anlagen durch:
  - Führungskräfte
  - Sicherheitsingenieur
  - Betriebsarzt
  - Betriebsrat
- Interne Überwachung durch Aufzeichnungen über:
  - Arbeitsunfälle
  - Beinahe-Unfälle
  - Berufskrankheiten
  - Gesundheitliche Belastungen
  - Betriebsstörungen
  - Grenzwertüberschreitungen etc.
- Durchgeführte Korrektur- und Verbesse- rungsmaßnahmen
- Sicherheitstechnische Prüfungen

5.2 Korrekturmaßnahmen

- Analyse der Abweichungen von Sollvorgaben
- Bewertung und Korrektur, Dokumentation
- Abweichungen von öffentlich-rechtlichen Vorschriften
- Interne Vorgaben
- Analyse von Arbeitsunfällen, Beinahe- Unfällen etc.
- Statistische Verfahren

Element 6: Regelungen für Betriebsstörungen und Notfälle

Ansatzpunkte/Inhalte	Vorhanden/Nachweise
6.1 Betriebsstörungen und Notfälle	

- Ermittlung von möglichen Betriebsstörungen (z.B. Brand, Explosion, Einsturz, Gefahrstoffaustritt)
- Maßnahmen zur Begrenzung möglicher Gefährdungen:
  - Notfallpläne
  - Erste Hilfe, Rettungskette, Brandbekämpfung
  - Schulungen und Übungen
- Regelmäßige Überprüfung der Regelungen

Element 7: Beschaffung

Ansatzpunkte/Inhalte	Vorhanden/Nachweise
7.1 Berücksichtigung arbeitsschutzrechtlicher Aspekte	

- Bei der Beschaffung von Waren , Vorprodukten und Dienstleistungen, z.B.:
  - Gefahrstoffe
  - Reparatur- und Wartungsarbeiten von Fremdfirmen
  - Persönliche Schutzausrüstung
  - Planung und Einrichtung von Arbeitsstätten
  - Maschinen und Werkzeuge
- Zusammenwirken von Besteller, Einkäufer und Sicherheitsingenieur

Element 8: Lenkung von Aufzeichnungen

Ansatzpunkte/Inhalte	Vorhanden/Nachweise
8.1 Lenkung erforderlicher Aufzeichnungen	

- Zum Nachweis:
  - der Erfüllung der öffentlich-rechtlichen sowie weiterer Verpflichtungen
  - der Durchführung und der Ergebnisse der Überprüfungen
  - Eingeleiteter und durchgeführter Korrektur- und Abhilfemaßnahmen
  - der Wirksamkeit des Managementsystems
  - des aktuellen Zustands der Anlagen und Betriebseinrichtungen
- Beispiele für Nachweise:
  - Auditbericht
  - Bericht Gefährdungsanalyse
  - Maßnahmenkatalog
  - Begehungsprotokolle
  - Prüfungs- u. Wartungsaufzeichnungen
  - Prüfbuch
  - Schulungsnachweise
  - Unfallauswertungen
- Folgende Punkte sind sicherzustellen:
  - Gültigkeit
  - Zugriff durch Befugte
  - Rückverfolgbarkeit und Vollständigkeit
  - Archivierung und Aufbewahrungsfristen
- Beseitigung oder Kennzeichnung von ungültigen Aufzeichnungen

Element 9: Personal

Ansatzpunkte/Inhalte	Vorhanden/Nachweise
9.1 Rechte der Beschäftigten	

- Arbeitsschutzgesetz § 17
- UVV BGV A 1
- interne Zielsetzungen (Politik)
- Bekanntgabe der Rechte
- Vorschlagswesen
- Schulungen und Fortbildung
- Arbeitsmedizinische Untersuchungen

9.2 Pflichten der Beschäftigten
- Verpflichtung zur aktiven Beteiligung am System
- Ausrichtung an gemeinsamer Strategie u. Politik
- Arbeitsschutzgesetz §§ 15 und 16
- UVV BGV A 1, §§ 14 – 17
- Einzelpflichten (z.B. Meldung von Unfällen, Beinaheunfällen, Schäden, Gefahren)

9.3 Eignung der Beschäftigten
- Berufliche Qualifikation und Erfahrung
- Physische und psychische Eignung

9.4 Schulung
- Inhalte von Ausbildung, Fortbildung und Übungen festlegen (auf allen Ebenen)
- Fortbildungsbedarf ermitteln
- Schulungsplan erstellen
- Schulungen dokumentieren

Element 10: Audits

Ansatzpunkte/Inhalte	Vorhanden/Nachweise
10.1 Durchführung von Audits	

- Durchführung ist:
  - periodisch
  - unabhängig
  - systematisch
  - dokumentiert
- Auditverfahren
- Auditplan (Themen u. Termine)
- Auditor
- Auditbekanntgabe (Termine)
- Auditbericht
- Nachaudits, Folgeaudits
- Gemeinsame Audits (QM od. UM)

Tabelle 3.1 enthält eine Checkliste der arbeitsschutzrechtlich geforderten organisatorischen Maßnahmen.

Tabelle 3.1 Organisatorische Maßnahmen des Arbeitsschutzes

Maßnahmen	gefordert	erfüllt bzw. nicht erfüllt	nicht gefordert
Aktuelle arbeitsschutzrechtliche Vorschriften			
Prüfliste Geräte und Anlagen			
Prüfprotokolle / Prüfbücher			
Gefahrstoffkataster			
Sicherheitsdatenblätter			
Betriebsanweisungen Gefahrstoffe			
Hautschutzplan			
Lärmkataster			
Unfallmeldewesen			
Erste Hilfe			
Rettungskette			
Verbandbuch			
Arbeitsmedizinische Betreuung			
Arbeitsmedizinische Untersuchungen			
Sicherheitstechnische Betreuung			
Sicherheitsbeauftragte			
Pflichtenübertragung (§ 12 UVV BGV A 1)			
Unterweisungen und Schulungen			
Betriebsanweisungen gefährliche Arbeiten			
Beschaffung persönliche Schutzausrüstung			
Überwachungsbedürftige Anlagen (Prüfungen)			
Störfallpläne (Störfallverordnung)			
Notfallordnung, Alarmierungspläne			
Brandschutzordnung			
Fluchtwegpläne			
Feuerwehreinsatzpläne, Schleifenpläne			
Feuerlöscheinrichtungen			
Sicherheitskennzeichnung			
Beurteilung der Arbeitsbedingungen (§ 5 ArbSchG)			

3.2 Aufgaben und Verantwortung der Entscheidungsträger

Auf dem Gebiet der Arbeitssicherheit ist die Verantwortung unter zwei Aspekten zu sehen:

- als Zuständigkeit und Verpflichtung, bestimmte Aufgaben zur Förderung und Bewahrung der Arbeitssicherheit zu erfüllen (Verantwortung für die Arbeitssicherheit),
- als Rechtsfolgen, die bei einem Arbeitsunfall von den verschiedenen Angehörigen eines Betriebs unter Umständen getragen werden müssen (Verantwortung bei Arbeitsunfällen).

Der Umfang der Verantwortung für die Arbeitssicherheit ist abhängig von der Position und der Funktion im Betrieb: Der Unternehmer ist verpflichtet, die Arbeit sicher zu gestalten, damit die Mitarbeiter vor Gesundheitsschäden bewahrt bleiben. Diese Pflichten sind im Arbeitsschutzgesetz und in den §§ 2 bis 13 der UVV BGV A1 „Allgemeine Vorschriften" festgelegt. Der Unternehmer hat die Grundlinien der Arbeitssicherheit zu bestimmen, geeignete Führungskräfte auszuwählen, örtliche und sachliche Zuständigkeiten festzulegen und zu überwachen, ob die Aufgaben richtig erfüllt werden. Von diesen Aufgaben kann sich der Unternehmer nicht befreien.

Seine Pflichten in den einzelnen Betriebsbereichen kann der Unternehmer jedoch auf Vorgesetzte und Führungskräfte übertragen. Jeder Vorgesetzte ist in seinem Bereich verantwortlich für die Arbeitssicherheit; diese Verantwortung kann er nicht ablehnen. Zur Festlegung der Zuständigkeitsbereiche erfolgt eine schriftliche Pflichtenübertragung für die Arbeitssicherheit durch den Unternehmer.

Die Verantwortung der Vorgesetzten für die Arbeitssicherheit besteht zumeist daraus, Anweisungen für eine sichere Arbeit zu erteilen, Kontrollen während der Arbeit durchzuführen und Meldungen über Sicherheitsmängel weiterzugeben.

Darüber hinaus können die Vorgesetzten je nach ihrer betrieblichen Funktion auch dafür verantwortlich sein, dass Sicherheitsmängel unverzüglich behoben, entsprechende Schutzeinrichtungen beschafft, persönliche Schutzausrüstungen zur Verfügung gestellt, erforderliche Sicherheitsanordnungen getroffen und die ärztlichen Untersuchungen der Beschäftigten veranlasst werden.

Diese erweiterte Verantwortung wird in der schriftlichen Pflichtenübertragung festgehalten. Falls erforderlich, wird darin auch ein Budget festgelegt, das für die Arbeitssicherheit zur Verfügung steht. Außerdem sind alle Vorgesetzten dafür verantwortlich, dass die ihnen unterstellten Betriebsangehörigen in regelmäßigen Abständen über sicherheitsgerechtes Verhalten an ihrem Arbeitsplatz unterwiesen werden.

Abb. 3.1 Hier darf der Vorgesetzte erst arbeiten lassen, wenn das Netz zur Absturzsicherung montiert ist

Verantwortung und Pflichten der Beschäftigten sind ebenfalls im Arbeitsschutzgesetz und in der UVV BGV A1 „Allgemeine Vorschriften" festgelegt. Die Versicherten haben alle Maßnahmen zu unterstützen, die der Arbeitssicherheit dienen, Weisungen der Vorgesetzten zu befolgen, persönliche Schutzausrüstungen zu benutzen, alle Betriebseinrichtungen nur bestimmungsgemäß zu verwenden und sicherheitstechnische Mängel zu beseitigen oder, falls dies nicht zu ihrer Aufgabe gehört oder ihnen die dazugehörige Sachkunde fehlt, dem Vorgesetzten zu melden.

Bei Arbeitsunfällen treten Rechtsfolgen ein. Dadurch kann sich eine spezielle Verantwortung bei Arbeitsunfällen ergeben. Diese Konsequenzen treten unter gewissen Umständen bei allen Verantwortlichen für Arbeitssicherheit ein. Es müssen zwei Voraussetzungen hierfür gegeben sein:

- Der Betreffende muss den Unfall durch sein Handeln oder Unterlassen persönlich verursacht haben.
- Es muss ein schuldhaftes Handeln oder Unterlassen durch Vorsatz oder Fahrlässigkeit vorliegen.

Drei Arten von Rechtsfolgen können unterschieden werden:

- Ordnungswidrigkeiten,
- strafrechtliche Folgen (Straftat),
- zivilrechtliche Folgen (Haftung).

Verstöße gegen Unfallverhütungsvorschriften können als Ordnungswidrigkeit mit einem Bußgeld bis zu 10.000,– € geahndet werden. Nach Arbeitsunfällen können Straftatbestände wie Körperverletzungen, Tötungen, aber auch Baugefährdungen und Herbeiführung einer Brandgefahr mit Freiheitsstrafe oder Geldstrafe geahndet werden. Die zivilrechtliche Haftung (Schadenersatz) wird in den meisten Fällen durch die gesetzliche Unfallversicherung abgedeckt. Sie kann allerdings Regress für Aufwendungen verlangen, wenn der Arbeitsunfall grob fahrlässig oder vorsätzlich herbeigeführt wurde.

3.3 Unterstützung durch Fachberater

Eine besondere Stellung haben Fachkräfte für Arbeitssicherheit und Betriebsärzte. Sie besitzen zwar keine Weisungsbefugnis, da sie keine Vorgesetztenfunktion gegenüber den Betriebsangehörigen ausüben, tragen aber auch Verantwortung im Rahmen ihrer Unterstützungsaufgabe. Sie sollen den Unternehmer und die betrieblichen Vorgesetzten beraten, betriebliche Gefahrenquellen aufdecken, sicherheitstechnische Kontrollen oder arbeitsmedizinische Untersuchungen durchführen und die Beschäftigten unterweisen.

Auch Sicherheitsbeauftragte nehmen eine besondere Stellung ein. Sie tragen aber keine zusätzliche Verantwortung, da sie keine Anordnungen und Anweisungen geben dürfen und an ihre Fachkunde keine speziellen Anforderungen gestellt werden. Ein Sicherheitsbeauftragter hat keine selbständige verantwortliche Pflicht, Unfälle abzuwenden. Er kann in seiner Funktion nur Hinweise und Empfehlungen geben und soll durch sein Vorbild auf die Arbeitskollegen wirken. Hinsichtlich seiner eigentlichen Arbeit trägt er die gleiche Verantwortung wie jeder andere Betriebsangehörige.

3.4 Fachkunde und Qualifikation

Die Anforderungen an die Fachkunde und Qualifikation der Fachkräfte für Arbeitssicherheit regelt § 7 des Arbeitssicherheitsgesetzes (ASiG).

Die Fachkundeerfordernisse sind hinsichtlich des Sicherheitsingenieurs einerseits und der sonstigen Fachkräfte für Arbeitssicherheit (Sicherheitstechniker und Sicherheitsmeister) andererseits unterschiedlich.

Der Sicherheitsingenieur muss berechtigt sein, die Berufsbezeichnung Ingenieur zu führen. Der Ingenieur muss über die notwendigen sicherheitstechnischen Fachkenntnisse zur Erfüllung seiner Aufgaben verfügen. Nach § 3 Abs. 1 der Unfallverhütungsvorschrift „Sicherheitsingenieure und andere Fachkräfte für Arbeitssicherheit" (BGV A6) kann die sicherheitstechnische Fachkunde als nachgewiesen angesehen werden, wenn die Anforderungen nach § 3 Abs. 2 der BGV A6 erfüllt sind.

Der Unternehmer darf als Fachkräfte für Arbeitssicherheit nur Personen bestellen, die hinsichtlich der Fachkunde die Anforderungen eines der nachfolgenden Absätze 2 bis 5 sowie des Absatzes 6 erfüllen. Bestellt der Unternehmer Fachkräfte für Arbeitssicherheit, die diesen Anforderungen nicht genügen, muss er auf Verlangen der Berufsgenossenschaft den Nachweis der Fachkunde auf andere Art und Weise erbringen (Fachkunde). Ingenieure der Fachrichtung Sicherheitstechnik, die eine einjährige praktische Tätigkeit als Ingenieur ausgeübt haben, erfüllen die Fachkundevoraussetzungen. Sicherheitsingenieure erfüllen die Anforderungen, wenn sie:

- berechtigt sind, die Berufsbezeichnung Ingenieur zu führen,
- danach eine praktische Tätigkeit als Ingenieur mindestens zwei Jahre lang ausgeübt haben,
- einen staatlichen oder berufsgenossenschaftlichen Ausbildungslehrgang oder einen staatlich oder berufsgenossenschaftlich anerkannten Ausbildungslehrgang eines anderen Veranstaltungsträgers mit Erfolg abgeschlossen haben.

Die sonstigen Fachkräfte für Arbeitssicherheit sind gehobene Fachkräfte zwischen dem Ingenieur und dem Facharbeiter oder Gesellen. Sie müssen fähig sein, technische Aufgaben im mittleren Funktionsbereich zu lösen. Es wird demnach davon ausgegangen, dass als Sicherheitstechniker oder Sicherheitsmeister Personen eingesetzt werden, die auch ohne eine entsprechende Prüfung abgelegt zu haben die Qualifikation eines Technikers oder Meisters besitzen.

Die Voraussetzungen für die erforderliche Fachkunde werden in Anlehnung an § 3 Abs. 4 und 5 BGV A 6 durch den erfolgreichen Besuch sicherheitstechnischer Fachkurse bei einem anerkannten Ausbildungsträger nachgewiesen. Sicherheitsmeister erfüllen die Anforderungen, wenn sie:

- die Meisterprüfung abgelegt haben,
- danach eine praktische Tätigkeit als Meister mindestens zwei Jahre lang ausgeübt haben und
- einen staatlichen oder berufsgenossenschaftlichen Ausbildungslehrgang oder

- einen staatlich oder berufsgenossenschaftlich anerkannten Ausbildungslehrgang eines anderen Veranstaltungsträgers mit Erfolg abgeschlossen haben.

Sicherheitstechniker erfüllen die Anforderungen, wenn sie:

- eine Prüfung als staatlich anerkannter Techniker abgelegt haben,
- danach eine praktische Tätigkeit als Techniker mindestens zwei Jahre lang ausgeübt haben und
- einen staatlichen oder berufsgenossenschaftlichen Ausbildungslehrgang oder
- einen staatlich oder berufsgenossenschaftlich anerkannten Ausbildungslehrgang eines anderen Veranstaltungsträgers mit Erfolg abgeschlossen haben.

Fachkräfte für Arbeitssicherheit müssen jährlich mindestens 160 Arbeitsstunden als solche tätig sein. Diese Mindestarbeitsstunden können je nach BG-Zugehörigkeit variieren. Die Zeit von 160 Stunden jährlich ist mindestens erforderlich, damit die Fachkraft für Arbeitssicherheit ausreichend ihren persönlichen Praxisbezug behält, branchenspezifisch auf dem neuesten Stand von Arbeitssicherheit und Gesundheitsschutz bleibt und ihren Erfahrungsschatz erweitert. Diese Anforderung kann z.B. auch durch Tätigkeit als Fachkraft für Arbeitssicherheit in mehreren Betrieben erbracht werden.

3.5 Unterweisung von Fremdfirmen

Fremdfirmen sind bereits bei der Aufforderung, Angebote abzugeben, mindestens auf die folgenden Punkte schriftlich hinzuweisen. Alle gesetzlichen, behördlichen und privatrechtlichen Bestimmungen sind einzuhalten, insbesondere:

- BGV A 1 (bzw. GUV 0.1),
- Arbeitsschutzgesetz (ArbSchG),
- Arbeitssicherheitsgesetz (ASiG),
- Betriebssicherheitsverordnung (BetrSichV),
- Arbeitsstättenverordnung (ArbStättV),
- Verordnung zur Verhütung von Bränden (VVB, so gültig),
- allgemeine Sicherheitsvorschriften der Feuerversicherer (ASF),

- firmenspezifische Verhaltensweisen (Geheimhaltung; Arbeitsschutz; Brandschutz; EDV-Schutz; Strahlenschutz; Umweltschutz; Verhalten auf dem Gelände).

Individuelle Sicherheitsbestimmungen, die hausüblich sind, erfahren Dritte bei der Einweisung vom Koordinator. Darüber hinaus muss gewährleistet sein, dass die den Auftrag übernehmenden Firmen diese Vorschriften an ihre Mitarbeiter weitergeben und für Einhaltung sorgen; ein Verstoß kann die fristlose Vertragskündigung und ggf. Regressansprüche zur Folge haben. Weiter dürfen Aufgaben nicht ohne schriftliche Zustimmung von Seiten des Auftraggebers an Dritte weitergegeben werden (d.h. Verbot von sog. Subunternehmern). Besonders auf die nachfolgenden Punkte ist hinzuweisen:

- Dem Koordinator vom Haus sind die nötigen Arbeiten vorzustellen und mit ihm sind Sicherheitsmassnahmen besprechen und einvernehmlich zu klären.
- Es dürfen keine Brandgefahren herbeigeführt oder zurückgelassen werden.
- Ein allgemein bestehendes Rauchverbot ist einzuhalten.
- Feuergefährliche Arbeiten dürfen nur mit schriftlicher Genehmigung durchgeführt werden.
- Alle Arbeiten dürfen nicht ohne Bestätigung des Koordinators (vgl. BGV A 1) durchgeführt werden.
- Selbst erzeugter Abfall, Schrott und Müll darf nicht liegengelassen, sondern muss arbeitstäglich gefahrlos entfernt werden.
- Für geeignete Löschmittel (Wasser, Schaum oder Kohlendioxid) am Arbeitsplatz ist zu sorgen, ggf. können diese vom Unternehmen gestellt werden.
- Schäden, Beschädigungen, gefährliche Situationen und dergleichen, die fahrlässig erzeugt oder festgestellt wurden, sind umgehend zu melden.

4 Checklisten für Betriebsbegehungen

Checklisten sollen helfen, grundlegende Gefahrenquellen zu erkennen und Abhilfe zu schaffen. Sie müssen individuell angepasst werden, nicht nur auf jedes Unternehmen, sondern dort auch auf jeden Bereich extra: Die Bürobereiche sind anders zu beurteilen als die Werkstätten, die Produktion, die Lagerbereiche oder die Sozialbereiche; nur so kann man den jeweiligen Anforderungen gerecht zu werden. Für alle hier oder anderswo vorgegebenen Checklisten sei gesagt, dass sie nie den Anspruch auf Vollständigkeit erheben können oder wollen und nur als Grundlage zur Erstellung eigener, individueller Checklisten dienen sollen.

4.1 Sicherheitsgerechte Unterweisung nach gesetzlichen Unfallversicherern

In der Unfallverhütungsvorschrift BGV A1 (ehem. VBG 1) „Allgemeine Vorschriften" § 7 Abs. 2 heißt es: *„Der Unternehmer hat die Versicherten über die bei ihren Tätigkeiten auftretenden Gefahren sowie über die Maßnahmen zu ihrer Abwendung vor der Beschäftigung und danach in angemessenen Zeitabständen, mindestens jedoch einmal jährlich zu unterweisen."*

Diese Forderung nach Unterweisung ist nicht nur in der o.g. BGV A1 aufgestellt. Zahlreiche einzelne Unfallverhütungsvorschriften und andere Regelwerke stellen die gleiche Forderung nach regelmäßiger, mindestens einmal pro Jahr durchzuführender Unterweisung. Auch in staatlichen Gesetzen, Verordnungen und Vorschriften ist diese Unterweisungspflicht verankert, sowie auch in den privatrechtlichen Vorgaben der Versicherer. Insbesondere gilt die Unterweisungspflicht für den Umgang mit Gefahrstoffen und Biostoffen, verankert in der Gefahrstoffverordnung (GefStV) und der Biostoffverordnung (BioStV).

Die Forderungen nach Unterweisung klingen plausibel und fast selbstverständlich. Diese Verpflichtung aller Unternehmer zur Sicherheitsunterweisung bereitet jedoch in der Praxis oft erhebliche Durchführungsprobleme. Die hierbei angesprochenen unterweisenden Vorgesetzten haben z.T.

Zeit-, Planungs- und Qualifikationsprobleme. Werden im Betrieb Unfälle verursacht, so sind es aber gerade auch diese Vorgesetzten, die hinsichtlich der durchgeführten Unterweisung befragt und bei fehlender Unterweisung ggf. haftbar gemacht werden.

Eine wirksame Unterweisung heißt mehr als nur informieren oder belehren. Ziel der Unterweisung muss sein, dass der Versicherte nicht nur die Gefahren am Arbeitsplatz kennt und erkennt, sondern dass ihm die Maßnahmen der Gefahrenabwehr so beigebracht werden, dass er sich sicherheitsbewusst verhält. Denn die meisten Unfälle haben ihre Ursachen im menschlichen Verhalten.

Für die Durchführung der Schulungen/Unterweisungen sind die jeweiligen Vorgesetzten verantwortlich; dies ist in den Betrieben häufig nicht bekannt. Zudem sind die Führungskräfte dafür in der Regel nicht vorbereitet und auch nicht ausgebildet. In den Meisterausbildungen wird das Thema Unterweisungen wie überhaupt das gesamte Thema Arbeits- und Gesundheitsschutz nur gestreift. Es hängt daher vom persönlichen Engagement der Führungskraft ab, ob und wenn ja, wie intensiv sich auf die Unterweisungen vorbereitet wird. Dennoch können, ja sollen oft andere, qualifiziertere Personen diese Schulungen abhalten.

Sicheres Arbeiten ist ohne das Wissen um die mit der Arbeit verbundenen Gefahren und die notwendigen Sicherheitsmaßnahmen nicht denkbar. Dieses Wissen entsteht nicht von selbst, es muss vermittelt werden. Auch modernste Arbeitsmittel und Maschinen besitzen keine absolut sichere Technik; es bleiben immer Restgefahren bestehen, die nur durch entsprechendes Verhalten der Versicherten gebannt werden können. Die Fähigkeit zum richtigen Verhalten setzt das notwendige Wissen voraus. Um dieses zu vermitteln, bedarf es der Ausbildung und Information. Vor allem gilt dies für den Umgang mit gefährlichen Stoffen, die in zunehmender Anzahl in unseren Betrieben eingesetzt werden.

Die Notwendigkeit zu unterweisen ergibt sich auch aus dem Arbeitsschutzgesetz, in welchem in § 5 festgelegt ist, dass Gefährdungen zu ermitteln und zu beurteilen sind. Dementsprechend müssen Unterweisungen über Maßnahmen zur Gefahrenabwehr durchgeführt werden.

Falsch verstanden wäre die Aufgabe zu unterweisen jedoch, wenn sie sich auf allgemeine Ermahnungen oder auf das Aushändigen der Unfallverhütungsvorschriften beschränken würde, ggf. mit dem mündlichen Kommentar, diese durchzulesen. Ziel der Unterweisung ist es, Unfälle zu vermeiden und einen störungsfreien Betriebsablauf zu ermöglichen. Beides wird auch zu einem besseren Betriebsergebnis beitragen.

Die Sicherheitsfachkraft hat die Aufgabe, sich aktiv am Schulungs- und Unterweisungskonzept zu beteiligen und die Meister oder Bereichsleiter zu unterstützen. Das stärkt zudem die Stellung im Unternehmen. Außerdem gehört es zu den Aufgaben der Sicherheitsfachkraft (§ 6 Ziffer 4 A-SiG): *„...hinzuwirken, dass sich alle im Betrieb Beschäftigten den Anforderungen des Arbeitsschutzes und der Unfallverhütung entsprechend verhalten, insbesondere sie über die Unfall- und Gesundheitsgefahren, denen sie bei der Arbeit ausgesetzt sind, sowie über die Einrichtungen und Maßnahmen zur Abwendung dieser Gefahren zu belehren und bei der Schulung der Sicherheitsbeauftragten mitzuwirken."*

Dies darf jedoch nicht darin gipfeln, dass Führungskräfte versuchen, sich von ihrer Pflicht der regelmäßigen Unterweisung freizusprechen und diese verantwortungsvolle Aufgabe auf die Sicherheitsfachkraft abzuwälzen.

Der Vorgesetzte muss wissen, dass er die Verantwortung für Arbeits- und Gesundheitsschutz in seinem Bereich trägt, auch wenn die Sicherheitsfachkraft für ihn die Unterweisungen durchführt. Bei der Vorbereitung und Planung der entsprechenden Unterweisungen sind folgende Schritte notwendig:

- Auswahl geeigneter Themen,
- Zusammenfassung der Inhalte,
- Informationsbeschaffung durch Dokumentenstudium bzw. Auswertung spezifischer Unterlagen, wie z.B. Unfallanzeigen, Verbandbücher, Gefährdungsbeurteilungen, Sicherheitsdatenblätter,
- Zusammenstellung der greifenden Rechtsgrundlagen, wie z.B. Unfallverhütungsvorschriften, Arbeitsschutzgesetz mit zugehörigen Verordnungen, arbeitswissenschaftliche Erkenntnisse,
- Erarbeitung geeigneter Unterweisungsgrundlagen, wie z.B. Betriebsanweisungen für Gefahrstoffe oder gefährliche Arbeiten (Maschinen),
- Nutzung fachspezifischer Medien, wie z.B. Filme, Produktdisketten.

Die Akzeptanz der Unterweisung hängt stark von ihrer Gestaltung und Form ab. Dabei hat der Unterweisende (Sender) stets zu prüfen, ob seine Botschaft den zu Unterweisenden (Empfänger, Mitarbeiter) erreicht. So man muss z.B. die richtige Sprache wählen (ggf. Dolmetscher einsetzen). Dazu ist viel Fingerspitzengefühl und Erfahrung im Umgang mit Menschen notwendig.

Es gibt eine ganze Reihe unterschiedlicher Wege, Unterweisungen durchzuführen:

- den theoretischen Vortrag,
- den Einsatz verschiedener Medien (Videos, Beamer, Overhead-Folien, Schauobjekte),

- praktische Vorführungen am Arbeitsplatz, Übungen,
- ein persönliches Gespräch mit den betreffenden Mitarbeitern an deren Arbeitsplatz z.B. bei Inbetriebnahme einer neuen Maschine oder Einführung eines neues Arbeitsverfahrens oder Arbeitsstoffs.

Soll jedoch die gesamte Belegschaft angesprochen werden, bietet sich als Rahmen eine Betriebsversammlung an. Wichtig ist, dass hier nur Themen, die für alle Mitarbeiter interessant sind gewählt werden, wie z.B. Ordnung und Sauberkeit am Arbeitsplatz, Tragen persönlicher Schutzausrüstung, innerbetrieblicher Verkehr.

Unabhängig von der Art der Unterweisung ist es notwendig, diese Informationsveranstaltungen wiederholt anzubieten. Schwerpunkte für Erstunterweisungen sind:

- allgemeine Information über den Betriebsablauf,
- Erläuterung der für alle Beschäftigten verbindlichen betrieblichen Regelungen und Anweisungen,
- Verhalten in Gefahrensituationen (z.B. Brand, technischer Defekt),
- Hinweise auf allgemeine Betriebsgefahren,
- Überblick über die betriebliche Sicherheitsorganisation,
- spezielle Einweisung am Arbeitsplatz.

4.1.1 Erstunterweisung am Arbeitsplatz

Die Unfallverhütungsvorschrift „Allgemeine Vorschriften" (BGV A1) legt fest, dass vor Aufnahme einer Beschäftigung und danach in regelmäßigen Zeitabständen, mindestens jedoch jährlich einmal, zu unterweisen ist. Zu unterscheiden ist zwischen der erstmaligen Unterweisung und den regelmäßigen Unterweisungen. Vor Aufnahme einer neuen Beschäftigung oder Übernahme einer neuen Aufgabe ist eine Erstunterweisung durchzuführen. Wichtig ist, dass dabei der Beschäftigte über alle auftretenden Gefährdungen umfassend unterwiesen wird. Erfahrungsgemäß bedürfen:

- neue und neu an einem anderen Arbeitsplatz beschäftigte Mitarbeiter,
- ausländische Mitarbeiter,
- jugendliche Mitarbeiter und
- mit besonderen Arbeitsaufgaben beschäftigte Mitarbeiter

einer besonders sorgfältigen Unterweisung. Neulinge sind besonders deshalb unfallgefährdet, weil ihnen ausreichende betriebliche Kenntnisse zunächst fehlen, die sie erst im Laufe der Zeit durch Ausbildung und Erfahrung erwerben müssen. Zu dieser Personengruppe zählen auch neu an einem anderen Arbeitsplatz oder an wechselnden Arbeitsplätzen beschäftigte Mitarbeiter (sog. Springer).

Besonders bei Auszubildenden ist darauf zu achten, dass sie vor Gefahren geschützt sind; das ist, gerade für die Lehrlingsmeister, in der Theorie einfacher als in der Praxis. Auszubildenden sind, auch abhängig vom Alter, besonders zu beaufsichtigen; man unterscheidet juristisch Auszubildende, die noch unter 15 Jahre sind, solche die 15–16 Jahre alt sind, 16–18-jährige und solche über 18 Jahre. Je nach der Zugehörigkeit zu den vier genannten Altersgruppen (Kinder, Heranwachsende, Jugendliche, Erwachsene) kann, darf und muss man ihnen mehr oder weniger Fähigkeiten und Verantwortungen zutrauen.

Bei ausländischen Mitarbeitern ist mit einem unterschiedlichen Arbeitsstil und einer oftmals anderen Einstellung zu Gefahren im Vergleich zu ihren deutschen Arbeitskollegen zu rechnen. So gibt es Kulturkreise, in denen der Gesundheit oder gar dem Leben nicht die gleiche Bedeutung beigemessen wird wie bei uns und hier sind besondere Sensibilisierungen nötig. Aber auch Verständnis- und Verständigungsschwierigkeiten können bestehen; dies erfordert eine diesem Personenkreis angepasste Unterweisung, erforderlichenfalls sogar in der jeweiligen Muttersprache.

Eine große Zahl Jugendlicher erleidet bereits innerhalb kurzer Zeit nach dem Eintritt in das Berufsleben einen Arbeitsunfall. Als Ursache hierfür stellt sich oft ein Fehlverhalten infolge mangelnder Erfahrung und fehlender Kenntnisse sowie erhöhter Risikobereitschaft durch falsche Einstellung zur Gefahr heraus. Das Jugendarbeitsschutzgesetz fordert im § 29 deshalb eine besondere Unterweisung der Jugendlichen durch den Arbeitgeber in mindestens halbjährlichen Abständen.

Für eine Reihe von Tätigkeiten, die entweder als überdurchschnittlich gefährlich gelten oder mit hoher Verantwortung verbunden sind, ergeben sich besondere Unterweisungsverpflichtungen. Hierzu zählen besonders:

- Führen von Gabelstaplern,
- Führen von Kranen,
- Durchführen bestimmter Schweißarbeiten,
- Durchführen bestimmter elektrischer Arbeiten,
- Umgang mit gefährlichen Stoffen,
- Einsteigen oder Einfahren in Silos,
- Führen von Erdbaumaschinen,
- Aufenthalt in gasgefährdeten Bereichen,
- Arbeiten in Kohlenstaubanlagen,
- Durchführung bestimmter Arbeiten in oder vor Abraum- und Abbauwänden,

- Arbeiten in Bohrungen.

Man beachte hierbei die sicherheitstechnische und juristische Bedeutung der Schulungen und anderer Maßnahmen.

4.1.2 Regelmäßige Schulungen

Da das sicherheitsgerechte Verhalten und das Wissen über die Unfallgefahren im Betrieb erfahrungsgemäß nach einer gewissen Zeit nachlässt, muss eine Auffrischung in Form von regelmäßigen Unterweisungen erfolgen. Der Zeitraum von mindestens einmal jährlich ist hierbei als Richtwert zu verstehen. Abhängig von Art und Umfang der Gefährdung sowie dem sicherheitsgerechten Verhalten der Mitarbeiter muss dieser Zeitabstand unter Umständen verkürzt werden. Eine Unterweisung sollte darüber hinaus unabhängig vom Zeitpunkt der letzten regelmäßigen Unterweisung durchgeführt werden, wenn ein besonderer Anlass dies erfordert, z.B.:

- ein schweres Unfallereignis,
- die Einführung neuer Arbeitsverfahren,
- das Erscheinen neuer oder geänderter Unfallverhütungsvorschriften.

Von dem besonderen Anlass hängt es ab, welcher Personenkreis wie umfassend und worüber unterwiesen werden muss. Unterweisungsinhalte einiger Unfallverhütungsvorschriften sind:

- Alle der Arbeitssicherheit dienenden Maßnahmen sind zu unterstützen.
- Weisungen zum Zwecke der Unfallverhütung sind zu befolgen.
- Persönliche Schutzausrüstungen sind zu benutzen.
- Sicherheitswidrige Weisungen dürfen nicht befolgt werden.
- Betriebseinrichtungen sind bestimmungsgemäß zu verwenden.
- Festgestellte Mängel sind zu beseitigen. Gehört dies nicht zur Arbeitsaufgabe oder fehlt die Sachkunde, ist der Mangel dem Vorgesetzten zu melden.
- Einrichtungen und Arbeitsstoffe dürfen nicht unbefugt benutzt werden.
- Arbeitsplätze sind so zu erhalten, dass ein sicheres Arbeiten möglich ist.
- Verkehrswege müssen freigehalten werden.
- Rettungswege und Notausgänge dürfen nicht eingeengt werden und sind stets freizuhalten.
- Lager und Stapel sind so zu errichten, zu erhalten und abzubauen, dass niemand durch in Bewegung geratenes Lagergut gefährdet wird.
- Schmuck, Armbanduhren oder ähnliche Gegenstände dürfen beim Arbeiten nicht getragen werden, wenn dies zu einer Gefährdung führt.

- In Gefahrbereichen dürfen sich Versicherte nicht unnötig aufhalten.
- Durch Alkoholgenuss dürfen Versicherte sich und andere nicht gefährden.
- Leichtentzündliche Stoffe dürfen nicht in der Nähe von Zündquellen gelagert sein.
- Selbstentzündliche Stoffe dürfen nicht in der Nähe von Brandlasten gelagert sein.
- Gefährliche Arbeitsstoffe dürfen an Arbeitsplätzen nur in der unbedingt benötigten Menge vorhanden sein. Abfälle und Rückstände sind regelmäßig und gefahrlos zu entfernen, verschüttete Stoffe unverzüglich gefahrlos zu beseitigen.
- Gesundheitsgefährliche Flüssigkeiten dürfen nur in Gefäßen aufbewahrt werden, die nicht mit Trinkgefäßen oder Lebensmittelbehältnissen verwechselt werden können.

4.2 Arbeits- und Gesundheitsschutz

Das Themenfeld des betrieblichen Arbeits- und Gesundheitsschutzes ist zu komplex, um hier auch nur annähernd eine umfassende Checkliste vorzugeben. Die jeweils zuständigen Berufsgenossenschaften bzw. die Gemeindeunfallversicherer können auf Anfrage umfangreiche Checklisten zu verschiedenen Bereichen und Arbeitsaufgaben zusenden. Nachfolgend sind die Themen in die Bereiche Schulung/Verhalten der Mitarbeiter, Organisation des Unternehmens und Umgang mit feuergefährlichen Arbeiten/Fremdarbeiter eingeteilt.

4.2.1 Schulung/Verhalten der Mitarbeiter

Das sicherheitstechnische richtige Verhalten aller Mitarbeiter ist wohl die entscheidende Maßnahme zur Vermeidung und Reduzierung von Unfällen, Bränden und Betriebsunterbrechungen; insofern ist diesem Bereich auch besonderer Augenmerk zu widmen.

- Alle Mitarbeiter sind darauf hinzuweisen, dass sie alle der Arbeitssicherheit dienenden Maßnahmen aktiv unterstützen, anwenden und einhalten müssen.
- Alle Mitarbeiter sind verpflichtet, Weisungen des Sicherheitsingenieurs und des Arbeitsmediziners zu befolgen.
- Mitarbeiter, die gefährliche Arbeiten ausführen, haben die zur Verfügung gestellten persönlichen Schutzausrüstungen zu benutzen.

- Alle im Unternehmen vorhandenen Einrichtungen dürfen nur zu dem Zweck verwendet werden, der vom Vorgesetzten dafür bestimmt ist oder der nach dem Stand der Technik üblich ist.
- Alle Mitarbeiter sind darauf hinzuweisen, dass sicherheitstechnisch nicht einwandfreie Einrichtungen nicht benutzt werden dürfen (z.B. Leitern, Werkzeuge, Elektrogeräte). Die Mitarbeiter haben die jeweiligen Mängel entweder unverzüglich selber zu beseitigen, oder aber die Situation dem Vorgesetzten bzw. dem Sicherheitsingenieur zu melden, dies gilt für alle festgestellten Mängel, nicht nur im eigenen Arbeitsbereich.
- Alle Mitarbeiter sind darüber zu informieren, dass Einrichtungen und Arbeitsstoffe nicht unbefugt benutzt werden dürfen; dies gilt besonders für Küchenpersonal, Techniker und Handwerker – also Arbeitsplätze, an denen man sich und andere gefährden kann.
- Alle Mitarbeiter sind zu informieren, dass bestimmte Einrichtungen nicht unbefugt betreten werden dürfen (z.B. Stromräume, bestimmte Lager, Technikbereiche).
- Kein Rettungsweg und keiner der Notausgänge dürfen durch irgendetwas auch nicht kurzfristig eingeengt werden.
- Alle Mitarbeiter sind darüber zu informieren, dass aus feuergefährlichen Bereichen offenes Feuer und andere Zündquellen fernzuhalten sind und dass das Rauchen in diesen Bereichen verboten ist.

4.2.2 Organisation des Unternehmens

Grundlage für ein sicheres Unternehmen ist die personelle, technische, bauliche und organisatorische Struktur – nur wenn diese Voraussetzungen erfüllt sind, können geeignet unterrichtete Mitarbeiter dort auch sicher arbeiten.

- An möglicherweise gefährlichen Arbeitsplätzen muss geeignete persönliche Schutzausrüstungen zur Verfügung gestellt und angewandt werden. Der jeweilige Träger/Inhaber muss stets für einen ordnungsgemäßem Zustand sorgen.
- Den Sicherheitsbeauftragten des Unternehmens sollte regelmäßig in mündlicher und schriftlicher Form vom Sicherheitsingenieur die Ergebnisse der Betriebsbesichtigungen und die der Unfalluntersuchungen zur Kenntnis gegeben werden.

Abb. 4.1 In Waschräumen müssen Reinigungsmittel, Einmalhandtücher und Pflegemittel zur Verfügung stehen

- Der Sicherheitsingenieur soll sich darum kümmern, dass die Verantwortungsbereiche der Aufsichtspersonen abgegrenzt sind, dass diese ihren Pflichten auf dem Gebiet der Unfallverhütung nachkommen und dass sie sich untereinander abstimmen können; dies geht am besten, indem man regelmäßig die Sicherheitsbeauftragten zu Schulungen bzw. Informationstreffen einlädt.
- Der Sicherheitsingenieur muss darauf achten, dass alle Arbeitsplätze so beschaffen sind und auch erhalten werden, dass ein sicheres Arbeiten dort jederzeit möglich ist
- In allen Arbeitsräumen der Unternehmen müssen die Lichtschalter leicht zugänglich sein; selbstleuchtende Lichtschalter sind nur bei vorhandener Orientierungsbeleuchtung nicht erforderlich.
- Die Beleuchtung muss sich nach der Art der Sehstärke richten, das ist abhängig von der Art der Arbeit und dem Alter der dort Beschäftigten. In der ArbStättV finden sich hierzu Helligkeitsangaben. Die Stärke der Allgemeinbeleuchtung muss immer mindestens 15 Lux betragen, die der Notbeleuchtung 1 Lux; hierbei wird die Notbeleuchtung im Normalzustand gemessen, d.h. wenn kein Rauch die Ausbreitung des Lichts behindert.
- Kein Fußboden darf Stolperstellen haben; Böden müssen eben und rutschhemmend ausgeführt und leicht zu reinigen sein.
- Lichtdurchlässige Wände im Bereich der Arbeitsplätze und auch der Verkehrswege müssen aus bruchsicherem Werkstoff bestehen (vgl. ArbStättV), also nicht aus konventionellem Glas; dies gilt sowohl für

den Bestand, als auch für Nachrüstungen; evtl. auffallende Mängel sind unverzüglich abzustellen.

- Bei allen Gängen durch das Haus von den Sicherheitsbeauftragten und vom Sicherheitsingenieur ist darauf zu achten, dass alle Verkehrswege jederzeit freigehalten sind. Hierüber sind alle Mitarbeiter, vor allem jedoch die Vorgesetzten zu informieren.
- Bei den Begehungen ist darauf zu achten, ob alle Rettungswege und auch die Notausgänge ständig als solche deutlich erkennbar und dauerhaft gekennzeichnet sind; sie müssen generell auf möglichst kurzem Weg ins Freie oder in einen gesicherten Bereich führen.
- Alle Notausgänge müssen sich, so lange Mitarbeiter im Haus sind, von innen leicht öffnen lassen; die Definition von „leicht" sagt, die Tür z.B. mit einer zu drückende Klinke bedient werden darf, nicht jedoch mit einem Drehknopf.
- Alle Türen im Verlauf von Rettungswegen müssen als solche gekennzeichnet sein und in Fluchtrichtung aufschlagen.
- Die Vorgesetzten und der Sicherheitsingenieur müssen darauf achten, dass gefährliche Arbeiten nur fachlich geeignete Personen durchführen, unabhängig davon, ob es sich um hauseigene Mitarbeiter oder um Fremdpersonal handelt. Fachlich geeignet setzt eine geeignete Berufsausbildung, Berufserfahrung sowie körperliche und charakterliche Fähigkeiten voraus. Den Arbeitern müssen die jeweiligen Gefahren bekannt sein.
- Der Sicherheitsingenieur muss bei den Begehungen darauf achten, dass gefährliche bzw. gefährdende Betriebsbereiche nicht von Unbefugten ohne weiteres begangen werden können.
- Alle Vorgesetzten (nicht primär der Sicherheitsingenieur) haben arbeitstäglich darauf zu achten, dass ihre Mitarbeiter nicht angetrunken oder sogar betrunken arbeiten; dies gilt insbesondere für Arbeiten, bei denen man sich oder andere aufgrund des alkoholisierten Zustands gefährden kann.
- Alle neuen Einrichtungen sind vor der ersten Inbetriebnahme, in angemessenen Zeiträumen sowie nach Änderungen oder Instandsetzungen auf ihren sicheren Zustand, mindestens jedoch auf äußerlich erkennbare Schäden oder Mängel zu überprüfen. Dies haben die jeweiligen Vorgesetzten durchzuführen, der Sicherheitsingenieur hat diese Maßnahmen nur stichprobenartig zu kontrollieren, bei großen Anlagen dabei zu sein und die Vorgesetzten bei Schulungen darauf hinzuweisen.
- Der Sicherheitsingenieur, die Vorgesetzten und alle betroffenen Mitarbeiter haben besonders darauf zu achten, dass an oder in der Nähe von Arbeitsplätzen leichtentzündliche oder selbstentzündliche Stoffe nur in

geringer Menge gelagert werden dürfen, damit für die Mitarbeiter keine Gefahren daraus entstehen.

- Der Sicherheitsingenieur oder von ihm oder der Geschäftsleitung beauftragte Personen haben darauf zu achten, dass zum Löschen von Bränden jeweils qualitativ und quantitativ geeignete Handfeuerlöscher bereitgestellt werden und dass diese gebrauchsfertig und leicht zugänglich sind.
- Generell müssen alle gesundheitsgefährlichen Einwirkungen von der Geschäftsleitung direkt oder indirekt (durch Betriebsarzt, Sicherheitsingenieur, Vorgesetzten) in Qualität und Quantität ermittelt werden und es sind Gegenmaßnahmen einzuleiten; dies gilt besonders für Arbeitsplätze, an denen von außen oder innen besondere Gefahren auftreten können.

4.2.3 Umgang mit gefährlichen Arbeiten/Fremdarbeiter

Durch außerplanmäßige Arbeiten im Unternehmen passieren unverhältnismäßig viele Verletzungen, Unfälle und Brände. Hier müssen besondere Vorsorgemaßnahmen getroffen werden, damit es dazu nicht kommt. Meistens geschehen durch die Arbeiten von Fremdfirmen noch mehr Unfälle als durch die der eigenen Mitarbeiter.

- Fremdfirmen muss schriftlich mitgeteilt werden, dass die in der BGV A 1, § 2 Abs. 1 Sätze 1 und 2 bezeichneten Vorschriften und Regeln zu beachten sind.
- Vergibt das Unternehmen Arbeiten an mehrere andere Unternehmer, dann muss es zur Vermeidung einer möglichen gegenseitigen Gefährdung eine Person geben, die die Arbeiten aufeinander abstimmt (Koordinator). Diese Person benötigt fachliche bzw. auf die Sicherheitstechnik bezogene Weisungsbefugnis gegenüber allen internen und externen Arbeitern und Angestellten.
- Es muss einen Erlaubnisschein für feuergefährliche Arbeiten geben immer dann, wenn solche Arbeiten außerhalb dafür vorgesehener Arbeitsplätze stattfinden – unabhängig davon, ob diese Arbeiten ein Mitarbeiter des Unternehmens oder eines anderen Unternehmens durchführt.
- Die Mitarbeiter des eigenen Unternehmens müssen auf Gefahren durch andere Arbeiten in ihrem Bereich hingewiesen werden (und auch die Arbeiter, die diese Arbeiten durchführen – egal, ob eigene Mitarbeiter oder fremde), um eine gegenseitige Gefährdung zu vermeiden

4.3 Brandschutz

Brände in Unternehmen zu verhüten ist eines der wesentlichen Ziele der Sicherheitsfachkräfte, denn dadurch sind Menschen, Sachwerte und Arbeitsplätze gefährdet.

Die mit dem Brandschutz beauftragten Personen haben besondere Aufgaben, die Verantwortung haben jedoch nach wie vor die Abteilungs- bzw. Bereichsleiter. Primär jedoch müssen die begehenden Personen nicht die Unachtsamkeiten anderer wegräumen, sondern diese bzw. deren Vorgesetzten auf die Verstöße hinweisen und dahingehend wirken, dass derartige Zustände zukünftig wenn möglich nicht mehr entstehen oder erkannt und selbständig abgestellt werden.

4.3.1 Typische brandschutztechnische Fehler in Unternehmen

Konkrete Kritikpunkte, die nach einer Begehung typischerweise auffallen und abzustellen sind, völlig unabhängig von der Unternehmensart und der Unternehmensgröße, sind:

- Brandschutztüren sind aufgekeilt.
- Die Abfallentsorgung ist nicht geregelt, Abfälle sind vorschriftswidrig gelagert.
- Es gibt in praktisch allen Büros brennende Kerzen in der Weihnachtszeit.
- Heizanlagen stehen offen in der Produktion und sind nicht von Brandlasten befreit.
- Die Brandgefährdung bei der Folienschrumpfanlage ist erheblich.
- Die Lackierbereiche sind nicht explosionsgeschützt ausgelegt.
- Es wird in Rauchverbotszonen geraucht.
- Gabelstapler werden in Fluchtwegen geladen.
- Es gibt keine Abfallbehälter für Zigaretten und ölgetränkte Putzlumpen.
- Es werden zu viele brennbaren Flüssigkeiten an den Arbeitsplätzen gelagert.
- Die Beleuchtungsanlagen im Lager ist brandgefährlich.
- Vorhandene Brandschutzklappen werden nicht gewartet.
- Es gibt keinen Erlaubnisschein für feuergefährliche Arbeiten.
- Das Grundstück ist nicht eingezäunt.
- Es sind die falschen Feuerlöscher vorhanden.

Abb. 4.2 Unzulässige Lagerung brennbarer Flüssigkeiten

- Es wird im Freien und direkt an Gebäuden gelagert.
- Die Freilagerung brennbarer Gegenstände ist nicht geregelt
- Die elektrotechnischen Anlagen werden nicht regelmäßig überprüft.
- Das Blitzschutzkonzept ist nicht komplett.
- Die Wandhydranten sind zum Teil beschädigt.
- Die Pläne für die Feuerwehr sind nicht komplett.
- Es fehlt die Duplizierung von Datenträgern.
- Handfeuerlöscher sind verstellt.
- Fluchtwege sind zugestellt.
- Notausgänge sind versperrt.
- Es gibt kein ausgezeichnetes oder ausgesprochenes Rauchverbot im Unternehmen.
- Es gibt keine Regelung für das Mitbringen oder das Aufstellen von privat besorgen Elektrogeräten (primär: Kühlschränke, Radios, Kaffeemaschinen).
- Es gibt noch Wandhydranten mit nicht formstabilen Schläuchen (für Laien kaum zu handhaben).
- Das Konzept für die Ausrüstung und Aufstellung von Handfeuerlöschern ist nicht schlüssig durchdacht (zu viele Pulverlöscher, zu wenig Wasser, keine Löscher mit Kohlendioxid).
- Der bauliche Brandschutz ist an einigen Stellen (Kabeldurchbrüche, Klimakanalleitungen, Türen) lückenhaft.
- Es fand noch keine ausreichende sicherheitstechnische Schulung der Mitarbeiter statt.

4.3.2 Allgemeine Kriterien einer Begehung

Es gilt, sich primär gegen die Entstehung eines Brands (Brandlasten und Zündquellen angehen – die Schadenhäufigkeit reduzieren) und sekundär gegen die Auswirkung eines bereits entstandenen Schadens (Schadenschwere) zu schützen. Weiterhin ist auf folgendes zu achten:

- Sind vermeidbare Brandlasten bzw. unnötige Brandlasten ersatzlos entfernt?
- Entsprechen die Risikopotentiale noch den vorhandenen Schutztechniken?
- Wird das Rauchverbot in den Rauchverbotszonen ausgeschildert und eingehalten und gibt es andererseits auch akzeptable Raucherbereiche?
- Werden die Verpackungskennzeichnungen von Gefahrstoffen, die man im Unternehmen benötigt, auch auf die betrieblichen Behälter übernommen, in die die leicht brennbaren Stoffe umgefüllt werden? Nur so kann gewährleistet werden, dass alle mit diesen Stoffen zu tun habende Personen auch über die möglichen Gefahren informiert werden
- Wird eine Brandschutz- und Arbeitsschutzorganisation aufgebaut, die auch den Vorschriften der Berufsgenossenschaft entspricht?
- Gibt es auch brandschutztechnische Arbeitsplatzanalysen gemäß den Forderungen der BG?
- Werden die Mitarbeiter über die Gefahrenhinweise und Sicherheitsratschläge der Herstellerkennzeichnungen und der Sicherheitsdatenblätter unterrichtet?
- Wird streng darauf geachtet, dass Brand- und Explosionsschutzanweisungen von allen Mitarbeitern an den entsprechenden Stellen bzw. Bereichen eingehalten werden? Ein Verstoß gegen derartige Arbeitsanweisungen (z.B. Rauchen im Lager oder im Radius von Gasflaschen) muss disziplinarische Folgen nach sich ziehen.
- Werden die Mitarbeiter angesprochen, die sich über gegebene Anweisungen hinwegsetzen und werden die Ursachen des verbotswidrigen Handelns ermittelt?
- Sind Brandlasten und Zündquellen minimiert, eliminiert, substituiert, getrennt oder gekapselt?
- Sind Fahrzeuge, vor allem LKW so abgestellt, dass sie keine Feuerbrücken zwischen Gebäuden bilden können?
- Gilt dies auch für andere brennbare Gegenstände (Abfallcontainer, gelagerte Ware)?
- Gibt es nichtbrennbare Ölbinder für Unfälle und wird nicht Holzmehl verwendet?

- Sind die Handwerker (eigene und Fremdfirmen) auf die Gefahren durch weit fliegende Funken hingewiesen worden und gibt es dazu entsprechende Schutzanweisungen? Besonders bei feuergefährlichen Arbeiten werden relativ häufig fahrlässig Brände gelegt und diese sind fast immer vermeidbar.
- Werden die Papierabfallbehälter regelmäßig nach Arbeitsende entsorgt und findet die Zwischenlagerung in geschützt liegenden Räumen statt?
- Wird der Abfall korrekt gelagert und beseitigt (z.B. ölgetränkte Putzmittel, Zigarettenreste, metallene Späne, Papier)?
- Werden Lackreste und brennbare Flüssigkeiten gesondert und geschützt entsorgt?
- Wird Putzmaterial (Reinigungsflüssigkeiten, die brennbar sein können, Putzlappen usw.) versperrt aufbewahrt? Vor allem die Reinigungskräfte sind auf diese Maßnahme hinzuweisen von der Person, die für diese Arbeitskräfte zuständig ist
- Wird beachtet, dass das Reinigungspersonal Böden mit Hartbelag, in der Küche, Fensterscheiben usw. möglichst mit nicht brennbaren Flüssigkeiten reinigt?

4.3.3 Umgang mit brennbaren Stoffen

Durch den falschen und sorglosen Umgang mit brennbaren Stoffen kommt es immer wieder zu Verletzungen, Schäden und Bränden; daher ist die Schulung der Mitarbeiter gerade in diesem Bereich besonders wichtig.

- Werden immer wieder Überlegungen darüber angestellt, ob ein brennbarer Stoff durch einen unbrennbaren ersetzt werden kann? Vor allem bei Nachrüstungen und Neuanschaffungen sollte diese Alternative beachtet werden. Sowohl bauliche Stoffe, als auch betrieblich benötigte Gegenstände sollten, so dies zumutbar ist, auch unter dem Kriterium *Brennbarkeit* analysiert werden
- Wurden die Mitarbeiter über die Gefahren und Schutzmaßnahmen beim Umgang mit leicht brennbaren Stoffen arbeitsplatzbezogen unterwiesen?
- Wurden die Mitarbeiter insbesondere auf häufige Ursachen von Bränden in Lager-, Produktions- und Bürobereichen hingewiesen und auch auf effektive Maßnahmen, diese zu vermeiden? Dies sollte die Fachkraft für Arbeitssicherheit, ein externer Berater oder ein Mitarbeiter der Feuerwehr bei einer Schulung durchführen.

4.3.4 Brandgefährliche Geräte und Arbeiten

Häufig sind strombetriebene Geräte die Zündursache für Brände; deshalb ist es wichtig, diese Anlagen einerseits richtig zu betreiben, andererseits auch den Vorschriften gemäß warten zu lassen.

- Gibt es ein Konzept zur Benutzunge privater Elektrogeräte?
- Sind besonders brandgefährliche Geräte wie mobile Heizplatten, Heizlüfter usw. pauschal verboten?
- Werden Gabelstapler nur in brandgeschützten Bereichen geladen und nachts abgestellt?
- Es sollte mit dem Versicherer abgesprochen werden, ob die Überprüfung der elektrotechnischen Anlage aufgrund ausbleibender Mängel nicht einvernehmlich nur alle 24 Monate ablaufen könne (schriftliche Bestätigung ist nötig).
- Wird das Vermeiden von Brandgefahren beachtet und das Verhalten im Brandfall regelmäßig geübt? Zusammen mit Behörden oder der Feuerwehr kann das Räumen geübt werden; es reicht jedoch, wenn eine – gut vorbereitete – Gebäuderäumübung z.B. alle fünf Jahre abgehalten wird.
- Gibt es keine mechanischen Beschädigungen an Leitungen, Steckdosen, Schaltern und Gerätschaften?
- Entsprechen alle Anlagen und Geräte den aktuellen Bestimmungen?
- Gibt es exponiert brandgefährliche Küchengeräte wie Kühlschränke oder Kaffeemaschinen nur in der Küche?
- Gibt es in explosionsgefährlichen Bereichen keine ungeschützten Elektrogeräte (potentielle Zündquellen) und auch keine batteriebetriebenen Radios?
- Werden die elektrotechnischen Anlagen einschließlich aller angeschlossenen Gerätschaften nach den Vorschriften von einem zugelassenen Sachverständigen regelmäßig überprüft?
- Wird von der Möglichkeit Gebrauch gemacht, ganze Bereiche und Hallen außerhalb der Arbeitszeiten stromlos zu schalten?
- Gibt es Blitzschutz für Gebäude, Potentialausgleich und Staffelschutz für die Gerätschaften sowie FI-Schalter, Überlastsicherungen usw.?
- Werden diese technischen Schutzeinrichtungen regelmäßig kontrolliert?
- Ist ein Erlaubnisschein für feuergefährliche Arbeiten eingeführt?
- Behandelt er auch feuergefährliche Arbeiten außerhalb der dafür vorgesehenen Arbeitsstellen?
- Werden alle Vorgaben des Erlaubnisscheins für feuergefährliche Arbeiten (Brandwache stellen, Brandlasten entfernen oder abdecken, Löscher bereitstellen usw.) eingehalten?

- Werden auch bei kleineren Feuerarbeiten (z.B. Schweißen in einem Büro an der Heizung) geeignete Brand- und ggf. auch Explosionsschutzmaßnahmen getroffen? Das kann z.b. eine Schweißwache sein, ein mobiler Brandmelder oder die Festlegung, dass solche Arbeiten nicht mehr im Zeitraum vier Stunden vor Arbeitsende durchgeführt werden.

4.3.5 Baulicher und technischer Brandschutz

Bei der Planung eines Gebäudes kann man bereits grundlegende Punkte des Brandschutzes realisieren, die man oft später nicht mehr umsetzen kann.

- Sind durch Lagerungen vorhandene Löschanlagen, Brandmelder usw. nicht in ihrer Funktion beeinträchtigt bzw. andererseits, gibt es durch die Lagerung keine Brandgefahren, z.B. durch die unzulässige Näherung an Lampen oder durch Beschädigung an Lampen durch Paletten?
- Ist eine Brandmeldeanlage installiert, die alle Räumlichkeiten (auch im KG und Dachstuhl) überwacht, die dem Stand der Technik entspricht und an eine ständig besetzte Stelle meldet?
- Werden die Rettungs- und Fluchtwege, sowie die Notausgänge regelmäßig auf ungehinderten Durchgang und leichtes Öffnen der Fluchttüren geprüft? Es ist eine unbedingte Notwendigkeit, dass Rettungs- und Fluchtwege (d.h. alle Gänge und Flure) von Brandlasten frei gehalten werden, dass dort keine unnötigen Zündquellen wie z.B. Kopierer aufgestellt werden und dass alle gekennzeichneten Notausgänge sich mit einer einfachen Bewegung in Fluchtrichtung öffnen lassen.
- Ist auf bauliche Brandlasten bewusst verzichtet worden?
- Gibt es mehrere Brandbereiche (Lackierung, EDV, Lager, Verwaltung, Produktion, elektrische Betriebsräume, Heizanlagen usw.) im Unternehmen?
- Sind die Brandwände ausreichend, um Brände tatsächlich abzuhalten?
- Gilt dies auch für die Dachbereiche?
- Gilt dies auch für alle abgeschotteten Öffnungen in Brandwänden (Türen, Kabeldurchbrüche, Klimakanäle usw.)?
- Sind Brandschutztüren, die normalerweise offen stehen, mit Magneten aufgehalten (und nicht mit Keilen), die über Rauchmelder angesteuert werden?
- Gibt es geeignete Rauch- und Wärmeabzugsanlagen, die auch automatisch ansprechen?

4.3.6 Spezifische Kriterien einer Begehung

Produkt- bzw. firmenspezifische Belange des Brandschutzes sind meist besonders, individuell zu schützen.

- Gibt es an exponiert gefährdeten Stellen automatische und geeignete Brandlöschanlagen?
- Gibt es die Gefahr der Selbstentzündung im Unternehmen und wenn ja, ist an diesen Stellen für Vorsorge gesorgt?
- Sind gasversorgte Anlagen besonders geschützt?
- Gibt es an exponiert gefährdeten Anlagen wie Funkenerodiermaschinen besonderen technischen, personellen oder baulichen Schutz?
- Gibt es besonderen Schutz in Silos sowie an Absaug- und Filteranlagen (Funkenerkennungs- und -löschanlagen, Sprühwasserschutz usw.)?
- Sind die brennbaren Flüssigkeiten in der Produktion auf das benötigte Minimum reduziert?
- Entspricht das Gefahrstofflager den technischen und baulichen Vorgaben?
- Die Freilagerung von brennbaren Gegenständen und Gasflaschen sollte unterbunden werden, zumindest in der näheren Umgebung des Gebäudes und auf jeden Fall über Nacht.
- Sind die leicht brennbaren Stoffe und die Bereiche in denen sie verwendet werden, ordnungsgemäß gekennzeichnet und für Unbefugte versperrt gehalten? Ein Brand- oder gar Explosionsschaden durch brennbare Flüssigkeiten oder Gasflaschen kann sich auch schnell auf andere Bereiche und somit auch auf Mitarbeiter schädigend auswirken.
- Sind chlorhaltige Kunststoffe von anderem Lagergut getrennt aufbewahrt?
- Gibt es im Lager keine Folienschrumpfanlagen?

4.3.7 Schutz vor Brandstiftung

Brandstiftung ist eine der Hauptbrandursachen und wird von betriebszugehörigen Personen ebenso begangen wie von externen.

- Sind alle Gebäude korrekt und stabil eingezäunt?
- Wird konstruktiv reagiert, wenn es zu vermehrter Unzufriedenheit im Unternehmen kommt – etwa durch verstärkte Verschmutzung, Wandbeschmierungen usw.?
- Gibt es Freiland-Schutzanlagen, Meldeanlagen, Beleuchtungsanlagen oder Videosysteme?

- Gibt es einen Werkschutz/Nachtwächter bzw. ist das Unternehmen ständig besetzt?
- Sind die Gebäude mechanisch gut gesichert (einbruchhemmende Fensterscheiben und -rahmen, Vergitterungen, EH-Türen usw.)?
- Gibt es eine wirkliche Zugangskontrolle im Unternehmen für alle Gebäude?
- Ist das Gelände ebenfalls gegen unbefugten bzw. unbemerkten Zutritt gesichert bzw. überwacht?
- Dürfen sich Fremde bzw. Besucher frei und ohne Kontrolle auf dem Gelände und in den Gebäuden bewegen?
- Gibt es eine Einbruchmeldeanlage?
- Gibt es keine dunklen Freibereiche, d.h. sind alle Gebäude außen gut beleuchtet?

4.3.8 Abwehrender Brandschutz

Auch wenn man sehr viele vorbeugende Brandschutzmaßnahmen realisiert hat, so ist der abwehrende Brandschutz dennoch nötig – denn vorbeugende Maßnahmen können keinen absolut sicheren Schutz vor Brand gewährleisten.

- Gibt es Verantwortliche für Räumungen, Arbeitsschutz, Brandschutz usw.?
- Sind diese Personen fachlich geeignet, entsprechend ausgebildet und haben sie genügend Zeit zur Verfügung?
- Besteht ein Alarmplan, in dem die notwendigen Maßnahmen und Verhaltensweisen im Brandfall zusammengestellt sind? Ein derartiger Alarmplan kann nach Vorgaben der BG bzw. des GUV erstellt werden und sollte federführend von der leitenden Fachkraft für Arbeitssicherheit erstellt werden; allerdings haben andere Fachkräfte im Unternehmen hier ebenfalls ein Mitsprache- und Gestaltungsrecht
- Gibt es Feuerwehreinsatz-, Lösch-, Alarm- und Fluchtpläne?
- Sind diese Pläne aktuell?
- Liegen Anschriften und Telefonnummern von Sanierungsfirmen, Sachverständigen usw. vor?
- Gibt es Absprachen mit der zuständigen Feuerwehr?
- Reicht die Wasserversorgung aus, um der Feuerwehr im Brandfall ausreichend viel Löschwasser zu geben?
- Sind die Hydranten zugänglich?

- Gibt es die Möglichkeit, Wasser und Feuchtigkeit aus den Räumlichkeiten zu entfernen?
- Sind alle Mitarbeiter über die sicherheitstechnischen Anweisungen informiert sowie über das Alarmwesen?
- Ist die Belegschaft im richtigen Verhalten im Brandfall instruiert?
- Gibt es ausreichend viele und die richtigen Handfeuerlöscher bzw. fahrbare Löscher und/oder Wandhydranten? Wandhydranten sollte es für alle Bereiche geben.
- Haben alle Wandhydranten formstabile Schläuche?
- Ist ein Handfeuerlöscherkonzept realisiert, das primär Wasser und Kohlendioxid berücksichtigt und Pulver nur dort zum Einsatz kommen lässt, wo es unbedingt nötig ist bzw. dort Schaum einsetzt?
- Sind die Mitarbeiter mit der richtigen Handhabung von Feuerlöscheinrichtungen vertraut gemacht worden?
- Wird der freie Zugang zu Feuerlöscheinrichtungen regelmäßig überwacht? Diese Aufgabe kann man z.B. den sog. Flurbeauftragten übergeben. Dennoch sind alle Mitarbeiter bei den regelmäßigen Schulungen darauf hinzuweisen, dass die Zugänge zu Wandhydranten oder Handfeuerlöschern nicht verstellt werden dürfen
- Sind die vorhandenen Löscher regelmäßig überprüft von einer soliden Fachfirma, korrekt aufgehängt und ausgeschildert?

Wer sich an diese Liste hält und in Ruhe einmal alle Räumlichkeiten im Unternehmen begeht (auch Keller- und Dachbereiche, Lager, Garagen usw.), der wird sicherlich die eine oder andere gefährliche Schwachstelle aufdecken. Für weitergehende und individuelle Beratungen stehen darauf spezialisierte Ingenieurbüros zur Verfügung.

4.4 Ergonomie am Arbeitsplatz

Der Begriff Ergonomie ist abgeleitet von den beiden griechischen Wörtern „ergon" für Arbeit und „nomos" für Gesetz/Regel. Unter Ergonomie versteht man das interdisziplinäre Wissenschaftsgebiet , das sich mit dem Zusammenwirken von Mensch, Arbeit und Technik beschäftigt. Die Ergonomie ist ein wichtiger Teil im Bereich des Arbeits- und Gesundheitsschutzes. Neben der Ergonomie ist aber auch der Mensch in seiner Komplexität bei der Gestaltung von Arbeitsplätzen und Arbeitssicherheit zu beachten.

Einen erheblichen Einfluss können unter Umständen Ernährungs-, Umwelt- und bewegungsbedingte sowie psychische Faktoren haben. Es dürfte unumstritten sein, dass die körperliche und geistige Fitness einen erheblichen Anteil daran hat, Unfälle zu vermeiden und die Arbeitskraft zu erhalten (menschliches Versagen). Hierbei sind die Rahmenbedingungen zwar von den Arbeitgebern zu schaffen, aber auch der Arbeitnehmer sollte erkennen, in welchem Maße er selbst die Verantwortung und die Aufgabe hat, zum Erhalt seiner Arbeitskraft und zur Vorbeugung von Unfällen beizutragen.

Daher sollte man den Mitarbeitern möglichst viele Faktoren aufzeigen, die auf diese Gesamtsituation Einfluss nehmen können, und mit ihnen zusammen die Ursachen für bestimmte Probleme eruieren. Denn nur wenn Ursachen erkannt werden, können sie auch behoben werden. Somit sollten unter Umständen auch andere Fachbereiche in eine sinnvolle Betreuung und Beratung miteinbezogen werden, wie z.B.:

- Ernährungsberatung,
- medizinische Trainingstherapie,
- Lebensberatung.

Unter Einbeziehung von Erkenntnissen anderer Wissenschaftsgebiete wie Medizin, Biologie, Arbeitsphysiologie und -psychologie strebt die Ergonomie die menschengerechte Gestaltung der Arbeit an. Hierbei steht unter anderem die Wechselbeziehung zwischen Technik und Mensch im Vordergrund. Folgende Parameter sollten regelmäßig von der Fachkraft für Arbeitssicherheit überprüft werden:

4.4.1 Bildschirmarbeitsplätze

An Bildschirmarbeitsplätzen passieren weniger spektakuläre Unfälle, wohl aber entstehen dort gesundheitliche Probleme, die oft erst nach Jahren auffallen und dann langfristig für Probleme und somit für Kosten sorgen. Deshalb ist es wichtig, hier präventiv tätig zu werden.

- Ist die Bildschirmgröße für die Arbeitsaufgabe geeignet?
- Kann die Bildschirmarbeit bei unverdrehter, entspannter Kopf- und Körperhaltung und „gerader Ausrichtung" des Körpers vor dem Arbeitstisch ausgeführt werden?
- Ist der Bildschirm durch richtige Aufstellung frei von Reflexionen und Spiegelungen?
- Ist vor der Tastatur genügend Arbeitsfläche frei, sodass ein Auflegen der Handballen möglich ist?

- Die auf dem Bildschirm dargestellten Zeichen müssen scharf, deutlich und ausreichend groß sein sowie einen angemessenen Zeichen- und Zeilenabstand haben.
- Das auf dem Bildschirm dargestellte Bild muss stabil und frei von Flimmern sein; es darf keine Verzerrungen aufweisen.
- Die Helligkeit der Bildschirmanzeige und des Kontrasts zwischen Zeichen und Zeichenuntergrund auf dem Bildschirm müssen einfach einstellbar sein und den Verhältnissen der Arbeitsumgebung angepasst werden können.
- Der Bildschirm muss frei von störenden Reflexionen und Blendungen sein.
- Das Bildschirmgerät muss frei und leicht drehbar und neigbar sein.
- Die Tastatur muss vom Bildschirmgerät getrennt und neigbar sein, damit die Benutzer eine ergonomisch günstige Arbeitshaltung einnehmen können.
- Die Tastatur und die sonstigen Eingabemittel müssen auf der Arbeitsfläche variabel angeordnet werden können. Die Arbeitsfläche vor der Tastatur muss ein Auflegen der Hände ermöglichen.

Abb. 4.3 Optimale Ergonomie für konventionelle Bildschirme (Quelle: Office Plus GmbH)

- Die Tastatur muss eine reflexionsarme Oberfläche haben.
- Form und Anschlag der Tasten müssen eine ergonomische Bedienung der Tastatur ermöglichen. Die Beschriftung der Tasten muss sich vom

Untergrund deutlich abheben und bei normaler Arbeitshaltung lesbar sein.

- Der Arbeitstisch bzw. die Arbeitsfläche muss eine ausreichend große und reflexionsarme Oberfläche besitzen und eine flexible Anordnung des Bildschirmgeräts, der Tastatur, des Schriftguts und der sonstigen Arbeitsmittel ermöglichen. Ausreichender Raum für eine ergonomisch günstige Arbeitshaltung muss vorhanden sein. Ein separater Ständer für das Bildschirmgerät kann verwendet werden.

- Der Arbeitsstuhl muss ergonomisch gestaltet und standsicher sein.

- Der Vorlagenhalter muss stabil und verstellbar sein sowie so angeordnet werden können, dass unbequeme Kopf- und Augenbewegungen soweit wie möglich eingeschränkt werden.

- Eine Fußstütze ist auf Wunsch zur Verfügung zu stellen, wenn eine ergonomisch günstige Arbeitshaltung ohne Fußstütze nicht erreicht werden kann.

- Am Bildschirmarbeitsplatz muss ausreichender Raum für wechselnde Arbeitshaltungen und Arbeitsbewegungen vorhanden sein.

- Die Beleuchtung muss der Art der Sehaufgabe entsprechen und an das Sehvermögen der Benutzer angepasst sein; dabei ist ein angemessener Kontrast zwischen Bildschirm und Arbeitsumgebung zu gewährleisten. Durch die Gestaltung des Bildschirmarbeitsplatzes sowie Auslegung und Anordnung der Beleuchtung sind störende Blendwirkungen, Reflexionen oder Spiegelungen auf dem Bildschirm und den sonstigen Arbeitsmitteln zu vermeiden.

- Bildschirmarbeitsplätze sind so einzurichten, dass leuchtende oder beleuchtete Flächen keine Blendung verursachen und Reflexionen auf dem Bildschirm soweit wie möglich vermieden werden. Die Fenster müssen mit einer geeigneten verstellbaren Lichtschutzvorrichtung ausgestattet sein, durch die sich die Stärke des Tageslichteinfalls auf den Bildschirmarbeitplatz vermindern lässt.

- Bei der Gestaltung des Bildschirmarbeitsplatzes ist dem Lärm, der durch die zum Bildschirmarbeitsplatz gehörenden Arbeitsmittel verursacht wird, Rechnung zu tragen, insbesondere um eine Beeinträchtigung der Konzentration und der Sprachverständlichkeit zu vermeiden.

- Die Arbeitsmittel dürfen nicht zu einer erhöhten Wärmebelastung am Bildschirmarbeitsplatz führen, die unzuträglich ist. Es ist für eine ausreichende Luftfeuchtigkeit zu sorgen.

- Die Strahlung muss – mit Ausnahme des sichtbaren Teils des elektromagnetischen Spektrums – so niedrig gehalten werden, dass sie für Sicherheit und Gesundheit der Benutzer des Geräts unerheblich ist.

- Die Grundsätze der Ergonomie sind insbesondere auf die Verarbeitung von Informationen durch den Menschen anzuwenden.

Bei Entwicklung, Auswahl, Erwerb und Änderung von Software sowie bei der Gestaltung der Tätigkeit an Bildschirmgeräten hat der Arbeitgeber den folgenden Grundsätzen insbesondere im Hinblick auf die Benutzerfreundlichkeit Rechnung zu tragen:

- Die Software muss an die auszuführende Aufgabe angepasst sein.
- Die Systeme müssen den Benutzern Angaben über die jeweiligen Dialogabläufe unmittelbar oder auf Verlagen machen.
- Die Systeme müssen den Benutzern die Beeinflussung der jeweiligen Dialogabläufe ermöglichen sowie eventuelle Fehler bei der Handhabung beschreiben und deren Beseitigung mit begrenztem Arbeitsaufwand erlauben.
- Die Software muss entsprechend den Kenntnissen und Erfahrungen der Benutzer im Hinblick auf die auszuführende Aufgabe angepasst werden können.
- Ohne Wissen der Benutzer darf keine Vorrichtung zur qualitativen oder quantitativen Kontrolle verwendet werden.
- Große Bildschirme sind für bestimmte Arbeiten von besonderer Bedeutung (d.h. mindestens 17 Zoll).
- Der Abstand zu den Bildschirmen soll mindestens 50 cm, möglichst noch mehr betragen.
- Eine individuelle Beleuchtung zur Raumbeleuchtung soll möglich sein.
- Wenn das Preis-Leistungs-Verhältnis stimmt, so sollten alle Arbeitsplätze mittelfristig mit Flachbildschirmen ausgestattet werden (damit ist ein individuellerer Abstand herzustellen).
- Die Schreibtischplatten sollten es ermöglichen, die Bildschirme individuell abzusenken.
- Die Bildschirme müssen hohe Qualitäten und individuelle Verstellmöglichkeiten (sowohl auf dem Terminal, als auch auf das Gehäuse bezogen) aufweisen.
- Es sind möglichst flimmerfreie 100-Hz-Monitore zu wählen.
- Das Glas des Bildschirms sollte entspiegelt und matt sein.
- Laptops sind auf Dauer als Arbeitsgeräte nicht zu erlauben.
- Das Tageslicht sollte seitlich einfallen.
- Die Schreibtischplatte muss ausreichend Tiefe besitzen.

4.4.2 Sonstige Arbeitsplätze

An Arbeitsplätzen, an denen nicht die typischen Büroschreibtische benutzt werden, kann es zu anders gearteten Unfällen kommen und deshalb sind hier andere Checklisten zu verwenden. Hier ist natürlich auch auf die Auswirkung von langjährigen Einwirkungen zu achten, die zu gesundheitlichen Problemen führen können – aber eben vermehrt auch auf Unfälle, die plötzlich zu Verletzungen führen.

- Wurde bei der Einrichtung des Arbeitsplatzes die Körpergröße berücksichtigt?
- Befinden sich alle wichtigen Arbeitsmittel, Bedien- und Stellteile innerhalb des Greifraumes, wurde das Blickfeld berücksichtigt?
- Sind alle Arbeitsmittel richtig eingestellt?
- Gibt es keine körperliche Über- oder Unterforderung?
- Ist für ausreichend körperliche und intellektuelle Abwechslung gesorgt?
- Bietet der Arbeitsraum genügend Fläche pro Arbeitsplatz (mindestens 1,5 m²)?
- Steht ausreichende Bewegungsfläche für Arbeitsbewegungen und wechselnde Arbeitshaltungen zur Verfügung?
- Ist die Beleuchtungsstärke am Arbeitsplatz ausreichend?
- Ist die Licht- und Helligkeitsverteilung gleichmäßig?
- Besitzen alle Lampen die gleiche Lichtfarbe?
- Herrschen am Arbeitsplatz angenehme Temperaturen?
- Ist eine angemessene Luftfeuchtigkeit gegeben?
- Wird störende Zugluft vermieden?
- Ist der Raum frei von störenden Lärmquellen?
- Haben Arbeitstische eine ausreichende Arbeitsfläche?
- Ermöglicht die Tischhöhe eine ergonomisch günstige Arbeitshaltung und ausreichende Beinfreiheit?
- Ist der Arbeitsstuhl kippsicher und ermöglicht er mit dem Arbeitstisch eine individuell anpassbare, ergonomisch günstige Arbeitshaltung?

4.5 Lärmschutz

Lärmgefährdung ist die Einwirkung von Lärm, die zur Beeinträchtigung der Gesundheit – insbesondere zu Gehörgefährdungen – führen kann oder zu einer erhöhten Unfallgefahr führt. Auch Lärmstress kann zu psychischen Erkrankungen führen. Die folgenden Fragen helfen, die Gefahr „Lärm" in Unternehmen zu beurteilen.

- Werden Arbeitsmaschinen auch unter dem Kriterium ausgesucht, welchen Geräuschpegel sie erzeugen bzw. emittieren?
- Wurde darauf hingewiesen, dass Lärm krank macht und Lärmschwerhörigkeit nicht heilbar ist?
- Wird störenden (z.B. monotonen, von der Frequenz her unangenehmen, plötzlichen) Geräuschen auf den Grund gegangen und die Ursachen abgestellt?
- Wird Lärmstress, der das Nervenkostüm belastet, soweit wie möglich vermieden?
- Werden beim Auftreten von Lärm bevorzugt technische Schutzmaßnahmen getroffen?
- Wird der Lärm möglichst schon an der Entstehungsstelle bekämpft?
- Werden starke Lärmerzeuger, soweit möglich, gekapselt oder in abgetrennten Räumen untergebracht?
- Sind Decken und Wände in lärmintensiven Arbeitsbereichen schallabsorbierend verkleidet?

Abb. 4.4 Gehörschutz ist bei entsprechenden Arbeiten Vorschrift (Quelle: Josef Meindl GmbH & Co.)

- Werden besonders lärmintensive Arbeitsplätze gegen die Umgebung abgeschirmt z.B. durch bewegliche Schallschutzwände?
- Sind die Arbeitsplätze bekannt, an denen störender oder belästigender Lärm auftritt?
- Steht allen Mitarbeitern ab Beurteilungspegeln von 85 dB(A) Gehörschutz zur Verfügung und wird dieser auch angewendet?

- Ist eine Betriebsanweisung, die den Gebrauch, die Aufbewahrung und die Reinigung von Gehörschützern regelt, erstellt?
- Werden alle Mitarbeiter, die in Lärmbereichen tätig sind, arbeitsmedizinisch regelmäßig überwacht?

4.6 Gefahrstoffe

Der Umgang mit Gefahrstoffen birgt eine Reihe von Gesundheitsgefahren für die Beschäftigten. Folgende Aspekte sind grundsätzlich zu beachten:

- Handelt es sich bei den Stoffen und Zubereitungen, mit denen im Arbeitsbereich, umgegangen wird, um Gefahrstoffe (§ 16 Abs. 1 GefStoffV)?
- Wird ein Verzeichnis aller im Arbeitsbereich verwendeten Gefahrstoffe geführt (§ 16 Abs. 3a GefStoffV, TRGS 420)?
- Sind im Betrieb für alle eingesetzten gefährlichen Stoffe und Zubereitungen aktuelle Sicherheitsdatenblätter vorhanden (§ 14 GefStoffV)?
- Wurde geprüft, ob sich auch weniger gefährliche Stoffe und Zubereitungen einsetzen lassen (§ 16 Abs. 2 GefStoffV)?

Abb. 4.5 Gasflaschen sind unabhängig vom Inhalt gegen Umfallen zu sichern

- Werden Dämpfe, Rauche und Stäube an der Entstehungsstelle erfasst (§ 19 Abs. 2 GefStoffV)?
- Steht bei Bedarf ausreichende und geeignete persönliche Schutzausrüstung zur Verfügung (§ 19 Abs. 5 GefStoffV)?
- Sind die verwendeten Gefäße geeignet (keine Lebensmittelbehältnisse) (§ 24 Abs. 2 GefStoffV)?
- Wurde für den Umgang mit Gefahrstoffen eine Betriebsanweisung erstellt (§ 20 Abs. 1 GefStoffV, TRGS 555)?
- Werden die Beschäftigten anhand der Betriebsanweisung vor der Beschäftigung und danach mindestens 1 mal jährlich mündlich und arbeitsplatzbezogen unterwiesen (§ 20 Abs. 2 GefStoffV)?
- Werden Nahrungs- und Genussmittel so aufbewahrt, dass sie mit Gefahrstoffen nicht in Berührung kommen (§ 22 Abs.1 GefStoffV)?
- Werden gefährliche Stoffe und Zubereitungen, die den Tagesbedarf überschreiten, außerhalb des Arbeitsbereiches gelagert (§ 24 Abs. 1 GefStoffV)?
- Werden im Betrieb Stoffe oder Zubereitungen eingesetzt bei denen die Gefahr einer krebserzeugenden Wirkung besteht und die mit dem Gefahrsymbol T „Giftig" und dem Hinweis auf besondere Gefahren „R 45: Kann Krebs erzeugen" oder „R 49: Kann Krebs erzeugen beim Einatmen" gekennzeichnet sind?
- Werden beim Umgang mit krebserzeugenden Gefahrstoffen alle zusätzlichen sicherheitstechnischen Maßnahmen eingehalten (GefStoffV)?
- Wird das Beschäftigungsverbot mit krebserzeugenden Gefahrstoffen für werdende Mütter eingehalten?

4.7 Umweltschutz

Der betriebliche Umweltschutz kann eine große Bandbreite freiwilliger und gesetzlich vorgeschriebener Maßnahmen zur Schonung unserer Umwelt und der natürlichen Ressourcen umfassen. Auch strategische und betriebsplanerische Entscheidungen können vom Umweltschutz beeinflusst werden. Ein moderner Betrieb organisiert und plant die betrieblichen Umweltschutzaktivitäten.

4.7.1 Gesetzliche Anforderungen

- Existiert im Betrieb ein Verzeichnis der wichtigsten umweltrechtlich relevanten Vorschriften?

- Ist es sinnvoll bzw. erforderlich, einen Mitarbeiter zu schulen?
- Wie ist das Bebauungsgebiet des Betriebsstandorts ausgewiesen?
- Liegt bei Übernahme alter Gewerbestandorte eine Nutzungsänderung nach BauNVO vor?
- Welche Lärmgrenzwerte gelten für den Standort?
- Ist eine Veränderung durch städtebauliche Überplanung zu erwarten, die den Betriebsstandort gefährden könnte?
- Besteht Wohnbebauung im Nahbereich des Betriebs?
- Könnten Nachbarschaftsbeschwerden durch Lärm-, Staub- oder Geruchsbelästigung ausgelöst werden?

Abb. 4.6 Unternehmen müssen vorhersehbare Umweltschäden konstruktiv vermeiden

- Werden genehmigungsbedürftige Anlagen nach BImSchG betrieben oder sollen im Rahmen einer Erweiterung entstehen?
- Können An- und Auslieferungen zu lärmbedingten Nachbarschaftskonflikten führen?
- Ist die Abfallsatzung der Standortgemeinde/des Zweckverbands bekannt?
- Liegt eine aktuelle Übersicht in Form eines Nachweisbuchs vor?
- Ist den Nachweispapieren eine Kopie des Genehmigungsbescheides des Regierungspräsidiums für den Entsorger beigefügt?
- Ist das Unternehmen verpflichtet, Abfallbilanzen und/oder Abfallkonzepte zu erstellen?
- Gibt es auf dem Betriebsgelände Bodenkontaminationen oder Altlasten?

- Müssen vorbeugende Maßnahmen gegen die Entstehung von Altlasten ergriffen werden?
- Welche Gefahrstoffe werden im Betrieb verwendet, gelagert oder transportiert?
- Gibt es ein Gefahrstoffverzeichnis im Betrieb?
- Müssen Technische Regeln für den Umgang mit Gefahrstoffen (TRGS) beachtet werden?
- Müssen bestimmte Arbeiten beim Gewerbeaufsichtsamt angezeigt werden?
- Liegt der Betrieb in einem Wasserschutzgebiet?
- Ist eine Einleitungsgenehmigung für das betriebliche Abwasser durch den Abwassernetzbetreiber erteilt worden und eine Anzeige über die Abwassereinleitung bei der unteren Wasserbehörde erfolgt?
- Liegt eine Erlaubnis zum Einleiten des betrieblichen Abwassers in ein Gewässer vor (Direkteinleiter)?

4.7.2 Organisatorische Umsetzung

- Gibt es eine verantwortliche Person für den Bereich Umweltschutz?
- Gibt es bereits innerbetriebliche Regelungen oder Anweisungen zum Umweltschutz?
- Kann Umweltschutz ein Geschäftsfeld des Unternehmens werden?
- Haben sich Kunden bzw. Auftraggeber bereits für Umweltschutzmaßnahmen im Unternehmen interessiert bzw. Fragen nach Umwelteigenschaften der Produkte gestellt?
- Welche vorbeugenden Maßnahmen technischer oder organisatorischer Art können getroffen werden?
- Sind besondere Abluftanlagen erforderlich und bautechnisch auf dem Grundstück zu realisieren?
- Können Zufahrten anders gelegt werden?
- Sind lärmintensive Ladetätigkeiten oder produktive Arbeiten im Freien vorgesehen?
- Sind die wichtigsten Regelungen der Abfallgesetzgebung bekannt?
- Welche Abfälle entstehen im Betrieb in welchen Mengen?
- Welche Abfälle sind von der kommunalen Entsorgungspflicht ausgenommen?
- Wie kann die Entsorgung der ausgenommenen Abfälle erfolgen?
- Welche Behältnisse sind für die Lagerung und die getrennte Sammlung erforderlich?
- Wie hoch sind die Entsorgungskosten?

- Können die Abfälle einer Verwertung zugeführt werden?
- Existieren im Unternehmen Vermeidungspotentiale für bestimmte Abfälle?
- Können die Stoffe durch weniger gefährliche ersetzt werden?
- Gibt es im Unternehmen Betriebsanweisungen für den Umgang mit Gefahrstoffen?
- Sind die erforderlichen Schutzmittel und persönlichen Schutzausrüstungen für die Arbeitnehmer vorhanden?
- Welche wassergefährdende Stoffe finden im Betrieb Verwendung?
- Fällt schadstoffbelastetes Abwasser an?
- Wird eine eigene Abwasserbehandlungsanlage betrieben?
- Gibt es eine verantwortliche Person für die Eigenkontrolle dieser Anlage?
- Werden wassergefährdende Stoffe gelagert und entspricht die Lagerung dem Vorsorgegrundsatz nach Wasserhaushaltsgesetz bzw. den Bestimmungen der VAwS?
- Wurde ein Wartungsvertrag mit einem Fachbetrieb abgeschlossen?
- Besteht die Möglichkeit von Wassersparmaßnahmen, zum Beispiel durch Regenwassernutzung, Kondensat- Rückgewinnung, Kreislaufführung?

4.8 Abfall

In jedem Betrieb fallen Abfälle in kleineren oder größeren Mengen an. Die Zusammensetzung der Abfallstoffe kann sehr unterschiedlich sein. Die Bestimmungen des Abfallrechts schreiben im Prinzip eine getrennte Erfassung und Verwertung bzw. schadlose Beseitigung von Abfällen vor. Aus Gründen der Rechtssicherheit aber auch der Wirschaftlichkeit muss die betriebliche Entsorgung organisiert und überwacht werden. Die folgende Fragen/Checkliste werden in gesetzliche Anforderungen und Umsetzung im Unternehmen gegliedert:

4.8.1 Gesetzliche Anforderungen und Bestimmungen

- Gelten das Kreislaufwirtschafts/Abfallgesetz mit Verordnungen und Verwaltungsvorschriften, TA Abfall etc.?
- Sind alle Entsorger und Transporteure zugelassen und wurden zu ihrer Genehmigung befragt?
- Sind die eingesetzten Transportmittel (stoffspezifisch) zugelassen?

- Wird der gesetzlichen Verpflichtung entsprochen, den Weg der Abfälle von der Entsorgung bis zur Beseitigung lückenlos zu verfolgen?
- Ist eine Beschreibung der Entsorgungswege bis zur endgültigen Entsorgung oder Wiederverwertung vorhanden?
- Wird zu diesem Zweck intern ein Nachweisbuch über die Entsorgung anhand von Begleitpapieren geführt?
- Liegt ein Gesamtentsorgungskonzept mit Genehmigungen, Organisationsspiegel etc. vor?
- Wurde dies mit der zuständigen Behörde abgesprochen oder von dieser genehmigt?
- Sind betriebseigene Entsorgungs- oder Wiederaufarbeitungsanlagen genehmigungspflichtig und liegen diese Genehmigungen vor?
- Werden etwaige Auflagen voll erfüllt?
- Ist ein detailliertes Abfall- und Reststoffkataster vorhanden, in dem alle Stoffarten getrennt erfasst sind?
- Wurde eine Einteilung nach Deponieklassen vorgenommen?
- Liegt eine Annahmeerklärung des Entsorgers vor?

Abb. 4.7 Abfall darf nicht brandgefährlich gelagert werden

4.8.2 Organisatorische Umsetzung

- Sind den Verantwortlichen die gesetzlichen Bestimmungen bekannt?
- Gibt es einen Betriebsbeauftragten für Abfall und welchen Handlungsspielraum hat er?
- Ist mit den Entsorgungsunternehmen eine Versicherungspflicht als Absicherung gegen Folgeschäden wegen unsachgemäßer Entsorgung vereinbart worden?
- Ist dieses Konzept innerbetrieblich ausführlich dokumentiert und an die betroffenen Personen verteilt worden?
- Ist für jede Stoffart eine genaue Beschreibung vorhanden?
- Ist eine mengenmäßige Beschreibung der Abfall- und Reststoffströme erfolgt bzw. möglich?
- Welche Abfälle und Reststoffe, inkl. aller Zwischenstufen, fallen an welchen Produktionseinheiten in welcher Höhe an?
- Welche Eigenschaften haben diese Abfälle und Reststoffe und warum fallen diese an?
- Durch welche Produktionsverfahren fallen welche Stoffe an?
- Fallen die Stoffe fest, flüssig, gasförmig oder als Gemisch an?
- Gibt es zu den jeweiligen Verfahren umweltfreundlichere Alternativen?
- Existiert eine betriebseigene Behandlungsanlage für Abfälle und Reststoffe?
- Welche Stoffe werden vorbehandelt und ist der Wirkungsgrad der Anlage durch Analysen vor und nach der Behandlung belegt?
- Sind Unterlagen bzw. Genehmigungen zu diesen Anlagen vorhanden?
- Werden die Bestimmungen voll und dauerhaft eingehalten?
- Erfolgt eine getrennte Sammlung von Abfällen und Reststoffen und erfolgt diese sortenrein nach Stoffen getrennt?
- Nach welchen Kriterien wird sortiert bzw. getrennt gesammelt?
- Welche Stoffe werden wo gesammelt und gelagert?
- Welche innerbetrieblichen Schadstoffsammelstellen gibt es?
- Werden kompostierbare Abfallbestandteile getrennt gesammelt?
- Wie ist die Sammlung und die Behälterbereitstellung und -entleerung organisiert?
- Ist ein Missbrauch von Abfall- und Reststoffen und deren Behältern weitestgehend ausgeschlossen?
- Wie gut sind die Sammelstellen im Betrieb gekennzeichnet?
- Welche Abfälle und Reststoffe werden über welche Systeme entsorgt?
- Werden die Stoffe in den jeweiligen Börsen und Infosystemen angeboten?

- Erfolgt eine Überprüfung der Wirksamkeit dieser Entsorgungswege bzw. wird die Seriosität und die Entsorgungsmethode der Entsorgungsunternehmen geprüft?
- Halten sich die Entsorger an eigene behördliche Auflagen und wird deren Einhaltung stichprobenartig überprüft?
- Sind die derzeitigen Entsorgungswege und -methoden noch Stand der Technik bzw. entsorgungssicher?
- Ist eine innerbetriebliche Entsorgung oder Wiederverwertung möglich?
- Sind die Entsorgungskapazitäten längerfristig (fünf Jahre) gewährleistet oder sind Ausfälle oder Engpässe bei bestimmten Stoffen zu erwarten?
- Sind getrennte Verträge für Entsorger und Transporteure geschlossen worden?
- Gibt es eine Möglichkeit die Abhängigkeit vom Entsorgungsmarkt zu reduzieren?
- Sind innerbetriebliche Notfallpläne für den Bereich vorhanden und sind diese jederzeit zugänglich bzw. liegen an den dafür vorgesehenen Stellen aus?
- Wie häufig werden diese Pläne überprüft und welche Stoffe werden berücksichtigt?
- Welche Abfälle und Reststoffe werden bis zur Entsorgung innerbetrieblich gelagert?
- Wo werden welche Stoffe in welchen Mengen gelagert?
- Ist diese Lagerung von der Neuwarenlagerung getrennt?
- Sind die risikoärmsten Entsorgungsgebindearten gewählt worden?
- Sind diese für den jeweiligen Stoff zugelassen?
- Werden belastete bzw. kontaminierte Abfälle und Reststoffe entsprechend gekennzeichnet und gesichert?
- Sind etwaige Unfallberichte bzgl. Abfällen und Reststoffen nach Ursachen und Produktionsbereichen gegliedert?
- Sind betriebsinterne Mess- und Analysenpläne vorhanden?
- Wie häufig werden welche Parameter kontrolliert und sind die geprüften Parameter ausreichend?
- Erfolgt eine regelmäßige Überprüfung der Mess- und Analysenpläne?
- Wo und von wem werden die Messergebnisse dokumentiert?
- Sind von allen Abfällen und Reststoffen die Inhaltsstoffe bekannt?
- Erfolgen die Analysen entsprechend den Konzeptfestlegungen?
- Ist evtl. anfallender Klärschlamm auf seine Deponierfähigkeit und anfallender Bauschutt auf eine evtl. Umweltgefährdung hin untersucht worden?
- Sind Abfall- oder Reststoffanteile biologisch abbaubar?

- Welche Stoffe werden im Betrieb selbst wiederverwertet und in welcher Menge?
- Werden kompostierbare Anteile intern verwertet oder werden sie einer Kompostierungsanlage zugeführt?
- Wurden andere Produktionsverfahren oder Herstellungswege überprüft?
- Ist das Produktionsverfahren abfallseitig noch zu verbessern, z.B. durch Feineinstellung von Maschinen und Dosierungen?
- Ist eine Produktionsverlagerung in einen anderen Betrieb mit besseren Wiederverwertungsmöglichkeiten denkbar?
- Wurde eine Produktänderung auf etwaige Einsparungen hin untersucht?
- Ist eine Verringerung der Zahl und der Gesamtmenge von Kunststoffen angestrebt?
- Wird nach Verwertungsmöglichkeiten für Abfälle gesucht bzw. können diese wieder in der Produktion eingesetzt werden, u.U. nach einer internen Wiederaufarbeitung?
- Wird eine Überprüfung auf Wiederverwendung bei den Abfällen und Reststoffen durchgeführt? Wie oft?
- Ist mit Lieferanten und Kunden ein Pfand- und Rückgabesystem vereinbart?
- Können von Kunden zurückgewonnene Produkte und Verpackungsreste bzw. Verpackungen von Roh- und Hilfsstoffen wiederverwertet werden?
- Können Wertstoffe aus Abfällen zurückgewonnen werden?
- Erfolgt eine Wiederverwertung von Büroabfällen?
- Wird die Beratung eines kommunalen Abfallberaters oder eines Ingenieurbüros in Anspruch genommen?

4.9 Flucht- und Rettungsmöglichkeiten

Wenn es brennt, sind Menschenleben gefährdet. Um sich rechtzeitig in Sicherheit zu bringen, kommt den Flucht- und Rettungswegen eine besondere Bedeutung zu.

4.9.1 Grundlegende Überlegungen

- Es sind genügend und ausreichend breite Flucht- und Rettungswege vorhanden.

- Die Flucht- und Rettungswege sind im gesamten Verlauf in der erforderlichen Breite frei von jeglichem Lagergut, Möbeln, Kopierern oder sonstigem brennbarem Material.
- Notausgänge und Rettungswege sind durch lang nachleuchtende Schilder gekennzeichnet oder mit funktionierender Sicherheitsbeleuchtung ausgestattet.
- Alle erforderlichen Türen, Notausgänge und -ausstiege sind jederzeit leicht von innen ohne fremde Hilfsmittel zu öffnen.
- Brand- und Rauchschutztüren sind nicht verkeilt.
- Ein Alarmplan ist vorhanden und die Mitarbeiter sind darin unterwiesen.
- Ein Flucht- und Rettungswegplan ist sofern erforderlich (§ 55 Arbeitsstättenverordnung – ArbStättV) erstellt und ausgehängt.
- Die Flucht- und Rettungswege sind den Beschäftigten bekannt.
- Es werden regelmäßig Räumungsübungen durchgeführt.
- Es sind Beauftragte bestimmt, die die Räumungsübungen bzw. die Räumung im Ernstfall organisieren (sog. Geschossbeauftragte).
- Behinderte Personen werden bei der Räumung betreut.
- Die Aufzüge werden im Brand- und Räumungsfall stillgesetzt (Notfallsteuerung), und es wird auf das Benutzungsverbot hingewiesen.

4.9.2 Räumungsübungen durchführen

- Prüfen der Gebäudebelegung, um die Terminierung günstig zu legen
- Führenden Mitarbeitern Terminvorschläge unterbreiten
- Information der Mitarbeiter über Art und Sinn der Räumungsübung
- Information der leitenden Mitarbeiter über den exakten Termin
- Stockwerkbeauftragte festlegen
- Übungsbeobachter festlegen
- Krisenstab informieren
- Beobachter einweisen
- Behörden informieren, ggf. mit einbinden
- Nachbarn informieren
- Vorher und/oder hinterher über Räumungsübungen in Hauszeitungen bzw. Rundschreiben informieren
- Telefonanlage vorab nach den Wünschen und Möglichkeiten umstellen
- Ein möglicher Fragebogen für Stockwerksbeauftragte und Übungsbeobachter kann beinhalten:

  – Adressat (Name, Funktion), Datum, Gebäudebezeichnung, Etage, Telefonnummer

- Aufenthaltsort zum Zeitpunkt der Alarmauslösung
- Alarmzeichen optisch und/oder akustisch gut wahrnehmbar?
- Eventuelle Durchsagen: Verständlich, hörbar?
- Haben sich alle Mitarbeiter an der Räumung/Proberäumung beteiligt?
- Mussten Sie Mitarbeiter zum Verlassen des Gebäudes auffordern?
- Wenn „ja", wurde Ihre Aufforderung befolgt?
- Wie viele Sekunden vergingen, bis die ersten Flüchtenden den Fluchttreppenraum erreichten (Schätzung): Ca. ...... Sekunden
- Waren Menschenstauungen zu beobachten?
- Wenn „ja", bitte näher beschreiben bzw. die vermutliche Ursache!
- Gab es Anzeichen von Hektik/Panik?
- Welche besonderen Vorkommnisse haben Sie sonst noch beobachtet?
- Wie viel Minuten vergingen bis Ihr Bereich überprüft war?
- Welche Verbesserungsvorschläge haben Sie?

• Als Ergänzungsbogen nur für die Übungsbeobachter kann verwendet werden:

- Name/Funktion, Ort, Datum, Gebäude, Etage, Telefonnummer und Datum der Räumungsübung
- Welche Gebäudebereiche haben Sie während der Räumung beobachtet: Wurden auch die Toiletten vom Stockwerksbeauftragten kontrolliert?
- Wurden auch Sie aufgefordert das Gebäude zu verlassen?
- Wurden die Fluchtwege/Fluchttreppenhäuser benutzt?
- Wenn nein, bitte näher beschreiben, warum möglicherweise nicht.
- Wurden Aufzüge als Fluchtwege benutzt?
- Haben Sie die Anwesenheit von Ersthelfern bemerkt?
- Wenn ja, bitte näher beschreiben warum.
- Haben Sie Anzeichen von Unsicherheit oder Ähnlichem bei Stockwerksbeauftragten bzw. Krisenstab bemerkt?
- Wenn ja, bitte näher beschreiben.
- Wie war das Verhalten auf den Sammelplätzen?
- Wie war das Verhalten des Krisenstabs/der Mitarbeiter in der Sicherheitsleitstelle?

• Vor einer Übung, bis hin zum Ablauf der Übung:

- Fluchtwege überprüfen,
- Detaillierten Zeitplan festlegen,
- Krisenstabalarm auslösen,
- Krisenstabmitglieder sammeln,

- Räumung einleiten,
- Beobachtungspunkte einnehmen,
- Alarm auslösen,
- Sicherheitsdienst informieren.

- Nach einer Übung:
  - Verplombungen an Fluchttüren wieder anbringen,
  - Austeilen von neuen Blanko-Checklisten,
  - Krisenstab zusammenrufen und befragen,
  - Abschlußbericht erstellen,
  - Personal über die Übung bzw. den Erfolg und mögliche Änderungen in deren Verhaltensweisen informieren,
  - Stockwerkbeauftragte darüber hinaus zusätzlich und detaillierter informieren.

4.10 Sicherheit bei Bauarbeiten

Der § 6 der BaustellV sagt aus, dass zur Gewährleistung von Sicherheit und Gesundheitsschutz der Beschäftigten alle auf der Baustelle tätigen Personen bei den Arbeiten die Arbeitsschutzvorschriften einzuhalten haben. Sie haben die Hinweise des SIGE-Koordinators sowie den SIGE-Plan zu berücksichtigen; dies gilt auch für Arbeitgeber, die sich auf der Baustelle aufhalten. Insbesondere bedeutet dies, Schutzhelme, ggf. Schutzkleidung und Schutzschuhe zu tragen Wer durch eine vorsätzliche Handlung Leben oder Gesundheit eines Beschäftigten gefährdet, ist nach § 26 Nr. 2 des Arbeitsschutzgesetzes strafbar. Im Nachfolgenden erfolgt ein Auszug der wesentlichen Vorschriften, die auf Baustellen einzuhalten sind:

- § 11 MBO: Baustellen sind so einzurichten, dass bauliche Anlagen ordnungsgemäß errichtet, geändert, abgebrochen oder instandgehalten werden und dass keine Gefahren, vermeidbare Nachteile oder vermeidbare Belästigungen entstehen.
- § 5 BGV C 22: Personen, die Sicherungsaufgaben wahrnehmen, z.B. Warnposten, Absperrposten, Sicherungsposten und Einweiser müssen das 18. Lebensjahr vollendet haben, sie müssen zuverlässig die übertragenen Sicherungsaufgaben erfüllen und dürfen keine anderen Aufgaben ausführen.
- § 5 und § 6 BaustellV, § 2 BGV A 1: Bei der Ausführung eines Bauwerks sind Grundsätze zur Gefahrenverhütung anzuwenden, z.B. Aufrechthaltung von Ordnung und Sauberkeit; Wahl des sicheren Standorts der Arbeitsplätze; Bedingungen der sicheren Handhabung von Materia-

lien; regelmäßige Kontrolle des sicherheitstechnischen Zustands der Anlagen und Einrichtungen; Abgrenzung und Einrichtung von Lagerbereichen, insbesondere für Gefahrstoffe; sichere Entsorgung von Gefahrstoffen; Lagerung und Entsorgung von Abfällen und Schutt; Zusammenarbeit zwischen Arbeitgebern und Selbständigen; Beachtung von
Wechselwirkungen zu betrieblichen Tätigkeiten, in deren Nähe die Baustelle liegt.

- § 5 und § 6 BaustellV, § 2 BGV A 1: Die Verantwortung der bauausfüh-
renden Firmen für die eigenen Beschäftigten bleibt trotz des SIGE-
Koordinators bestehen.
- § 5 und § 6 BaustellV, § 2 BGV A 1: Arbeitgeber sind verpflichtet,
Maßnahmen zum Schutz der Beschäftigten zu ergreifen, die mit den
Festlegungen im SIGE-Plan übereinstimmen und die Hinweise des
SIGE-Koordinators zu berücksichtigen.
- § 5 und § 6 BaustellV, § 2 BGV A 1: Selbständige und Arbeitgeber, die
selbst eine berufliche Tätigkeit auf der Baustelle ausüben, haben die
Grundsätze zur Sicherheit und zum Gesundheitsschutz zu beachten und
die Hinweise des SIGE-Koordinators zu berücksichtigen.
- § 5 und § 6 BaustellV, § 2 BGV A 1: Die Baustelleneinrichtungen soll
nach der Baustellenordnung erfolgen (Unterlagen, Pläne).
- ArbStättV: Bedingungen zur Erstellung von sanitären und anderen sozialen Einrichtungen sind der Arbeitsstättenverordnung zu entnehmen;
hier sind auch Benutzung und Vorgaben geregelt.
- ArbStättV: Die Lagerung von Baustoffen und Bauteilen, Stellplätze für
Maschinen und Geräte, Kraneinsätze, Baustellenschilder, Aushänge
usw. sind ebenfalls bei der Baustelleneinrichtung festzulegen.
- § 12 (1) BGV C 22, § 44 (1) ArbStättV: Absturzsicherungen müssen an
folgenden Orten vorhanden sein: an und über Wasser oder anderen Stoffen, in denen man versinken kann; bei mehr als 1 m Absturzhöhe an
freiliegenden Treppenläufen und -absätzen, Wandöffnungen sowie Be-
dienständen und deren Zugängen; bei mehr als 2 m Absturzhöhe an allen übrigen Arbeitsplätzen und Verkehrswegen; bei mehr als 3 m Absturzhöhe auf Dächern; bei mehr als 5 m Absturzhöhe beim Mauern
über Hand und bei Arbeiten an Fenstern.
- § 12 (2, 3, 8) BGV C 22: Können keine Absturzsicherungen verwendet
werden, so müssen an deren Stelle Auffangeinrichtungen vorhanden
sein: näheres ist in der DIN 4420 und in den ZH1/-Regelwerk 534, 560
und 584 nachzulesen.
- § 12 (4, 5, 6) BGV C 22: Absturzsicherungen sind bei Arbeiten auf der
Leiter nicht erforderlich (jedoch empfehlenswert), wenn die Absturzhöhe der zulässigen Standhöhe ($\leq$ 7 m) der Leiter nicht überschreitet; Ab-

sturzsicherungen sind unabhängig von der Absturzhöhe nicht erforderlich, wenn Arbeitsplätze oder Verkehrswege von tragfähigen ausreichend großen Flächen max. 0,3 m entfernt sind, oder innerhalb gemauerter Schornsteine o. ä. mindestens 0,25 m unter der Mauerkrone liegen oder auf Flächen mit weniger als 20 ° Neigung und in mindestens 2 m Abstand von der Absturzkanten fest abgesperrt sind.

- § 12a BGV C 22 und § 44 (1) ArbStättV: Das Vorhandensein von Schutzeinrichtungen an Bodenöffnungen, Vertiefungen, Decken- und Dachöffnungen, die ein Hineintreten, Hineinfallen oder Abstürzen verhindern, sind zwingend erforderlich.
- § 16 BGV C 22: Vor Beginn der Bauarbeiten sind durch den Unternehmer im vorgesehenen Arbeitsbereich die Gefährdungen für die Arbeitnehmer zu ermitteln (Strom, Absturz usw.); bei unvermutetem Antreffen von Gefahren sind die Bauarbeiten unverzüglich zu unterbrechen und die Aufsichtsführenden sowie der SIGE-Koordinator zu verständigen.
- § 4 (2) BGV C 22), ZH/1600.26, ZH1/606, ZH1/701, TrgA 415: Der Arbeitgeber hat seinen Beschäftigten Arbeitsschutzkleidung und Arbeitsschutzausrüstungen zur Verfügung zu stellen, wenn diese zum Erhalt oder zur Gewährleistung der Gesundheit notwendig sind. Typische Beispiele hierfür sind Atemschutz, Wärmeschutzkleidung, Hitzeschutzkleidung, Schutzschuhe, Schutzhandschuhe, Schutzhelme, Lärmschutz, Augenschutz, Absturzsicherungen.

Um die Fremdbrandstiftung weitgehend zu unterbinden, sind ein paar grundlegende Maßnahmen nötig. Vorab muss man wissen, dass solche Brandstifter meist nicht gezielt gegen eine Baustelle vorgehen, sondern dort nur deshalb Brände legen, weil sich die Gelegenheit ergeben hat und die örtlichen Umstände sie nicht besonders gehindert haben. Zur Vermeidung von Brandstiftung empfiehlt sich:

- ein mindestens zwei Meter hoher Bauzaun, stabil und hermetisch, d.h. ohne Lücken,
- Bewachung,
- auffällige Hinweise auf die Bewachung,
- Beleuchtung der Baustelle,
- gut abgesicherte Toreinfahrten und Zugänge,
- keine leicht einsehbaren Hilfsmittel (Leitern, Gasflaschen usw.),
- eine nachts aufgeräumte Baustelle, von der brennbare Abfälle möglichst entfernt sind,
- keine Müllcontainer an und in Gebäuden,
- keine brennbaren Gegenstände beliebiger Art direkt hinter dem Zaun zur öffentlichen Straße.

5 Prüfpflichtige Anlagen und Geräte

Bei der Prüfung von Arbeitsmitteln wird zwischen Baumusterprüfung (Typprüfung) und Einzelprüfung (Stückprüfung) unterschieden. Mit einer Baumusterprüfung wird die Tauglichkeit einer Serie von gleichen Arbeitsmitteln für den Betriebszweck geprüft. Sie umfasst die Prüfung eines einzelnen Geräts (Muster) aus einer Serie von baugleichen Erzeugnissen einschließlich der Konstruktionsunterlagen durch eine anerkannte Prüfstelle. Bei der anschließenden Serienproduktion obliegt dem Hersteller die Verantwortung für die Einhaltung der Eigenschaften des Baumusters.

Die Prüfstellen behalten sich vertraglich stichprobenartige Überprüfungen von Einzelstücken auf Übereinstimmung der Serienproduktion mit dem Baumuster vor (Produktionsüberwachung) oder prüfen zusätzlich das Qualitätssicherungssystem des Herstellers. Etwaige Mängel nach Fertigstellung, z.B. Transportschäden, werden von der Baumusterprüfung nicht erfasst. Baumusterprüfungen sind i.Allg. freiwillig, für bestimmte Arbeitsmittel sind sie allerdings vorgeschrieben, z.B. für bestimmte gefährliche Maschinen (siehe Anhang IV der EG-Maschinen-Richtlinie), die nicht nach harmonisierten Normen (Europäische Normung) gebaut sind, und für persönliche Schutzausrüstungen der Kategorien II und III. Die harmonisierten Normen werden vom BMA in Verzeichnissen zum Gerätesicherheitsgesetz bekannt gemacht.

In vielen Unfallverhütungs- und staatlichen Arbeitsschutzvorschriften sind darüber hinaus Einzelprüfungen (Stückprüfung) der Arbeitsmittel vor der ersten Inbetriebnahme, nach Änderungen und Instandsetzungen sowie in regelmäßigen Abständen vorgeschrieben. Dies gilt z.B. für Druckbehälter, Anschlagmittel und Flurförderzeuge.

Solche Einzelprüfungen werden zumeist von Sachkundigen oder Sachverständigen vorgenommen und umfassen je nach Art zahlreiche Maßnahmen von der Kontrolle der Baupläne über eine Prüfung des Arbeitsmittels und seiner Aufstellung bis hin zu Detailuntersuchungen.

Darüber hinaus wird vielfach eine Prüfung und Besichtigung der benutzten Einrichtungen vor dem Gebrauch durch vom Unternehmer beauftragte Personen oder durch die Benutzer der Einrichtungen verlangt, beispielsweise durch den Maschinenführer, die Elektrofachkraft oder den

Aufsichtführenden. Die von einzelnen Berufsgenossenschaften herausgegebenen Prüflisten sollen den Vorgesetzten oder Beschäftigten, aber auch den Fachkräften für Arbeitssicherheit und Sicherheitsbeauftragten für solche Prüfungen als Arbeitshilfe dienen. Mit ihrer Hilfe können die innerbetriebliche Überwachung der Einrichtungen und Anlagen durchgeführt und sicherheitstechnische Mängel aufgedeckt werden.

5.1 Qualifikation des Prüfers

Auf dem Gebiet der Arbeitssicherheit haben Sachkundige und Sachverständige die Aufgabe, bestimmte Einrichtungen, technische Arbeitsmittel und Geräte auf Einhaltung der Schutzvorschriften zu prüfen.

Sachkundiger ist, wer aufgrund seiner fachlichen Ausbildung und Erfahrung ausreichende Kenntnisse auf dem Gebiet der zu prüfenden Einrichtung hat und mit den einschlägigen staatlichen Arbeitsschutzvorschriften, Unfallverhütungsvorschriften, Richtlinien und allgemein anerkannten Regeln der Technik (z.B. DIN-Normen, VDE-Bestimmungen, technische Regeln der EU-Staaten oder anderer Vertragsstaaten des Abkommens über den Europäischen Wirtschaftsraum) soweit vertraut ist, dass er den arbeitssicheren Zustand der Einrichtung beurteilen kann. Sachkundige können z.B. Betriebsingenieure, Meister, Fachkräfte oder Monteure sein.

Sachverständiger ist, wer aufgrund seiner fachlichen Ausbildung und Erfahrung besondere Kenntnisse auf dem Gebiet der zu prüfenden Einrichtung hat und mit den einschlägigen staatlichen Arbeitsschutzvorschriften, Unfallverhütungsvorschriften, Richtlinien und allgemein anerkannten Regeln der Technik vertraut ist. Er muss die Einrichtung prüfen und gutachterlich beurteilen können. Als Sachverständige kommen Angehörige der Technischen Überwachungsorganisationen und andere anerkannte Fachkräfte in Frage.

5.2 Prüfungen nach der Betriebssicherheitsverordnung

Die Betriebssicherheitsverordnung verändert die Rechtslage bezüglich der Überprüfung von bestimmten Geräten und Anlagen. So werden manche zuvor starr vorgegebene Termine flexibler und der Betreiber kann mehr in die Verantwortung genommen werden. Manche Prüfungen (z.B. Handfeuerlöscher) bleiben weiterhin starr, andere Prüffristen und Prüfumfänge geben die Hersteller individuell vor. Die Betriebssicherheitsverordnung (BetrSichV) wurde am 21. Juni 2002 durch den Bundesrat verabschiedet und verfolgt das Ziel, mehrere EU-Richtlinien in ein einheitliches betriebliches Anlagensicherheitsrecht umzusetzen sowie die überwachungsbedürftigen Anlagen neu zu ordnen. Hierbei wird klar zwischen Beschaffenheit und Betrieb getrennt. Dabei soll auch eine Neuordnung des Verhältnisses zwischen staatlichem Arbeitsmittelrecht und berufsgenossenschaftlichen Unfallverhütungsvorschriften erfolgen, um bestehende Doppelregelungen zu beseitigen. Auch soll durch die Verordnung eine moderne Organisationsform des Arbeitsschutzes eingeführt werden.

Durch Aufhebung und Änderung einer Vielzahl einzelner Vorschriften soll eine Rechtsvereinfachung erreicht sowie durch die Harmonisierung der Beschaffenheitsanforderungen für Arbeitsmittel und überwachungsbedürftiger Anlagen eine reine Betriebsvorschrift geschaffen werden. Die Aufnahme der Arbeitsmittelverordnung in die neue Verordnung ist aufgrund von aufgetretenen Abgrenzungsproblemen erforderlich geworden. Dabei wird die Verordnung das bestehende hohe Sicherheits- und Schutzniveau beibehalten und an die europäischen Vorgaben angepasst werden. Diese Verordnung regelt auch Anforderungen an Arbeitsschutzmanagementsysteme und die sich aus deren Anwendung ergebenden Folgen. Die wichtigsten Bestimmungen der BetrSichV sind in Abschn. 2.3 aufgeführt.

5.3 Prüfliste für die Praxis

Was wird geprüft? Wo steht es?	Wer prüft?	Wann wird geprüft?	Nachweis?
Anschlagmittel (Ketten, Bänder, Seile; s.a. Lastaufnahmeeinrichtung)			
BGR 150 Abschn.6, in gebeizten Zustand auf Schaden (z.B. Riss, Korrosion, Bruch) und Maßhaltigkeit (Stichprobe)	Sachkundiger	mindestens alle 14 Tage	-
Aufzugsanlagen (Betriebssicherheitsverordnung – BetrSichV)			
BetrSichV § 14 Abs. 1 Aufzuganlage nach Artikel 1 der Richtlinie 95/16/EG	Keine Abnameprüfung, da Konformitätserklärung vom Hersteller	vor der ersten Inbetriebnahme	Konformitätserklärung
§ 15 Abs. 13 Aufzuganlage (z.B. mit Türverschluss, Fangvorrichtung, Puffer, Elektronik) und Tragmittel	Sachverständiger bzw. zugelassene Überwachungsstelle	nach der letzten Hauptprüfung alle 2 Jahre, jährlich bei Maschinen nach Anhang IV Buchstabe A Nr. 16 der Richtlinie 98/37/EG alle 4 Jahre	Bescheinigung
§ 15 Abs. 13 Aufzuganlage (z.B. mit Türverschluss, Fangvorrichtung, Puffer, Elektronik) und Tragmittel	Sachverständiger bzw. zugelassene Überwachungsstelle	Zwischenprüfung zwischen den Hauptprüfungen alle 2 Jahre	Bescheinigung

Bauarbeiten (über Tage)

BGV C 22 § 4 Mängel auf der Baustelle z.B. an Geräten, Gerüsten, Schutzeinrichtungen, Werkzeug, Stromversorgung (auch fremde)	Unternehmer, Aufsichtsführende, Benutzer	vor der Benutzung bzw. während der Tätigkeit	-
§ 18 Abs. 1 Bauteile auf Schaden	Unternehmer	vor dem Transport bzw. Einbau	-
BGR 113 Abschnitt 12 Beschaffenheit der Bauteile und Aufbau gem. Bauanleitung; Zustand, Mangel	erstellender Unternehmer; nutzender Unternehmer	vor der Übergabe und nach konstruktiven Änderungen; vor der Benutzung	-

Bauaufzüge

BGV D 7 § 29 Abs. 3 Funktion der Nothalteinrichtung u. Bremse	Benutzer	vor Arbeitsbeginn	-
§ 43 Abs. 1+2 u. § 46 Abs. 1 Aufstellung, Ausrüstung u. Funktion	Sachverständiger	vor der ersten Inbetriebnahme, nach Änderungen	Nachweis
§ 43 Abs. 3 bei Seilrollenaufzügen und Rahmenstützenaufzügen mit Ausleger bis zu einer Tragfähigkeit von 200 kg; Funktion des Nothalts und der Bremse	Sachkundiger	vor der ersten Inbetriebnahme, nach Änderungen	Nachweis
§ 45 u. § 46 alle Teile	Sachkundiger	nach Bedarf; mindestens jährlich	Nachweis

Beleuchtungsanlangen

BGR 131 Abschn. 6.1 Erfüllung der Anforderungen gem. Abschn. 4	Sachkundi- ger	vor der ers- ten Inbe- triebnahme, nach Ände- rung bzw. nach Be- darf; min- destens alle 3 Jahre	Nachweis (BG)
Abschn. 6.2 Erfüllung der Anforderungen gem. Abschn. 4	Sachkundi- ger	andere Prüffristen, wenn si- chergestellt ist, dass Anforde- rungen eingehalten	Nachweis (BG)
Abschn. 6.3 Sicherheitsbeleuchtung; Sicherheitsleitsysteme	Unterneh- mer	nach Be- darf; mindestens jährlich; mindestens alle 2 Jahre	-

Beleuchtung, Sicherheitsbeleuchtung

BGV A 1 § 39 Abs. 3 Funktion	Unterneh- mer	vor der ers- ten Inbe- triebnahme; in ange- messenen Abständen; nach Ände- rung bzw. Instandset- zung; min- destens jährlich	-

Berührungslos wirkende Schutzeinrichtung – BWS			
ZH 1/281 Abschn. 7.1 Einhaltung der Abschn. 4, 5 u. 6 (z.B. Eignung der Presse, Verwendung der BWS, Montage der BWS) bzgl. sicheres Arbeiten u. Zusammenwirken von Steuerung u. Presse	Sachkundiger des Herstellers der Presse u. der BWS	vor der ersten Inbetriebnahme	Nachweis
Abschn. 7.2.1+7.2.3 BWS auf Funktion, Zustand, Zusammenwirken mit der Presse, Anbau	Sachkundiger bei Bedarf	bei Bedarf; mindestens jährlich	Nachweis
Abschn. 7.2.2 Nachlauf, falls keine Nachlaufüberwachung vorhanden	Unternehmer	regelmäßig; mindestens halbjährlich	-
Abschn. 7.2.4 BWS auf Funktion (Prüfstab), beobachten des Nachlaufs	Unternehmer	nach dem einschalten und vor Schichtbeginn	-
Abschn. 7.3 Wirksamkeit, Schutzfunktion, Sicherheitsabstand, Zustand u. Zulässigkeit des Steuerns mit BWS	Beauftragter	nach Umrüsten und Instand setzen	-
ZH 1/597 Abschn. 6.1 Einhaltung der Abschn. 3, 4 u. 5 (z.B. Eignung der Maschine, Verwendung der BWS, Montage der BWS) bzgl. sicheres Arbeiten u. Zusammenwirken von Steuerung u. Maschine	Sachkundiger	vor der ersten Inbetriebnahme (auch Montage an anderen Maschinen) und nach wesentlichen Änderungen	Nachweis
Abschn. 6.2 Nachlauf, falls keine Nachlaufüberwachung vorhanden	Unternehmer	nach Bedarf; mindestens jährlich	Nachweis
Abschn. 6.3 Wirksamkeit, Schutzfunktion, Sicherheitsabstand, Zustand der BWS	Beauftragter	nach dem umrüsten und Instandsetzen	-

Druckbehälter (Betriebssicherheitsverordnung – BetrSichV)			
BetrSichV § 14 Abs. 1 Druckbehälter	Zugelassene Überwachungsstelle oder Sachverständiger	vor der ersten Inbetriebnahme und nach Änderungen	Bescheinigung
§ 14 Abs. 3 Druckgeräte im Sinne der Richtlinie 97/23/EG, die gemäß Artikel 9 in Verbindung mit Anhang II der Richtlinie	Zugelassene Überwachungsstelle	wiederkehrende Prüfung	Bescheinigung
nach Diagramm 1 in die Kategorie I, II oder Kategorie III oder IV, sofern der max. zulässige Druck PS nicht mehr als 1 bar beträgt fallen,			
nach Diagramm 2 in die Kategorie I oder Kategorie II oder III, sofern der max. zulässige Druck PS nicht mehr als 1 bar beträgt fallen,			
nach Diagramm 3 in die Kategorie I oder Kategorie II, sofern bei einem max. zulässigen Druck PS von mehr als 500 bar das Produkt aus PS und maßgeblichem Volumen V nicht mehr als 1.000 bar x Liter beträgt fallen,			
nach Diagramm 4 in die Kategorie I, sofern bei einem max. zulässigen Druck PS von mehr als 500 bar das Produkt aus PS und maßgeblichem Volumen V nicht mehr als 1.000 bar x Liter beträgt fallen,			
nach Diagramm 5 in die Kategorie I oder II oder			
nach Diagramm 6 sofern das Produkt aus max. zulässigem Druck PS und Nennweite DN nicht mehr als 2.000 bar beträgt und die Rohrleitung nicht für sehr giftige Fluide verwendet wird oder			
nach Diagramm 7 sofern das Produkt aus max. zulässigem Druck PS und Nennweite DN nicht mehr als 2.000 bar beträgt			

beschrieben werden.			
Druckbehälter im Sinne der Richtlinie 87/404/EG, sofern das Produkt aus max. zulässigem Druck PS und maßgeblichem Volumen V nicht mehr als 2.000 bar x Liter beträgt			
§ 15 Abs. 1 u. 5 Druckgeräte im Sinne der Richtlinie 97/23/EG, die gemäß Artikel 9 in Verbindung mit Anhang II der Richtlinie	Zugelassene Überwachungsstelle	wiederkehrende Prüfung	Bescheinigung
nach Diagramm 1 in die Kategorie IV, sofern der max. zulässige Druck PS mehr als 1 bar beträgt fallen,	Äußere Prüfung	alle 2 Jahre	
nach Diagramm 2 in die Kategorie III, sofern der max. zulässige Druck PS mehr als 1 bar beträgt, oder Kat. IV fallen,	Innere Prüfung Festigkeitsprüfung	alle 5 Jahre alle 10 Jahre	
nach Diagramm 3 in die Kategorie II, sofern bei einem max. zulässigen Druck PS von mehr als 500 bar das Produkt aus PS und maßgeblichem Volumen V mehr als 10000 bar x Liter beträgt, oder Kategorie III, sofern das Produkt aus max. zulässigem Druck PS und maßgeblichem Volumen V mehr als 10.000 bar x Liter beträgt fallen oder			
nach Diagramm 4 in die Kategorie I, sofern bei einem max. zulässigen Druck PS und maßgeblichem Volumen V mehr als 10.000 bar x Liter beträgt, oder die Kategorie II fallen.			
§ 15 Abs. 1 u. 5 Druckgeräte im Sinne der Richtlinie 97/23/EG, die·gemäß Artikel 9 in Verbindung mit Anhang II der Richtlinie	Zugelassene Überwachungsstelle	wiederkehrende Prüfung	Bescheinigung
nach Diagramm 5 in die Kategorie III, sofern bei einem max. zulässigen Druck PS und maßgeblichem Volumen V mehr als 1.000 bar x Liter beträgt, oder die Kategorie IV fallen,	Äußere Prüfung Innere Prüfung Festigkeitsprüfung	jährlich alle 3 Jahre alle 9 Jahre	

§ 15 Abs. 1 u. 5 Druckgeräte im Sinne der Richtlinie 97/23/EG, die gemäß Artikel 9 in Verbindung mit Anhang II der Richtlinie	Zugelassene Überwachungsstelle	wiederkehrende Prüfung	Bescheinigung
nach Diagramm 6 in die Kategorie I, sofern Rohrleitungen für sehr giftige Fluide verwendet wird, oder die Kategorie II oder III, sofern die Rohrleitung für sehr giftige oder andere Fluide, wenn das Produkt aus max. zulässigem Druck PS und Nennweite DN mehr als 2.000 bar beträgt, verwendet wird fallen,	Äußere Prüfung Innere Prüfung Festigkeitsprüfung	alle 5 Jahre alle 5 Jahre	
nach Diagramm 7 in die Kategorie I, sofern das Produkt aus max. zulässigem Druck PS und Nennweite DN mehr als 2.000 bar beträgt, oder die Kategorie II oder III fallen			
nach Diagramm 8 in die Kategorie I, II oder III oder			
nach Diagramm 9 in die Kategorie I oder II fallen.			

Elektrische Anlagen in explosionsgefährdeten Räumen
(Verordnung über elektrische Anlagen in explosionsgefährdeten Räumen – ElexV)

| ElexV § 12 Abs. 1
Elektrische Anlagen in explosionsgefährdeten Bereichen auf Zustand, Montage, Installation | Elektrofachkraft oder unter Aufsicht und Leitung einer Elektrofachkraft | vor der ersten Inbetriebnahme; nach Bedarf; mindestens alle 3 Jahre, soweit sie nicht ständig überwacht werden | Prüfbuch (Behörde) |

Elektrische Anlagen und Betriebsmittel

BGV A 2 § 5 Abs. 1 Nr. 1, Abs. 3 elektrische Anlagen und Betriebsmittel: Zustand	Elektro-fachkraft oder unter Aufsicht und Leitung einer Elektro-fachkraft	vor der ersten Inbetriebnahme, nach Änderung oder Instandsetzung vor der Wiederinbetriebnahme	Prüfbuch (BG)
§ 5 Abs. 4 elektrische Anlagen und Betriebsmittel: Zustand	Die Prüfung vor der ersten Inbetriebnahme ist nicht erforderlich, wenn vom Hersteller (Errichter) bestätigt ist, dass die Regelungen der BGV A 2 eingehalten sind.		
§ 5 Abs. 1 Nr. 2 u. Abs. 3 elektrische Anlagen und ortsfeste Betriebsmittel: Zustand	Elektro-fachkraft	alle 4 Jahre	Prüfbuch (BG)
§ 5 Abs. 1 Nr. 2 u. Abs. 3 elektrische Anlagen und ortsfeste Betriebsmittel in Betriebsstätten besonderer Art: Zustand	Elektro-fachkraft	Jährlich	Prüfbuch (BG)
§ 5 Abs. 1 Nr. 2 u. Abs. 3 Schutzmaßnahmen mit Fehlerstrom-Schutzeinrichtungen in nichtstationären Anlagen: Funktion	Elektro-fachkraft oder elektrotechnisch unterwiesene Person bei Verwendung geeigneter Prüfgeräte	Monatlich	Prüfbuch (BG)
§ 5 Abs. 1 Nr. 2 u. Abs. 3 Fehlerstrom-, Differenzstrom- und Fehlerspannungs-Schutzschalter: Prüfung auf Funktion durch Betätigen der Prüftaste · in stationären Anlagen · in nichtstationären Anlagen	Benutzer	halbjährlich arbeitstäglich	Prüfbuch (BG)

Exzenter- und verwandte Pressen

VBG 7n5.1 § 20 Schutzeinrichtungen und -maßnahmen auf Zustand	Sachkundiger	nach Beanspruchung, mindestens jährlich	Nachweis

Fahrzeuge

BGV D 29 § 36 Abs. 1 Betätigungs- und Sicherheitseinrichtungen auf Funktion	Benutzer	vor jeder Benutzung	-
§ 57 Abs. 1 alle Teile auf Zustand	Sachkundiger	nach Bedarf; mindestens jährlich	-

Fenster, Türen, Tore

BGR 232 Abschn. 6, alle Teile einschließlich Fangvorrichtungen auf Zustand	Sachkundiger	vor der ersten Inbetriebnahme; mindestens jährlich	Nachweis

Feuerlöscher

BGV A 1 § 39 Abs. 3, § 43 Abs. 8 Funktion	Unternehmer	nach Bedarf; mindestens alle 2 Jahre	Nachweis
BGR 133 Abschn. 6 Funktion	Sachkundiger	nach Bedarf; mindestens alle 2 Jahre	Nachweis

Feuerlöscheinrichtungen

BGV D 29 § 39 Abs. 3, § 43 Abs. 8 Funktion	Unternehmer	vor der ersten Inbetriebnahme, in angemessenen Abständen, nach Änderung bzw. Instandsetzung; mind. jährlich	Nachweis

Flüssiggasanlagen (s. auch 7. GSGV – Gasverbrauchseinrichtungen)			
BGV D 34 § 22 Abs. 13 Nr. 3 die Aufstellung, Leitungen Anschlüsse beim Heizen in Räumen über Erdgleiche	Unternehmer	täglich mindestens einmal	-
§ 27 Abs. 3 Einwegbehälter auf geschlossene Ventile	Benutzer	nach jeder Benutzung	-
§ 32 u. § 33 Abs. 1+5 Flüssiggas- und Flüssiggasverbrauchsanlagen auf ordnungsgemäße Installation auf Aufstellung, Zustand, Dichtheit und Funktion	Sachkundiger	vor der ersten Inbetriebnahme, nach Instandsetzungsarbeiten, nach sicherheitsrelevanten Veränderungen, nach Betriebsunterbrechungen von über einem Jahr	Nachweis
§ 33 Abs. 2+5 bei ortveränderlichen Anlagen mit Druckgasbehälter < 33 kg Füllgewicht auf Installation, Aufstellung, Zustand, Dichtheit und Funktion	Unternehmer (Anlage aus geprüften Teilen)	vor der ersten Inbetriebnahme, nach Instandsetzungsarbeiten, nach sicherheitsrelevanten Veränderungen, nach Betriebsunterbrechungen von über einem Jahr	Nachweis

Flurförderzeuge			
BGV D 27 § 9 u. § 37 Abs. 2 auf Mangel ggf. Funktion der Sicherheitseinrichtung (z.B. Schmalgang)	Benutzer	nach Bedarf; mindestens jährlich	Nachweis

§ 37 Abs. 1, § 38 u. § 39 alle Teile sowie Anbaugeräte und ggf. Sicherheitseinrichtungen auf Zustand, Funktion; vollständiger Prüfnachweis	Sachkundiger	nach Bedarf; mindestens jährlich	

Gase, Gasanlagen (Außerdem können Prüfungen gem. Druckbehälterverordnung erforderlich sein)

BGV B 6 § 53 Abs. 1 Aufstellung	Unternehmer	vor der ersten Inbetriebnahme	Prüfbuch
§ 53 Abs. 2 sicherheitsrelevante Teile auf Zustand und Funktion	Unternehmer	nach Bedarf; mindestens jährlich	Prüfbuch
§ 53 Abs. 3 Anlagen für Gase auf Korrosion	Unternehmer	nach Vorgabe des Unternehmers	Prüfbuch
§ 54 Abs. 1+4 Anlagen auf Dichtheit	Unternehmer	vor Inbetriebnahme, nach Instandsetzg. und wesentlicher Änderung	Prüfbuch
§ 55 Abs. 1 Schlauchleitungen und Gelenkrohre für brennbare oder gesundheitsgefährliche Gase auf Zustand	Sachkundiger	vor Inbetriebnahme, nach Bedarf; mind. jährlich	Nachweis
§ 56 Abs. 2 Gaswarneinrichtungen, die im Rahmen des Explosionsschutzes eingesetzt sind, auf Funktion	Sachkundiger	vor der ersten Inbetriebnahme der Gasanlage, in angem. Zeitabständen	Prüfbuch
§ 57 Einrichtungen zur Vermeidung elektrostatischer Aufladungen in explosionsgefährdeten Räumen oder Bereichen auf Funktion	Sachkundiger	vor Inbetriebnahme, nach Bedarf; mind. alle 3 Jahre	Nachweis

Gerüste, allgemein			
BGR 165 Abschn. 6.4.1 Gerüstbauteile auf Zustand	Unter- nehmer (Ersteller)	vor dem Einbau	-
Abschn. 9.1 Zustand, Übereinstimmung mit Regelaus- führung oder Brauchbarkeitsnachweis	Unterneh- mer (Ersteller)	vor Über- gabe; nach konstrukti- ver Ände- rung	-
Abschn. 9.2 auf Zustand u. Mangel	Unterneh- mer (Ersteller)	vor der Be- nutzung	-

Hebebühnen			
VBG 14 § 38 Abs. 3 Aufstellung und Betriebsbereitschaft falls nicht betriebsbereit angeliefert	Sachkundi- ger	vor der ers- ten Inbe- triebnahme	Prüfbuch
§ 39, § 41 Abs. 2 u. § 42 alle Hebebühnen: Zustand der Bauteile und Einrichtungen auf Vollständigkeit, Wirksamkeit der Sicherheitseinrichtungen und Vollständigkeit des Prüfbuches	Sachkundi- ger	bei Bedarf; mindestens jährlich	Prüfbuch

Hydraulische Pressen			
VBG 7n5.2 § 19 Schutzeinrichtungen und -maßnahmen auf Zustand	Sachkundi- ger	nach Bean- spruchung; mindestens jährlich	-

Kennzeichnung			
BGV A 8 § 20 Abs. 1 Vorhandensein u. Zustand	Unterneh- mer	nach Be- darf; mindestens alle zwei Jahre	-
§ 20 Abs. 2 Leucht- u. Schallzeichen sowie Einrich- tungen zur Sprachübermittlung	Sachkundi- ger	vor der ers- ten Inbe- triebnahme, nach Be- darf; mindestens jährlich	-

Kraftbetriebene Arbeitsmittel

VBG 5 § 29 Abs. 1 Prüfen auf sicheren Zustand bzw. erkennbaren Schaden bzw. Mangel	Sachkundiger	vor der ersten Inbetriebnahme; in angemessenen Abständen; nach Änderungen bzw. Instandsetzg.	-

Krane

BGV D 6 § 25 Abs. 1 u. § 27 bei kraftbetriebenen Kranen sowie bei Kranen mit einer Tragfähigkeit von mehr als 1.000 kg: alle Teile des Krans bzw. der Katze einschließlich der Kranfahrbahn und der Tragmittel	Sachverständiger	vor der ersten Inbetriebnahme (falls nicht mit Typprüfung angeliefert bzw. keine EG Konformitätsklärung), nach wesentlichen Änderungen	Prüfbuch
§ 26 Abs. 1 u. § 27 alle Teile des Krans bzw. der Katze einschließlich der Kranfahrbahn und der Tragmittel	Sachkundiger	nach Bedarf; mindestens jährlich	Prüfbuch
§ 26 Abs. 2+3 u. § 27 bei kraftbetriebenen Turmdrehkranen, kraftbetriebenen Fahrzeugkranen, ortsveränderlichen kraftbetriebenen Derrickkranen, Lkw-Anbau-Kranen: alle Teile des Krans bzw. der Katze einschließlich der Kranfahrbahn und der Tragmittel	Sachverständiger	mindestens alle 4 Jahre; Turmdrehkran: im 18. Betriebsjahr, dann mindestens jährlich	Prüfbuch; bei ortsveränderlichen Kranen Kopie des Prüfberichts mitführen
§ 30 Abs. 1+3 Funktion: Bremse und Nothalteinrichtung ggf. Zuordnung Funksteuerung	Kranführer	bei Arbeitsbeginn	Mängel in Kontrollbuch eintragen

Laboratorien (ggf. sind Prüfungen gem. Druckbehälterverordnung u. Vorschriften über el. Anlagen erforderlich)

BGR 120 Abschn. 4.7.4 Schläuche u. Armaturen an Gaszuleitungen u. -brennern auf Mangel	Benutzer	vor Gebrauch	-
Abschn. 4.10.14 Chemikalien u. Präparate auf Zustand	Unternehmer	nach Bedarf; mindestens jährlich	-
Abschn. 5.4.3.10 Anschlüsse u. Verbindungen von Druckgasschläuchen auf Dichtheit	Unternehmer	vor Inbetriebnahme	-
Abschn. 6.2.3 Vorhandensein gefährlicher Abfälle an Arbeitsplätzen	Unternehmer	nach Bedarf; mindestens jährlich	-
Abschn. 11.1 Gasarmaturen und Leitungen auf Dichtheit	Sachkundiger	vor der ersten Inbetriebnahme, nach Umrüsten vor der Wiederinbetriebnahme sofern nicht typgeprüfte Einrichtungen verwendet werden	-
Abschn. 11.2 Körper- und Augendusche auf Funktion	vom Unternehmer beauftragte Person	mindestens monatlich	-
Abschn. 11.5 Abzüge auf Funktion	Sachkundiger	nach Bedarf; mindestens jährlich sofern keine Dauerüberwachung vorhanden	Nachweis

Lastaufnahmeeinrichtungen im Hebezeugbetrieb (s.a. Anschlagmittel)

VBG 9a § 39, § 42 Abs. 1 u. § 43 Lastaufnahmemittel: Sicht- und Funktionsprüfung	Sachkundi-ger	vor der ers-ten Inbe-triebnahme	Nachweis (BG)
§ 40 Abs. 1, § 42 Abs. 1 u. § 43 Lastaufnahmeeinrichtungen: Sicht- und Funktionsprüfung	Sachkundi-ger	nach Be-darf; mindestens jährlich	Nachweis für Trag-mittel
§ 41, § 42 Abs. 3 u. § 43 Lastaufnahmeeinrichtungen: außerordentliche Prüfung	Sachkundi-ger	nach In-standset-zungs-arbeiten	Nachweis für Trag-mittel
§ 40 Abs. 2 Rundstahlketten als Anschlagmittel: Sicht- und Funktionsprüfung sowie Prü-fung auf Rissfreiheit	Sachkundi-ger	nach Be-darf; mindestens alle 3 Jahre	Nachweis
§ 40 Abs. 3 u. § 43 Hebebänder mit vulkanisierter Umhül-lung auf Drahtbruch und Korrosion	Unterneh-mer	nach Be-darf; mindestens alle 3 Jahre	Nachweis

Leitern und Tritte

BGV D 36 § 29 Abs. 1 Zustand Eignung und Zustand	Unterneh-mer Benutzer	nach Be-darf; vor Gebrauch	-
§ 29 Abs. 2 Eignung und Zustand (fremde Geräte)	Benutzer	vor dem Gebrauch	-
§ 30 Zustand (mechanische Leitern)	Sachkundi-ger	nach Ände-rung oder Instandset-zung; mind. jährlich	Prüfbuch

Lüftungsanlagen (ggf. ist die Maschinenverordnung (9. GSGV) zu berück-sichtigen)

BGV A 1 § 39 Abs. 3 Funktion	Unterneh-mer	vor der ers-ten Inbe-triebnahme; nach Ände-rungen bzw. In-standset-zung; mind. alle 2 Jahre	-

BGR 121 Abschn. 7.1 Funktion	Unternehmer	täglich vor Arbeitsbeginn	-
Abschn. 7.2 Installation, Aufstellung u. Funktion	Sachkundiger	vor der ersten Inbetriebnahme; nach sicherheitsrelevanter Änderung; mindestens alle 2 Jahre	Nachweis

Notaggregate			
BGV A 1 § 39 Abs. 3 auf Funktion	Unternehmer	vor der ersten Inbetriebnahme; in angemessenen Abständen; nach Änderungen bzw. Instandsetzung; mindestens jährlich	-

Notschalter			
BGV A 1 § 39 Abs. 3 auf Funktion	Unternehmer	vor der ersten Inbetriebnahme; in angemessenen Abständen; nach Änderungen, mindestens jährlich	-

Regalbediengeräte

ZH 1/361 Nr. 35 (1) Einhaltung der Regeln der Technik, Wirksamkeit der Sicherheitseinrichtungen	Sachver- ständiger	vor der ers- ten Inbe- triebnahme und nach Umbau	Nachweis
Nr. 35 (2) Zustand, Wirksamkeit der Sicherheitsein- richtungen	Sachkundi- ger	nach Be- darf: mindestens jährlich	Nachweis

Sauerstoff, Sauerstoffanlagen

BGV B 7 § 46 Abs. 1+4 Sauerstoff-Rohrleitungen mit Nennweiten von DN 10 oder mehr und einem Druck von 6 bar oder mehr mit geschweißten oder gelöteten Verbindungen	Sachkundi- ger	Druckprü- fung vor der ersten Inbetrieb- nahme, nach wesentli- chen Ände- rungen	Nachweis
§ 47 Anlagen und Anlagenteile für Sauerstoff auf Dichtheit	Sachkundi- ger	vor der ers- ten Inbe- triebnahme, nach In- standset- zung oder Änderung	Nachweis
§ 48 Schläuche und bewegliche Leitungen für Sauerstoff auf Dichtheit u. Zustand	Sachkundi- ger	nach Be- darf; mindestens jährlich	-

Schweißen, Schneiden und verwandte Verfahren (siehe auch elektrische Anlagen gemäß BGV A 2)

BGV D 1 § 38 Abs. 1 Nr. 2 auf Mangel	Unterneh- mer	vor Ar- beitsbeginn	-
§ 41 nasse Vorlagen auf Flüssigkeitsstand		Arbeitsbe- ginn, nach Flammen- rückschlag	-

§ 43 Abs. 1 Nr. 2 zusammengeschaltete Schweißstromquellen auf Eignung und zulässige Leerlaufspannung	Sachkundiger	vor Beginn der Elektroschweißarbeiten	-
§ 49 trockene und nasse Vorlagen auf Sicherheit gegen Gasrücktritt, trockene auch auf Dichtheit	Sachkundiger	bei Bedarf; mindestens jährlich	-

Verschlüsse, Notausgänge

BGI 606 Abschn. 6 Verschlüsse für Türen von Notausgängen auf leichtes Öffnen	Unternehmer	(regelmäßig)	-

Winden, Hub- und Zuggeräte

BGV D 8 § 23 Abs. 1 u. § 23a Abs. 1 alle Winden, Hub- und Zuggeräte einschließlich Tragkonstruktion und Seilblock auf Aufstellung und Betriebsbereitschaft	Sachkundiger	vor der ersten Inbetriebnahme; nach wesentlichen Änderungen	Prüfbuch, Kartei, Plakette....
§ 23 Abs. 2 u. § 23a Sicherheitseinrichtung, Gesamtzustand	Unternehmer	nach Bedarf; mindestens jährlich	Prüfbuch, Kartei, Plakette....
§ 23 Abs. 4 u. § 23a Abs. 2 kraftbetriebene Seil- und Kettenzüge sowie kraftbetriebene Kranhubwerke: Ermittlung des verbrauchten Anteils der theoretischen Nutzungsdauer	Unternehmer, erforderlichenfalls Sachverständiger	nach Bedarf; mindestens jährlich	Prüfbuch
§ 27 Notendhalt auf Funktion	Benutzer	bei Arbeitsbeginn	-

Zentrifugen (die unter die Maschinenverordnung – 9. GSGV – fallen)

VBG 7z § 23a Abs. 1 u. § 23c Abs. 2 Aufstellung, Ausrüstung u. Funktion	Sachkundiger	vor der ersten Inbetriebnahme	Prüfbuch
§ 23 a Abs. 2 u. § 23c Abs. 2 Zustand	Sachverständiger	vor der ersten Inbetriebnahme nach Umbau, Ergänzung der Ausrüstung oder Änderung der Betriebsart	Prüfbuch
§ 23b Abs. 1 u. § 23c Abs. 2 Zustand während des Betriebs und Zustand der Einzelteile (Zentrifuge zerlegt)	Sachkundiger	bei Bedarf; mindestens jährlich, mindestens alle drei Jahre	Prüfbuch

6 Brandschutz im Unternehmen

Neben den Industriebau- und Hochhausrichtlinien fordert lediglich die Verkaufsstättenverordnung eine Person als Brandschutzbeauftragten. Verschiedene Stellen fordern allerdings Personen, die sich für den Brandschutz verantwortlich zeigen: Berufsgenossenschaften, Versicherungen, Zertifizierungs-Prüfstellen, evtl. auch die Gewerbeaufsicht, das Landratsamt und das Amt für Arbeitsschutz.

Abb. 6.1 Die Verrauchung ist im Brandfall die größte Gefahr

Feuer kann vorsätzlich, fahrlässig, durch Fehler in technischen Einrichtungen oder durch Blitzschlag in jeder Firma ausbrechen. Manche Betriebe sind durch Produktionsverfahren oder verwendete und gelagerte Stoffe mehr gefährdet als andere; häufig legen aber auch Einbrecher Feuer, um ihre Spuren zu verwischen. Ein Brand kann immer entstehen, weil die drei dazu nötigen Stoffe Brandlasten, Zündquellen und Sauerstoff fast überall vorhanden sind. Es gibt aber mehrere Methoden, ihn erfolgreich zu bekämpfen oder – noch besser – vorsorgend die Entstehungswahrscheinlichkeit oder das mögliche Schadenausmaß zu reduzieren. Die Brandreaktionskette muss an nur einer Stelle unterbrochen werden, um einen Brand zu verhindern. Dies geschieht primär durch räumliches Trennen (= Vermeiden) und sekundär durch Kapselung von Zündquellen oder Brennstoffen; erst als tertiären Schutz sind abwehrende Brandschutzmaßnahmen (= Löschen) zu nennen.

Brandlasten können in vielen Fällen nicht vermieden werden. In normalen Büroräumen, in Lagern, in Ausstellungsräumen, überall sind brennbare Materialien vorhanden. Andererseits gibt es Stoffe und Materialien, die schwer entflammbar oder nicht brennbar sind und normal- und leichtentzündliche Stoffe ersetzen können; bei Neubauplanung und Neuanschaffung von Einrichtungsgegenständen ist darauf besonders zu achten. Das gilt vor allem für Vorhänge, Bodenbeläge, Kabelisolierungen, Möbel und Kunststoffe.

Abb. 6.2 Die Rauchschäden sind häufig größer als die direkten Feuerschäden (Quelle: Dr. F. Pflüger)

Zündquellen lassen sich meist weitgehend vermeiden. Brandstiftung allerdings ist fast nie vermeidbar, sie ist höchstens zu erschweren und zu begrenzen. Zündquellen gehen von vielen Geräten aus. Manche davon sind durch räumliche Trennung und Aufstellung in separaten, abgetrennten Räumen eliminierbar.

6.1 Brandrisiken

Abfall ist meistens brennbar und da er meist wertlos ist, wird dem Lagerort oft keine Bedeutung beigemessen. Doch brandsichere Abfallbehälter, sicherheitstechnisch unbedenkliche Lagerorte für brennbaren Abfall und die sicherheitsgerechte Aufstellung von Müllcontainern haben einen nicht unbedeutenden Einfluss auf die Sicherheit im Unternehmen. In Abfallbehältern findet meist eine Konzentration brennbarer Materialien statt. Durch die lockere Kumulierung sind die Materialien optimal für einen Brand aufbereitet: Oft genügt eine achtlos weggeworfene Zigarette oder produktionsbedingt entstandene Funken, um dort einen Brand zu entfachen, sofort oder auch erst nach Stunden. Hierbei ist die Größe des Abfallbehälters völlig ohne Bedeutung.

Räumlich bzw. baulich abgetrennt aufgestellte Abfallbehälter sind in der betrieblichen Praxis wohl eher die Ausnahme als die Regel, sie wären aber sicherheitstechnisch der wünschenswerte Idealfall. Abfallbehälter, die aus brennbaren Materialien wie Kunststoffen, Holz, Bast oder Jute bestehen unterstützen zudem ein mögliches Feuer. Gegenstände an, neben oder über den Abfallbehältern wie Teppichböden, Möbel, Vorhänge oder Verkabelungen können dadurch ebenfalls entzündet werden und den Brand vergrößern; derartige Näherungen sind zu vermeiden. Auch muss dafür gesorgt werden, dass Müllbehälter nicht an oder unter Brandlasten aufgestellt werden.

Da es heute eine Trennung von Abfällen geben muss, werden Papier, Kunststoffe, Küchenabfälle, alte Stifte, defekte Papierlocher und Elektrogeräte und was sonst noch in Büros anfällt, getrennt gesammelt. Die Sammelbehälter und auch die Abfallbehälter an den Arbeitsplätzen müssen nicht mit Plastiksäcken ausgekleidet sein, da auch diese eine vermeidbare Brandlast darstellen. Ist die räumliche Trennung von Abfallbehältern zu betrieblichen Brandlasten nicht möglich, sollen bauliche Trennungen hergestellt werden: Brandschutzplatten an Regalen verhindern einen Feuerübergriff.

Der Brandschutzverantwortliche sollte die Müllbehälter besorgen und die Aufstellorte vorgeben. In allen Unternehmensbereichen sollten geschlossene, nicht brennbare Abfall- und Müllbehälter aufgestellt werden; diese sollen mit einem selbstschließenden Deckel oder einem selbstlöschenden Ring ausgestattet sein. Derartige Behälter gibt es in allen Größen, vom kleinen Papierkorb bis zum großen Müllcontainer. Auch sollte gegebenenfalls nichtbrennbaren Vorhängen der Vorzug gegeben werden. Eine Arbeitsanweisung sollte an kritischen Stellen das regelmäßige Entsorgen und Beseitigen des Mülls aus den Produktionsbereichen garantieren, bei Bedarf auch mehrmals je Schicht.

Die Schadenstatistiken der Feuerversicherer weisen häufiger Abfallbehälterbrände aus, die Großschäden verursachten. Behörden oder Versicherungen können im Extremfall hierzu Auflagen aussprechen, entweder nach Schäden, oder bei generell brandgefährlichen Produktions- und Lagerbereichen. Um größere Mengen von Müll zu reduzieren, dienen hydraulische

Müllpressen, die meist in Freibereichen aufgestellt werden. Aber von Müllpressen geht eine Brandgefahr aus, da der Inhalt meist leicht entflammbar ist. Stehen die Container in Gebäuden, sind sie von gelagerten Abfällen und allen anderen Bereichen konsequent brandschutztechnisch nach F 90 abzutrennen.

Wenn aus räumlichen Gründen der Abstand zu Gebäuden nicht vergrößert werden kann und eine Brandüberschlagsgefahr des Containers auf das Gebäude besteht (z.B. beim Aufstellen unter einem Vordach oder an Fenstern), so soll eine ausreichend dimensionierte Sprinkleranlage, Sprühwasser-Löschanlage oder auch Kleinlöschanlage über dem Container angebracht werden. Die Vorschriften der Feuerversicherer besagen, dass im Freien aufgestellte Müll-Presscontainer in einem sicheren Abstand von mindestens 5 m von Gebäuden aufgestellt sein müssen. Von diesem Abstand darf nur dann nach unten abgewichen werden, wenn die folgenden drei Punkte realisiert sind:

1. Die Stellung des Presskolbens muss, wenn nicht gerade be- oder entladen wird, immer geschlossen sein.
2. Die Entleerungsöffnung ist nur mit einem dafür konstruierten Spezialwerkzeug zu öffnen.
3. Beim Direktbeschicken aus einem Gebäude muss in der Gebäudewand eine rauchdichte Klappe aus nichtbrennbarem Material sein.

Diese Klappe kann aus 3,5 mm dickem Stahlblech sein, sie muss bündig auf dem Rahmen aufliegen und diesen mindestens 2,5 cm überdecken. Die Klappe kann durch ein Schmelzlot oder (sicherheitstechnisch besser) Rauchmelder angesteuert werden. Empfehlenswert sind jedoch nicht nur Stahlblechklappen, sondern K 90-Brandschutzklappen.

Auch fordern die gesetzlichen Bestimmungen, dass außerhalb der Arbeitszeiten die Presse stromlos ist und nur aus einem Gebäude heraus unter Strom gesetzt werden kann. Das sicherheitsgerechte Auslegen von Müllpresscontainern wird von den Feuerversicherern nicht honoriert, sicherheitsbedenkliche Situationen jedoch können mit Prämienzuschlägen belegt werden.

Brennende Kerzen, vor allem in Weihnachtsgestecken und **Adventkränzen** bedeuten eine besondere betriebliche Brandgefahr. Jedes Jahr gibt es in den Monaten Dezember und Januar mit den Tagen steigend mehr derartige Brandschäden. Die Anzahl nimmt deshalb zu, weil im Verlauf des Advents die Kerzen immer mehr herunterbrennen und gleichzeitig die Gestecke immer trockener und damit brandgefährlicher werden.

Aus diesem Grund ist in Unternehmen, unabhängig von der Abteilung oder der Unternehmensart darauf hinzuweisen, dass derartige Gestecke, das Aufstellen und das Entzünden von Kerzen verboten sind.

Ein solches Verbot stößt dann auf Unverständnis in der Belegschaft, wenn die Vorstandssekretärin eine brennende Kerze auf dem Tisch haben darf, andere Abteilungen jedoch nicht. Es ist also wichtig, dass diese Maßnahme ebenso wie auch ein mögliches Rauchverbot unabhängig vom Rang oder Titel eingehalten werden muss.

Beleuchtungsanlagen in Gebäuden können unter ungünstigen Voraussetzungen einen Brand entfachen. Dies kann zum einen dadurch entstehen, dass eingeschaltete Leuchtstofflampen defekt sind und die Starter und Drosselspulen aufgrund permanenter Zündversuche sich überhitzen und zu brennen beginnen; herunterfallende glühende Teile können brennbare Gegenstände wie Verpackungsmaterialen oder den Teppichboden entzünden, oder die Lampe selbst beginnt zu brennen. Zum anderen besteht eine Brandgefahr auch dann, wenn Regale unter Beleuchtungsanlagen aufgestellt sind; brennbare Gegenstände können bei unvorsichtigem Handhaben die Lampen beschädigen und somit einen Brand hervorrufen.

Bei Leuchtstofflampen zur Raumbeleuchtung sind flamm- und platzsichere Kondensatoren und Starter oder elektronische Vorschaltgeräte (EVG) einzubauen. Vorschaltgeräte senken die Brandgefahr auf 0, da Spulen und Starter überflüssig werden. Flamm- und platzsichere Kondensatoren sind unwesentlich teurer als konventionelle Kondensatoren, EVG-Geräte bedingen dagegen den kompletten Austausch der Beleuchtungsanlagen.

Leuchtstofflampen sollen mit Glas oder Kunststoff eingehaust und damit geschützt sein und primär in Lagern noch zusätzlich durch ein Drahtgitter umgeben werden: Somit sind unbeabsichtigte physische Zerstörungen und ein Brandübergriff nahezu ausgeschlossen.

Eine Arbeitsanweisung muss in Lagerbereichen dafür sorgen, dass nicht zu nahe unter Beleuchtungsanlagen gestapelt wird – eine unbeabsichtigte Beschädigung der Beleuchtungsanlage durch das mit dem Gabelstapler bewegte Lagergut wäre denkbar, wodurch die Brandgefahr erhöht wird. Ist eine an der Lampenfassung endende Lagerung nicht vermeidbar, so sind die gesamten Beleuchtungsanlagen mit besonderem mechanischen Schutz zu versehen. Eine solche individuell angefertigte Lösung könnte wie folgt aussehen: Stabile Bolzen, etwa wie große Türstopper, werden an den Eckpunkten der Lampen angebracht; fährt der Gabelstapler zu hoch an die Lampe heran, so bleibt er zuerst an den Bolzen hängen, bevor Lampen heruntergerissen und Kabel freigelegt werden.

Es ist mit nur einem geringen finanziellen Aufwand verbunden, Beleuchtungsanlagen brandsicherer auszulegen; optimale Sicherheit kann dagegen oft nur dann gewährleistet werden, wenn alte Beleuchtungsanlagen gegen sicherheitsgerechte Anlagen ausgetauscht werden. Die Reduzierung der Brandgefahr für ein millionenteures Lager oder einen Produktionsbereich rechtfertigt aber diese Maßnahmen.

Neben konventionellen Beleuchtungsanlagen sind Niedervoltanlagen als besondere Brandgefahr erwähnenswert. Zum einen kann der Transformator, oft direkt hinter Vorhängen oder an Mülleimern, zu brennen beginnen, zum anderen sind die Glühdrähte wesentlich heißer als die von konventionellen Glühbirnen und die Verglasung der Birne wesentlich näher am Draht; dadurch können leichtentflammbare Gegenstände bei Annäherung entzündet werden. Es ist also bei Niedervoltlampen zum einen darauf zu achten, dass der Transformator keine Gegenstände in seiner direkten Umgebung entzünden kann und zum anderen, dass keine leichtentflammbaren Gegenstände in der direkten Nähe der Glühkörper sind. Es ist Glühbirnen der Vorzug zu geben, die mit den Reflektoren fest verbunden sind und die vorn mit einer Glasscheibe abgeschlossen sind.

Einzäunungen: Aus den Statistiken der Polizei und der Versicherer ist zu entnehmen, dass nicht eingezäunte, ungehindert erreichbare Gebäude öfter von Einbrechern, Dieben, Brandstiftern und Vandalen heimgesucht werden als eingezäunte. Erstaunlicherweise ist festzustellen, dass selbst relativ leicht zu überwindende Zäune bereits eine gewisse Abschreckungswirkung haben. Dies hat psychologische und juristische Gründe, zudem sind dann die Fluchtmöglichkeiten durch Zäune eingeschränkt.

Sicher ist es sinnvoll, möglichst stabile Zäune zu errichten, aber der Zaun muss in Materialart, Höhe und Ausführung dem Risiko und der Umgebung entsprechen. Ein Zaun ist so stark wie die Stelle, an der er am leichtesten überwunden werden kann, deshalb sollte er an jeder Stelle mindestens 2 m hoch sein, auch an den Toren. Ein Übersteig- und Unterkriechschutz sollte ebenfalls angebracht sein, um beide Arten der Überwindung zu erschweren.

Mechanisch stabilere Zäune haben gegenüber konventionellen Maschendrahtzäunen den Vorteil, dass sie nicht leicht durchtrennt werden können. Wenn ein Zaun mit einem einfachen Seitenschneider durchgetrennt werden kann, so können sich Kriminelle mitsamt eventuell benötigtem Ein- und Aufbruchwerkzeug oder auch Fahrzeugen einfach auf das Firmengelände begeben und auch ebenso einfach große Mengen an Diebesgut herausbringen. Andernfalls müssten Gegenstände wie Schweißbrenner erst aufwändig über den Zaun gebracht werden.

Eine Einzäunung mit Toranlagen kann, je nach Umfang des Grundstücks, schnell 30.000,– € und mehr kosten; es ist jedoch meist eine einmalige Anschaffung ohne laufende Unterhaltskosten und Grundstückseinzäunungen sind absolut üblich.

Privat genutzte und privat besorgte Elektrogeräte, die am 230-Volt-Stromnetz angeschlossen sind, stellen generell eine Zündquelle dar. Üblich sind Kaffeemaschinen, Heizgebläse, Ventilatoren, Luftbefeuchter, Transistor- oder Röhrenradios, Tauchsieder, Heizplatten, gefährlich sind jedoch vor allem Kühlschränke. Von batteriestrombetriebenen Radiogeräten geht keine Brandgefahr aus, wohl aber eine Explosionsgefahr, z.B. in Lackierbereichen.

Eine Gefahrenquelle ist, dass keine ausreichenden Abstände dieser Geräte zu Brandlasten eingehalten werden; so kann z.B. bei einem Kühlschrank ein Brand leicht durch verstellte Lüftungsschlitze entstehen. Auch stehen in Firmen oft ältere und nicht mehr den einschlägigen VDE-Bestimmungen entsprechende Geräte, die nach einer Neuanschaffung für zu Hause oder aus einer Haushaltsauflösung an den Arbeitsplatz mitgenommen wurden. Deshalb sind folgende Punkte zu beachten:

- Privat organisierte Elektrogeräte müssen an einer zentralen Stelle im Unternehmen gemeldet werden.
- Alle derartigen Geräte sind mit in die regelmäßige Überprüfung der elektrotechnischen Anlagen aufzunehmen und Mängel umgehend abzustellen. Um absichtlich versteckte Geräte zu vermeiden, sollte sich das Unternehmen bereit erklären, die Kosten für die Überprüfung zu übernehmen.
- Der Aufstellort aller derartigen Geräte muss vorgegeben sein, ggf. sind räumliche oder bauliche Abtrennungen zu Brandlasten zu schaffen (z.B. durch Unterlegen nichtbrennbarer Platten).

Jeder dieser drei Punkte ist von gleich hoher Bedeutung. Wird einer nicht umgesetzt, so hat das Sicherheitskonzept eine Lücke.

Die Versicherer geben für die sicherheitstechnisch befriedigende Verwaltung und Aufstellung keine Rabatte, aber für brandgefährliche Situationen gegebenenfalls verbindliche Sofortmaßnahmen; werden diese nicht binnen Tage umgesetzt, kann es Vertragskündigungen geben oder ein Brand aufgrund der bemängelten Situation wird explizit nicht gedeckt.

Elektrotechnische Revision   Die vertraglichen Bestimmungen der Berufsgenossenschaft und der Versicherer verlangen die regelmäßige Überprüfung der gesamten elektrotechnischen Anlage durch eine zugelassene Fachfirma; die Inspektion durch den Hauselektriker oder einen anderen E-

lektriker mit Meistertitel ist meist nicht ausreichend. Je nach Gefährdungsgrad kann diese Überprüfung jährlich oder zweijährlich stattfinden, dies ist
mit dem jeweiligen Feuerversicherer schriftlich zu klären.

Bei den Überprüfungen werden z.B. Leitungsquerschnitte, entnommene
Strommengen und Kabeltemperaturen überprüft, aber auch ganz triviale
Dinge wie Sicherungen oder mechanische Beschädigungen an Steckern
oder Schaltern. Wichtig ist, dass die im Abschluss-Prüfbericht festgestellten sicherheitstechnisch relevanten Mängel umgehend beseitigt werden,
andernfalls ist der Versicherungsschutz im entsprechenden Schadenfall gefährdet.

Erlaubnisschein für feuergefährliche Arbeiten Durch feuergefährliche
Arbeiten wie Dacharbeiten, Löten, Schweißen, Auftauarbeiten oder Trennschleifen werden unverhältnismäßig viele Brände fahrlässig gelegt. Hierbei
fällt auf, dass Mitarbeiter von Fremdfirmen sich öfter fahrlässig verhalten
als die Mitarbeiter des eigenen Hauses.

Betriebszugehörige legen jedoch häufig dann fahrlässig Brände, wenn
sie feuergefährliche Arbeiten außerhalb des eigenen Arbeitsplatzes durchführen. Die nötigen Sorgfaltspflichten wie Entfernen oder Abdecken von
Brandlasten, Brandwache, Bereitstellen von Handfeuerlöschern usw. werden häufig vernachlässigt.

Auch bei Dach- und Ausbesserungsarbeiten auf Bitumendächern besteht
erhöhte Brandgefahr, da ja mit einer Lötlampe oder einem Kocher Teer
weich gemacht und in dem schmalen Bereich zwischen „flüssig" und
„brennend" verarbeitet wird. Ein Handfeuerlöscher reicht dann in der Regel nicht mehr als Schutz aus. Ideal ist es, wenn die Feuerwehr für die Zeit
der Arbeiten einen Löschschlauch auf das Dach legen kann. Wenn ein
großes Dach regelmäßig auszubessern ist, so kann auch eine fest installier-
te, frostgeschützte Leitung verlegt werden.

Es gibt eine Reihe von einschlägigen Vorschriften der Versicherer oder
Berufsgenossenschaft (z.B. die UVV BGV D1) zur Vorbereitung, Durchführung und Kontrolle vor, während und nach derartigen Arbeiten. Die Erfahrung lehrt jedoch immer wieder, dass manchmal unsauber gearbeitet
wird, woraus dann Brände entstehen. So müssen z.B. bewegliche brennbare Gegenstände, Abfälle und Staubablagerungen im Gefahrenbereich entfernt werden und nicht oder nicht leicht entfernbare mit einer geeigneten
nichtbrennbaren Plane abgedeckt werden. Hierbei ist besonders darauf zu
achten, dass keine Schweißperlen oder glühende Funken unter die Plane
gelangen können, der Bereich am Boden ist demnach gut abzudecken. Fugen und Spalten sind abzudichten und Behälter mit brennbaren Flüssigkeiten besonders sicher zu schützen. Eine Brandwache muss bereitstehen, die
den Funkenflug beobachtet. Während der Arbeiten muss in unmittelbarer

Nähe ausreichend Löschgerät zur Verfügung stehen, die Arbeiten sowie angrenzende Bereiche sind von der zweiten Person zu überprüfen.

Wenn die Gefahr einer Wärmeweiterleitung durch Metallteile besteht, an denen geschweißt wird, so sind diese durch Wasser zu kühlen. Wenn es produktionsbedingt brennbaren Stäube oder Flusen nicht vermieden werden können, so ist der Boden während der Arbeiten mit Wasser zu benetzen.

Nach den Arbeiten sind der nähere und weitere Bereich noch über eine längere Zeit regelmäßig zu begehen, denn Schweißperlen können auch nach mehreren Stunden noch ein Feuer entfachen; es sollte über einen Zeitraum von bis zu vier Stunden zu mindestens halbstündlichen Kontrollen kommen. Dies ist auch der Grund, warum derartige Arbeiten nicht kurz vor Feierabend und nicht freitags nachmittags durchgeführt werden sollten. Eine Brandwache, die allein zurückgelassen wird, setzt man damit der Versuchung aus, den scheinbar harmlosen Ort verfrüht zu verlassen.

Das Schweißgerät bzw. die Gasflaschen sollen umgehend aus dem Arbeitsbereich entfernt werden, wenn die Arbeiten abgeschlossen sind und nicht neben der Reparaturstelle stehen bleiben. Generell soll ein Bereich von 10 m Radius um die Arbeitsstelle als gefährdet betrachtet werden. Wenn ein mehrstöckiges Gebäude teilweise offen gebaut wurde, so vergrößert sich der Gefahrenradius nach unten nicht zylindrisch, sondern kegelförmig, er wird also größer. Die Wärmeenergie einer Schweißperle kann bis zu 50 Joule betragen, damit können brennbare Flüssigkeiten und Stäube entzündet werden.

Ein sog. „Erlaubnisschein für feuergefährliche Arbeiten" soll allen Fremdhandwerkern zum Lesen und Unterschreiben vorgelegt werden, wenn derartige Arbeiten anstehen. Durch ihre Unterschrift versichern die Handwerker, dass sie sich an die geltenden Vorschriften halten, die ihnen bekannt sein müssen und die im Erlaubnisschein noch einmal aufgeführt sind. Doch auch wenn Mitarbeiter des eigenen Hauses feuergefährliche Arbeiten außerhalb ihres Arbeitsplatzes vornehmen, so sollen sie den Erlaubnisschein ausfüllen und der verantwortliche Sicherheits-Ingenieur bzw. Sicherheits-Beauftragte ist über die Arbeiten zu unterrichten.

Auch muss es eine verantwortliche Stelle im Unternehmen geben, die über derartige Arbeiten vorab immer informiert wird. Dadurch kann die Kontrolle zentral organisiert werden und ein verantwortlicher Mitarbeiter hat die Übersicht, wann welche Arbeiten im Unternehmen und von wem ausgeführt werden. Dieser Mitarbeiter sorgt dann auch für die Brandwachen.

Von **elektrischen Gabelstapler-Ladestationen** geht eine erhöhte Brandgefahr aus. Hier passieren u.a. deshalb Brände, weil Gabelstapler-
Ladestationen oft in Lagerhallen an brennbarem Lagergut oder zu nahe am
Verpackungsmaterial stehen. Die Statistiken der Feuerversicherer weisen
aus, dass es hier relativ häufig zu Bränden kommt, die sich selbständig
ausbreiten. Aufgrund fehlender baulicher oder räumlicher Trennung zu
Brandlasten kommt es oftmals zu millionenteuren Feuerschäden und eben-
solchen Betriebsunterbrechungsschäden. Auch besteht die Gefahr, dass defekt gewordene Akkumulatoren von Gabelstaplern ausgasen; diese Gase
können entzündet werden, was zu Explosionen führt.

Elektrische Gabelstapler-Ladestationen sollen prinzipiell fest montiert
sein. Nur diese Maßnahme garantiert, dass ihr Standort nicht verändert
wird. Im Umkreis von 2,5 m dürfen keinerlei brennbare Gegenstände vorhanden sein. Gelbe Markierungen am Boden sollen den Gefahrenbereich
markieren, sicherheitstechnisch besser wären fest angebrachte Metallwin-
kel.

Abb. 4.3 Gabelstapler-Ladestationen müssen in ausreichendem Abstand zu
Brandlasten und in der Nähe eines Feuerlöschers aufgestellt werden

Auch oberhalb der Ladegeräte darf es keinerlei brennbare Gegenstände wie Regale, Aufputzleitungen, Kabelpritschen, Lüftungs- und Klimageräte, brennbare Wand- und Deckenverkleidungen usw. geben. Lassen diese sich nicht vermeiden, so sollen sie mit Brandschutzplatten abgetrennt werden – dies kann auch mit den Ladegeräten geschehen, wenn eine räumliche Trennung zu Brandlasten nicht möglich ist.

Alternativ zu der räumlichen Trennung sind Brandschutzplatten: Sie werden an Regalen angebracht, die näher als 2,5 m an Ladestationen stehen, um im Brandfall einen Übergriff auf das Lagergut zu vermeiden. Auf keinen Fall dürfen Ladegeräte in Regalen frei beweglich an Brandlasten aufgestellt sein - hier wäre ein Brand nur noch eine Frage der Zeit.

Sicherheitstechnisch optimal sind Gabelstapler-Ladestationen dann, wenn es eigene Räume gibt, in denen diese Geräte aufgestellt und geladen werden. Diese Räume sollen gut belüftet und mit Brandschutztüren abgetrennt sein. Eigene Räume sollten immer angestrebt und als Stand der Sicherheitstechnik angesehen werden. Alle anderen Maßnahmen sind mehr oder weniger effektive Not- oder Übergangslösungen.

Rauchverbot Jedes Jahr entstehen Schäden in zweistelliger Millionenhöhe wegen sorglos weggeworfener Zigarettenreste. Aus diesem Grund ist dem Raucherverhalten besonderes Augenmerk zu widmen. Es ist nicht günstig, Rauchen im Unternehmen gänzlich zu verbieten, dies lässt sich meist nicht konsequent durchsetzen und führt zum heimlichen Rauchen, wodurch die Brandgefahr durch Zigaretten noch vergrößert wird. Ein pauschales Rauchverbot würde auch nicht von allen Mitarbeitern akzeptiert werden, woraus schlechtere Arbeitsleistungen und ein schlechteres Betriebsklima resultieren würden.

In Lagerräumen herrscht ein gesetzliches Rauchverbot, ebenso an allen brandgefährdeten Bereichen wie z.B. Garagen, Lackieranlagen oder Lager für brennbare Flüssigkeiten. Dieses Verbot muss ohne Diskussion durchgesetzt werden, andernfalls würde sich die Unternehmensleitung strafbar verhalten. Dann gibt es Bereiche, in denen Rauchen nicht erwünscht ist, z.B. in Rechenzentren, sensiblen Produktionsräumen oder Großraumbüros. Hier muss sich das Unternehmen mit dem Betriebsrat einig werden und entsprechende Verbote einführen und durchsetzen.

Es muss aber auch Bereiche geben, in denen die von Zigaretten abhängigen Mitarbeiter während der Arbeit eine Zigarette rauchen können, ohne den Arbeitsplatz weit zu verlassen. Diese Maßnahme ist sicherer als ein pauschales Rauchverbot, das dann doch von Mitarbeitern unterlaufen wird. So kann Rauchen etwa auf Toiletten, in Pausenräumen und Freibereichen oder in der Kantine erlaubt werden, ohne dass sich hieraus eine Gefahrenerhöhung ergeben muss. Es ist auch wichtig, dass es in den Raucherberei-

chen genügend Aschenbecher gibt und dass die Mitarbeiter darauf hingewiesen werden, dass das Wegwerfen von Zigarettenresten und das Rauchen in Rauchverbotszonen disziplinarische Folgen hat. Rauchen in gesetzlich verordneten Rauchverbotszonen gilt nicht als Kavaliersdelikt, was
der Belegschaft auch eindringlich gesagt werden muss.

6.2 Muster einer Brandschutzordnung

Mit Hilfe eines Brandschutzkonzepts wird sowohl die Brandentstehungs-
wahrscheinlichkeit, als auch die Brandschadenhöhe je Schadenfall verrin-
gert; beides wirkt sich positiv auf die Risikominimierung aus. Zu einem
Brandschutzkonzept gehört jedoch mehr als die einmalige Umsetzung einiger Maßnahmen; ein Brandschutzkonzept „lebt", unterliegt Änderungen
und muss regelmäßig angepasst werden.

Nur ein Mitarbeiter oder ein Team aus dem Unternehmen kann solch ein
Konzept am Leben erhalten und sich um die Einhaltung der Inhalte kümmern. Folgende Punkte sollen Bestandteil sein:

- Kritikpunkte zum Brandschutz abstellen:
  - Wünsche und Ansprüche des Unternehmens umsetzen, z.B. um einen
    einheitlichen Brandschutzstandard zu erreichen,
  - Kritikpunkte der Feuerversicherung nach einer Begehung abstellen,
  - Kritikpunkte von Behörden (Feuerwehr, Gewerbeaufsicht, Berufsge-
    nossenschaft) abstellen,
  - Vorgaben der Baubehörde einhalten (z.B. Wartung von sicherheits-
    technischen bzw. brandschutztechnischen Gebäudebestandteilen wie
    Brandmeldeanlage, Türsteuersysteme).

- Verhalten im Alarmfall festlegen:
  - Alarmierung,
  - Alarmverfolgung.

- Ansprechpartner für verschiedene Notsituationen festhalten (Namen,
  Firmen, Telefonnummern, Handynummern, ggf. private Telefonnum-
  mern):
  - Wichtige Mitarbeiter,
  - Fremdhandwerker,
  - EDV-Lieferanten,
  - Zubehör-Lieferanten,

- Behörden,
- Versicherungen,
- Berufsgenossenschaft,
- Schadenmindernde Firmen (Sanierungsunternehmen),
- Firmen, die Wasser abpumpen können (falls die Feuerwehr überlastet ist).

• Technisches Brandschutzkonzept erfassen:

- Auflistung der Einrichtungen,
- Auflistung der nötigen Wartungen,

• organisatorischer Brandschutz, Brandschutz-Ordnung aufstellen,
• bauliche Vorgaben erfassen (und regelmäßig, insbesondere bei Umbauarbeiten kontrollieren),
• Abweichungen von brandschutztechnischen Vorgaben erfassen, begründen, kompensieren oder abstellen,
• alle Wartungs- und Instandhaltungsintervalle erfassen,
• Zuständigkeiten und Verantwortlichkeiten für den Normal- und den Brandfall schriftlich festlegen,
• Umgang mit Fremdfirmen festlegen (Auswahl, Begleitung, Unterweisung, Auswahl),
• sonstige sicherheitstechnische Belange untersuchen:

- Stromversorgung,
- Notstromversorgung (USV, NEA),
- Klimatechnik,
- Datensicherung, Datenauslagerung,
- Einbruch, Sabotage,
- Spionage,
- Schutz vor Wasser.

Man kann sich die durchaus anwendbare, praxisbezogene DIN 14096 besorgen, die vorgibt, nach welchem Schema eine Brandschutzordnung zu erstellen ist. Darüber hinaus kann man auch eine sog. Hausordnung erstellen, die für betriebsfremde Personen gilt und ihnen ausgehändigt wird. Auch der Feuerversicherer kann zur Erstellung von Brandschutzplänen (VdS 2030) und Brandschutzordnung Informationen kostenfrei zur Verfügung stellen.

Es gilt für die Brandschutzordnung, dass sie so umfangreich wie nötig, aber so kurz wie möglich gehalten werden soll. Somit hat man die Chance, dass die Mitarbeiter sie auch einmal durchlesen. Dennoch ist für ein komplexes Produktionsunternehmen mit all seinen ebenfalls wichtigen Nebenbereichen (z.B. Haustechnik, EDV, Strom, Verwaltung, Lager, Klima) natürlich eine umfangreichere Brandschutzordnung zu erstellen als für ein reines Verwaltungsunternehmen.

Eine Brandschutzordnung nach DIN 14096 gliedert sich in drei Teile:

A) Aushang (Verhalten im Brandfall); dieser Aushang sollte eine Seite umfassen, er kann Bestandteil eines Fluchtplans sein oder aber am schwarzen Brett aushängen. Darauf ist das Verhalten im Brandfall vermerkt:

- Ruhe bewahren,
- Brand melden (Tel.-Nr. 1 12 und/oder interne Nummer),
- Menschen warnen,
- Rettungsversuch unternehmen:
  - Behinderte retten,
  - Türen schließen, aber nicht verschließen,
  - Keine Aufzüge benutzen,
  - auf die Fluchtausschilderung achten (1. und 2. Fluchtweg),
  - auf Anweisungen achten,
- Löschversuch unternehmen:
  - Handfeuerlöscher benutzen,
  - Wandhydrant benutzen.

B) Schriftliche Ausarbeitung, die allen Mitarbeitern überreicht und vorgestellt wird.

C) Schriftliche Ausarbeitung für Mitarbeiter, die im Normalfall und im Brandfall besondere Aufgaben haben.

Folgende Vorschläge werden zum Inhalt vom Teil B gemacht:

- Handfeuerlöscher und Wandhydranten dürfen nicht verstellt werden.
- Jeder muss sich in seinem Bereich korrekt, ordentlich und sauber verhalten.
- Die Arbeitsbereiche sind aufgeräumt zu halten.
- Private Elektrogeräte zu betreiben ist nur nach Freigabe der Firmenleitung erlaubt.
- Themen wie Fluchtwege oder Löscharbeiten sollten nicht erst durchdacht werden, wenn es bereits brennt.
- Jeder Mitarbeiter ist für sein Tun und Unterlassen voll verantwortlich.
- In Fluren, Gängen und Treppenhäusern darf nichts abgestellt werden.

- Handfeuerlöscher sind nur bei Entstehungsbränden, nicht bei größren Bränden oder bei starker Rauchbildung einzusetzen.
- Bei Gerätebränden sollen wenn verfügbar Löscher mit CO_2 (Kohlendioxid) verwendet werden, bei Bränden von „normalen" Feststoffen Wasserlöscher.
- Bestehende und ausgeschilderte Rauchverbote sind unbedingt einzuhalten.
- Alle elektrischen/elektronischen Anlagen und Geräte sind entsprechend den jeweiligen Betriebsanweisungen zu betreiben.
- Nach Beendigung der Arbeit täglich überprüfen, ob alle benötigten Elektrogeräte ausgeschaltet sind und ob auch sonst keine Brandgefahr mehr besteht.
- Offenes Licht und Kerzen sind am Arbeitsplatz prinzipiell verboten.
- Zigarettenreste sind in die dafür eigens bereitgestellten, nichtbrennbaren, geschlossenen Abfallbehälter zu entleeren.
- Brennbare Flüssigkeiten (auch Reinigungsflüssigkeiten) sowie Sprühdosen dürfen nicht ohne Zustimmung des Vorgesetzten eingebracht, verwendet und gelagert werden.
- Brennbare Abfälle sind entsprechend den Anordnungen zu entsorgen.
- Sicherheitskennzeichnungen dürfen nicht verhängt, verändert, entfernt oder anders unkenntlich gemacht werden.
- Feuergefährliche Arbeiten dürfen nur mit Zustimmung des Vorgesetzten durchgeführt werden.
- In unterirdischen Etagen dürfen brennbare Flüssigkeiten und Gase nicht gelagert werden.
- In der EDV sind besondere Vorsichts- und Schutzmaßnahmen nötig:
  - nur CO_2-Handfeuerlöscher einsetzen,
  - Abfälle hier nie lagern,
  - auf Fehler anderer achten,
  - allgemein auf Missstände achten und diese abstellen, verhindern oder melden,
  - keine Lebensmittel und keine Getränke in die EDV-Räume mitbringen,
  - auf den Geräten nichts abstellen oder ablegen,
  - Schränke immer geschlossen halten,
  - auf eine Minimierung der Brandlasten achten,
  - mögliche Zündquellen vermeiden.
- Es sind Fluchtwege, Flächen für die Feuerwehr und Sammelplätze in der Brandschutzordnung aufzuführen sowie der Ort von Telefonen oder

Feuermeldern, Wandhydranten, Handfeuerlöschern und ggf. weiteren brandschutztechnischen Einrichtungen.

- Verrauchte Bereiche sollten gebückt oder sogar kriechend verlassen werden.
- Im Brandfall soll überlegt vorgegangen werden: Eine Menschenrettung ist immer wichtiger als die Brandbekämpfung oder die Brandmeldung.
- Wer Brände meldet, soll am Telefon ruhig und deutlich folgendes sagen und auf Rückfragen warten:

  - eigenen Namen nennen,
  - Namen der Firma nennen,
  - exakte Anschrift (Strasse, Nummer, ggf. Stadt) nennen,
  - schildern, was der eigenen Meinung nach passiert ist,
  - angeben, wie groß das Ausmaß ist,
  - exakt sagen, wo es passiert ist (z.B. im 2. Untergeschoss).

- Die Bedeutung der diversen akustischen und optischen Warnsignale wird beschrieben.
- Die weisungsbefugten Personen werden genannt.
- Wenn Gänge, Flure, Ausgangsbereiche oder Treppenhäuser schon stark verraucht sind, ist es oft sinnvoller und weniger lebensbedrohlich, wenn man in den Räumen wartet und die Türen schließt als wenn man durch den Rauch läuft (über 95 % aller Brandtoten sind Rauchtote).
- Ein Löschversuch sollte möglichst nicht alleine, sondern zu zweit unternommen werden.
- Die Anweisung, wie Handfeuerlöscher eingesetzt werden sollte enthalten sein, sie ist vom Lieferanten der Feuerlöscher, aber auch vom Feuerversicherer kostenfrei erhältlich.
- Falls noch möglich sollten wertvolle Arbeitsmittel, Datenträger usw. bei der Räumung mitgenommen werden.
- Die Räume sollten möglichst geordnet, ruhig aber zügig verlassen werden.
- Wenn es sinnvoll ist, sollen Anlagen abgeschaltet, Maschinen still gesetzt, Ventile geschlossen, elektrische Anlagen stromlos geschaltet und Laufbänder abgeschaltet werden.
- In Küchen ist auf das richtige Löschmittel zu achten, es sollte kein Wasser auf brennende Pfannen oder Friteusen gespritzt werden.

Der Teil C der Brandschutzordnung beschreibt, dass bestimmte Mitarbeiter, die besonders sensibilisiert und geschult sind, besondere Aufgaben übernehmen. Dies gilt sowohl im normalen Betrieb als auch im Brandfall. Diese Mitarbeiter kennen einige Brandschutzmaßnahmen mehr als andere und achten auf deren Einhaltung in ihrem Arbeitsbereich. Verstöße gegen Vorschriften müssen diese Mitarbeiter nicht unbedingt abstellen aber melden. Im Brandfall haben diese Mitarbeiter weitere Aufgaben:

- Ohne das eigene Leben unnötig zu gefährden, stehen sie für eine geordnete Gebäuderäumung zur Verfügung.
- Sie können der Feuerwehr Fragen beantworten.
- Sie können die Mitarbeiter auf die Sammelplätze hinweisen.
- Sie müssen Brandschutztüren und -tore schließen.
- Sie müssen noch laufende Anlagen abschalten.
- Sie müssen alle Räume in ihrem Bereich soweit möglich auf noch anwesende Personen überprüfen.
- Sie schalten evtl. EDV-Anlagen und die Klimatisierung ab, bedienen den Not-Aus-Schalter.
- Sie müssen RWA-Anlagen aktivieren.
- Sie haben Rauchschürzen zu bedienen.
- Nach dem Eintreffen der Feuerwehr stehen sie für deren Fragen zur Verfügung.
- Brandschutz-Helfer nach Teil C der Brandschutzordnung kennen die wesentlichen organisatorischen Brandschutz-Vorschriften und melden selbständig im normalen Betrieb Verstöße bzw. stellen sie selbständig ab.
- Brandschutz-Helfer können mit Handfeuerlöschern gut und sicher umgehen.
- Brandschutz-Helfern fällt auf, wenn Hinweisschilder verändert oder entfernt wurden und sie leiten die erneute Anbringung ein.
- Brandschutz-Helfer weisen Kollegen freundlich, aber bestimmt auf brandschutztechnische Verstöße hin (wie z.B. Kippen in Restmüll werfen).
- Brandschutz-Helfer lösen ggf. automatische oder manuelle Löschanlagen aus.
- Brandschutz-Helfer schließen Löschwasser-Rückhaltevorrichtungen.
- Brandschutz-Helfer achten darauf, dass keine Schaulustigen sich selbst oder Dritte gefährden oder die Feuerwehr behindern.
- Brandschutz-Helfer haben Übersichtspläne und ggf. Schlüssel oder Magnetkarten, damit sie der Feuerwehr Türen öffnen und den Weg weisen können.
- Brandschutz-Helfer achten nach einem erfolgreichen Einsatz der Feuerwehr darauf, dass es nicht zu einer Rückzündung kommt.

- Brandschutz-Helfer wissen von den Rauchgefahren und bewahren andere vor der eigenen Unwissenheit, wenn diese sich fahrlässig in Gefahr begeben.
- Brandschutz-Helfer melden, wenn Rauch- oder Brandschutztüren bzw. deren Ansteuer-Mechanismen defekt sind oder wenn die Prüffristen überschritten sind.
- Brandschutz-Helfer haben meist eine Ausbildung in Erster Hilfe.
- Brandschutz-Helfer haben Namen und Telefonnummern von mindestens folgenden Personen/Institutionen parat:

  – Feuerwehr,
  – Brandschutz-Beauftragter,
  – Werkleitung,
  – Vertretung,
  – Sicherheits-Fachkraft,
  – Betriebsrat,
  – weitere wichtige Mitarbeiter,
  – technische Mitarbeiter der Betriebsunterhaltung (Gas, Wasser, Heizung, Klima, Druckluft),
  – Betriebsarzt,
  – Polizei,
  – Rotes Kreuz,
  – nächstes Krankenhaus,
  – zuständiger Arzt,
  – Gaswerk,
  – Wasserwerk,
  – Technisches Hilfswerk,
  – Telefon-Stördienst,
  – Elektrizitätswerk,
  – Feuerversicherungen.

Darüber hinaus haben Unternehmen nach der BGV A 1 einen Alarmplan aufzustellen. Hier ist gefordert, dass die Mitarbeiter die nachfolgenden Informationen erhalten.

- Externe Telefonnummern von:

  – Polizei,
  – Feuerwehr,
  – Krankenhaus,
  – Störfällen,
  – Sabotage/Streik,

- interne Telefonnummern von

  - dem Vertriebsleiter,
  - dem Bereichsleiter,
  - dem Abteilungsleiter,
  - den Sicherheitsfachkräften.

- Informationen für Sofortmaßnahmen bei Unfällen und Bränden:

  - Anbringungsort vom nächsten Erste-Hilfe-Kasten bzw. vom Verbandskasten,
  - zuständiger Arzt,
  - zuständiges Krankenhaus,
  - Lage vom elektrischen Hauptschalter, von Unterverteilungen und von Sicherungsschränken sowie von Not-Aus-Schaltern,
  - Lage von Gasschiebern,
  - Lage von Wasserschiebern,
  - Lage von Handfeuerlöschern und Wandhydranten sowie ggf. weiteren brandschutztechnischen Einrichtungen.

6.3 Benötigte Löschmittelmengen

Die Arbeitsstättenverordnung fordert indirekt die Anwesenheit von Feuerlöschern in Arbeitsstätten im § 13 (Schutz gegen Entstehungsbrände): Für die Räume müssen je nach Brandgefährlichkeit der in den Räumen vorhandenen Betriebseinrichtungen und Arbeitsstoffen die zum Löschen möglicher Entstehungsbrände erforderlichen Feuerlöscheinrichtungen vorhanden sein. Die Feuerlöscheinrichtungen müssen leicht zugänglich und leicht zu handhaben sein.

Man benötigt nicht für jeden Raum Feuerlöscher bzw. Feuerlöscheinrichtungen, sondern für jede Nutzungseinheit. Eine Nutzungseinheit kann ein Raum sein (z.B. ein großer, unbedienter EDV-Raum). Generell gilt jede Ebene als eigene Nutzungseinheit, d.h. man benötigt auf jeder Ebene Feuerlöscheinrichtungen. Es ist nicht legitim, wenn man erst über eine Treppe gehen muss, um diese zu holen. Zulässig ist es dagegen, wenn man an den Ein- und Ausgängen eines Bereichs mehrere Feuerlöscher zusammen anbringt.

Abb. 6.4 Nur Wandhydranten mit formstabilen Schläuchen können schnell eingesetzt werden

Die Arbeitsstättenverordnung ist die Grundlage für die Anschaffung von Handfeuerlöschern. Darin steht jedoch nichts über Quantität und Qualität, lediglich dass das Löschmittel geeignet sein muss, wird gefordert. Eine berufsgenossenschaftliche Vorschrift, die BGR 133 regelt Löschmittelarten und Löschmittelmengen.

Feuerlöscher müssen geprüft und zugelassen sein (DIN EN 3). Nicht die Löschmittelmenge (kg oder l), sondern die Löschleistung, das Löschvermögen wird beurteilt. Hierzu gibt es sog. Löschmitteleinheiten (LE), die für Feststoffe und Flüssigkeiten indirekt auf den Löschern vermerkt sind; die nachfolgende Tabelle 1 gibt Auskunft darüber. Ein ABC-Pulverlöscher mit 6 kg Löschpulver hat z. B. den Aufdruck „21 A, 113 B". Das bedeutet, dass eine definierte Menge Holz über eine Länge von 2,1 m gelöscht werden kann, oder eine Menge von 113 l brennbarer Flüssigkeit in einer Wanne. Nach Tabelle 6.1 entspricht dieser Löscher der Einstufung: 6 LE (= 6 Löschmitteleinheiten).

Tabelle 6.1 Löschmitteleinheiten verschiedener Feuerlöscher

Löschmitteleinheiten (LE) [*]	Feuerlöscher nach DIN EN 3, „A"	Feuerlöscher nach DIN EN 3, „B"
1	5 A	21 B
2	8 A	34 B
3		55 B
4	13 A	70 B
5		89 B
6	21 A	113 B
9	27 A	144 B
10	34 A	
12	43 A	183 B
15	55 A	233 B

[*] Ein fahrbarer Löscher **K 30** (= Löscher mit 30 kg Kohlendioxid) entspricht **15 LE**; ein fahrbarer Pulverlöscher mit 50 kg Löschpulver entspricht 48 LE

Nun gilt es, lt. BGR 133 die Brandgefährdung festzulegen. Hierfür gibt es Listen, in denen man verschiedene Unternehmensarten bzw. -bereiche findet. Die für viele Unternehmen relevanten Bereiche sind (In der BGR 133 finden sich hier wesentlich mehr Unternehmensarten und -bereiche):

Geringe Brandgefährdung:

- EDV-Bereiche ohne Papier (d.h. ohne Druckbereich, also lediglich die EDV-Geräte)
- Bürobereiche ohne Aktenlagerung
- Eingangs- und Empfangshallen
- Lager mit nichtbrennbaren Gegenständen und geringem Anteil an brennbarer Verpackung
- Lager mit nichtbrennbaren Baustoffen
- Ziegelei, Betonwerk
- Herstellung von Glas und Keramik
- Papierherstellung im Nassbereich
- Konservenfabrik
- Brauerei
- Stahlbau, Maschinenbau
- Gärtnerei
- Galvanik
- Dreherei

Mittlere Brandgefährdung:

- EDV-Bereiche mit Papier (also mit Druckerbereichen)
- Küchen, Kantinenbereiche

- Bürobereiche mit Aktenlagerung
- Archive
- Lager mit brennbarem Material
- Holzlager im Freien
- Lager für Verpackungsmaterial
- Reifenlager
- Schlosserei
- Lederbetrieb
- Backbetrieb
- Elektrowerkstatt
- Brotfabrik
- Kunststoff-Spritzgießerei
- Reifenlager
- Buchhandel
- Ausstellung
- Möbellager

Große Brandgefährdung:

- Archive
- Altpapierlager
- Abfall-Sammelräume
- Holzlager in Gebäuden
- Lager brennbarer Flüssigkeiten und leichtentzündlicher Stoffe
- Baumwoll-Lager, Holzlager, Schaumstofflager
- Kinos
- Diskotheken
- Möbelherstellung
- Verarbeitung von Lacken
- Druckerei
- Kfz-Werkstatt
- Tischlerei, Schreinerei
- Polsterei

Mit dieser Liste wird also zunächst die Brandgefährdung festgestellt. Danach ist anhand von Tabelle 6.2 festzulegen, wie viele Löschmitteleinheiten man für die Fläche benötigt.

Tabelle 6.2 Benötigte Löschmitteleinheit je Fläche

Grundfläche	Geringe Brand-gefährdung	Mittlere Brand-gefährdung	Große Brand-gefährdung
0 – 50 m²	6 LE	12 LE	18 LE
50 – 100 m²	9 LE	18 LE	27 LE
100 – 200 m²	12 LE	24 LE	36 LE
200 – 300 m²	15 LE	30 LE	45 LE
300 – 400 m²	18 LE	36 LE	54 LE
400 – 500 m²	21 LE	42 LE	63 LE
500 – 600 m²	24 LE	48 LE	72 LE
600 – 700 m²	27 LE	54 LE	81 LE
700 – 800 m²	30 LE	60 LE	90 LE
800 – 900 m²	33 LE	66 LE	99 LE
900 – 1.000 m²	36 LE	72 LE	108 LE
Je weitere 250 m²	6 LE	12 LE	18 LE

Um zu bestimmen, wie viele Handfeuerlöscher man braucht, geht man nach dem unten aufgeführten vierteiligen Schema vor:

Festlegung der korrekten Brandklassen für den Einsatzbereich (Raum, Halle, Etage)

Es gibt folgende Brandklassen:

A (Brennbare Feststoffe)
B (Brennbare Flüssigkeiten und flüssig werdende Stoffe)
C (Brennbare Gase)
D (Brennbare Metalle)

Je nach Brandklasse wählt man das Löschmittel aus, das sinnvoll, geeignet, effektiv und nicht gefährdend ist. Ein Problem resultiert daraus, dass die alte Brandklasse „E" (= elektrische/elektronische Geräte und Anlagen) ersatzlos abgeschafft wurde und diese nun zur Brandklasse „A" fallen – was nur bedingt richtig ist, denn es sind keine glutbildenden Brände. Es ist allgemein üblich, zugelassen, effektiv und legitim, Löscher mit Kohlendioxid (die jetzt nur noch für B-Brände (= Flüssigkeiten) zugelassen sind), für derartige Bereiche einzusetzen.
Wenn keine brennbaren Flüssigkeiten oder brennbaren Gase vorhanden sind, benötigt man für hierfür auch keinen Löscher, d.h. die Brandklassen B und C müssen nicht abgedeckt werden. Generell sollte man Flüssigkeiten und Gase ohnehin nur in Ausnahmefällen selber löschen. Daraus folgt,

dass man nirgends Pulverlöscher braucht, denn man kann ebenso Wasserlöscher mit Zusatzmitteln oder Schaumlöscher einsetzen.

Ermittlung der Brandgefährdung

- Geringe Brandgefährdung gilt z.B. für EDV-Bereiche ohne Papier, d.h. ohne Drucker.
- Mittlere Brandgefährdung gilt z.B. für normale Bürobereiche.
- Hohe Brandgefährdung gilt z.B. für Archive oder den Müll-Lagerraum.

Festlegung der benötigten Löschmitteleinheiten nach Tabelle 6.2

In Abhängigkeit der Flächen (Räume, ohne Gänge) und unter Berücksichtigung der Brandgefährdung (gering, mittel, groß) kann man ablesen, wie viel LE man benötigt.

Bestimmen der benötigten Anzahl von Löschern gemäß Tabelle 6.1

- Auf jedem Löscher steht eine Zahl vor den Buchstaben A und/oder B (C ist nicht klassifiziert), mit dieser Zahl kann aus Tabelle 6.1 die Anzahl der Löscheinheiten bestimmt werden.
- Hat man berechnet, dass man 16 LE benötigt, bräuchte man also vier von diesen Löschern.
- Die LE verschiedener Löscher bzw. verschiedener Löschmittel dürfen addiert werden.

Ein Problem auf das die Vorschrift nicht eingeht ist die Ausrüstung von EDV-Bereichen mit CO_2-Löschern. Löscher mit Kohlendioxid sind für Brände an und in elektrischen und elektronischen Anlagen und Geräten bestens geeignet und auch bei Kabelbränden sehr gut einsetzbar. Es steht jedoch keine Löschmitteleinheit für Feststoffe auf dem Löscher, sondern lediglich Löschmitteleinheiten für Flüssigkeiten. Üblicherweise sind aber keine brennbaren Flüssigkeiten in EDV-Bereichen vorhanden, sondern lediglich die Elektrogeräte, ggf. auch Drucker.

Handfeuerlöscher sind dafür gedacht, Entstehungsbrände in der Entstehungsphase zu bekämpfen. Es wird deshalb empfohlen, mehrere Feuerlöscher in großen Räumen bzw. Hallen bereit zu stellen, damit wenig Zeit zwischen dem Holen des Löschers und dem Löschereinsatz vergeht. Nicht

Sinn von mehreren Handfeuerlöschern ist es nach dem Willen des Gesetzgebers, dass ein größerer Brand von den Mitarbeitern mit mehreren Handfeuerlöschern bekämpft wird – das ist Aufgabe der zuständigen Feuerwehr.

Tabelle 6.3 gibt Hinweise, bei welchen Räumlichkeiten welche Löscher eingesetzt werden sollen.

Tabelle 6.3 Geeignete Löschmittel für verschiedene Bereiche

	Pulver oder Schaum [1]	CO_2	Wasser [2]	CO_2 und Wasser
Büroräume	-	+	+	++
Technische Geräte	-	+	0	-
Treppenhäuser	0	-	+	0
Kellerräume	0	-	+	-
Heizungsräume	+	0	-	-
Lagerräume	0	-	+	-
Labore	0	+	0	0
Kraftfahrzeuge	+	0	-	-
Außenbereiche	+	-	+	-
Schaltzentralen	-	+	-	0
Produktionshallen	0	0	0	++
Elektronikräume	-	+	-	0
Öltank	+	0	-	-

[1] Niemals Pulver **und** Schaum gleichzeitig einsetzen.

[2] Wasser mit Zusatzstoffen ist effektiver, gefriert bei 0 °C nicht und ist unter bestimmten Voraussetzungen auch bei brennbaren Flüssigkeiten geeignet.

++ = ideale Kombination für diese Bereiche
+ = geeignet
0 = unter Vorbehalt geeignet
- = nicht geeignet

Wie lange kann ein Löscher funktionsfähig sein? Dies wird von brandschutztechnischen Laien oft überschätzt. Meist stehen Löscher nur wenige Sekunden zur Verfügung, d.h., es muss so effektiv wie möglich gelöscht werden. Kohlendioxidlöscher sind aufgrund der Vergasung des flüssig gelagerten Löschmittels etwa doppelt so lange einsatzbereit wie andere Handfeuerlöscher.

Abb. 6.5 Die falsche Löschmittelwahl kann tödlich sein: Hier sollte ein Magnesiumbrand mit Wasser gelöscht werden

Tabelle 6.4 Löschzeiten verschiedener Löschmittel

Füllmengen (kg oder l)	Wasser	Schaum	Pulver	CO_2
2	2 s	4 s	4 s	8 s
3	3 s	6 s	8 s	12 s
6	6 s	9 s	15 s	19 s
9	9 s	12 s	18 s	22 s
10	10 s	12 s	20 s	24 s
12	12 s	15 s	25 s	30 s

Um die Gefahr zu minimieren, dass Mitarbeiter im Brandfall den falschen Löscher einsetzen, genügt die Ausschilderung auf dem Löscher selbst nicht. Von brandschutztechnischen Laien kann nicht verlangt werden, dass sie die dort verwendeten Abkürzungen (A, B, C und D, an alten Löschern auch noch E) in der Notsituation richtig interpretieren. Deshalb sollen große Hinweisschilder an oder über jedem Löscher angebracht sein, die auf die jeweiligen Einsatzmöglichkeiten und -grenzen hinweisen.

7 Abfall- und Umweltmanagement

Sowohl im Arbeits- und Gesundheitsschutz, als auch im betrieblichen Umweltschutz werden die Anforderungen an Unternehmen immer höher. Neue Rechtsgrundlagen formulieren komplexe neue Aufgaben, eröffnen aber zugleich Chancen, den Arbeits-, Gesundheits- und Umweltschutz in den Betrieben zu optimieren. Das neue Arbeitsschutzgesetz z.B. zielt unter anderem auf Prävention arbeitsbedingter Erkrankungen und fordert umfassende Arbeitsplatz- und Gefährdungsanalysen. Und mit der EG-Öko-Audit-Verordnung wurde erstmals ein System aufgebaut, mit dem der Umweltschutz systematisch und vorsorgend in den Produktionsprozess integriert, regelmäßig kontrolliert und kontinuierlich verbessert werden kann. Durch Umweltmanagementsysteme sollen die Unternehmen sich hierzu eigenständig zuverlässige Strukturen und Verantwortlichkeiten schaffen.

Viele Unternehmen, gerade kleinere und mittlere Betriebe, haben häufig Probleme, überhaupt die gesetzlichen Mindeststandards einzuhalten. Das umfassende Regelwerk konnte schon bisher von den betrieblichen Akteuren kaum noch überschaut, geschweige denn entsprechend in die Praxis umgesetzt werden. Mit der Bewältigung der neuen Anforderungen fühlen die Betriebe sich erst recht finanziell und organisatorisch überfordert. Aus eigener Kraft können vor allem kleine und mittlere Betriebe dies nur selten leisten. Sie brauchen Angebote, die die verwirrende Vielfalt der Anforderungen überschaubar strukturieren sowie konkrete Hilfestellungen bei der Entwicklung und Umsetzung praktikabler Konzepte.

Bisher werden Umweltschutz und Arbeitsschutz im Betrieb zumeist isoliert voneinander betrachtet. Ein effizientes, einheitliches betriebliches Handeln zum Schutz der Umwelt *und* der Gesundheit der Beschäftigten ist so oft nur schwer zu verwirklichen.

Die Anforderungen im Umweltschutz und im Arbeitsschutz überschneiden sich vielfach. Besonders deutlich wird dies z.B. in der Gefahrstoffproblematik, die beide Themenkomplexe betrifft. Neben den fachlich-inhaltlichen Übereinstimmungen gibt es auch strukturelle und methodische Schnittstellen. Prävention ist eine Vorgabe für beide Systeme, und beide sehen spezifische betriebliche Experten und Gremien vor. Risikopotenziale werden in beiden Bereichen systematisch ermittelt und auch die Qualifikation der Beschäftigten ist in beide Systeme einbezogen. Im Arbeitsschutz steht dabei sicheres und gesundheitsförderndes, im Umweltschutz umweltgerechtes Handeln im Vordergrund. Eine Bündelung des Fachwissens, aber auch der Planungs-, Umsetzungs- und Kontrollverfahren erscheint daher sinnvoll.

Ein integriertes Vorgehen mittels innovativer, zukunftsweisender Konzepte kann die Praxis sowohl des Arbeits- und Gesundheits- als auch des betrieblichen Umweltschutzes in Klein- und Mittelbetrieben optimieren. Beide Bereiche können voneinander profitieren:

- Die bereits bestehenden Verfahren, Strukturen und Akteure des Arbeitsschutzes können die Einführung eines effektiven Umweltmanagements fördern und die Mitbestimmungsstrukturen im Arbeitsschutz können zur Verbesserung des betrieblichen Umweltschutzes genutzt werden.
- Die Instrumente des Umweltmanagements können zur Weiterentwicklung des Arbeits- und Gesundheitsschutzes beitragen, der insbesondere durch die Orientierung des Umweltmanagements auf Motivation und Beteiligung einen Schub erfahren kann.

Gerade für kleine und mittlere Unternehmen kann sich ein integriertes Managementsystem positiv auswirken: klare Verantwortlichkeiten und zuverlässige Strukturen können die Überforderung verringern. Die Einhaltung der Vorschriften wird erleichtert, wenn zugleich ökologische und gesundheitliche Anforderungen systematisch und vorausschauend in allen betrieblichen Aufgabenbereichen berücksichtigt werden.

7.1 Gesetzliche und systembedingte Forderungen

Der Arbeitsschutz ist ein traditionsreiches Feld betrieblichen Handelns. Schon 1869 wurde die Gewerbeordnung erlassen, die mit § 120a den „Gewerbeunternehmer" verpflichtete, die Arbeitnehmer vor „Gefahren für Leben und Gesundheit" zu schützen. Anfang des 20. Jahrhunderts wurde durch die Reichsversicherungsordnung die Grundlage für die gesetzliche Unfallversicherung gelegt. Mit dem Sozialgesetzbuch VII (SGB VII) wurde erstmals eine Funktion betrieblicher Akteure des Arbeitsschutzes implementiert: die Sicherheitsbeauftragten gemäß SGB VII. Inzwischen bilden die Rechtsgrundlagen zum Themenkreis Arbeitsschutz ein komplexes System, wie Tabelle 7.1 verdeutlicht.

Tabelle 7.1 Rechtsgrundlagen zum Arbeitsschutz

Thema	Gesetze	Verordnungen	weitere Grundlagen
Gefahrstoffe	• Chemikaliengesetz (ChemG) • Bundes-Immissionsschutzgesetz (BimSchG) • Gesetz über die Beförderung gefährlicher Güter	• Gefahrstoffverordnung (GefStoffV) • Störfall-Verordnung (12.BimSchV) • Technische Regeln brennbarer Flüssigkeiten • Verordnung über Immissionsschutzbeauftragte (5. BimSchV) • Gefahrgutverordnung	• Technische Regeln Gefahrstoffe (TRGS) • Unfallverhütungsvorschriften (BGV)
Organisation der Arbeitssicherheit	• Reichsversicherungs-ordnung (RVO) • Arbeitssicherheitsgesetz (ASiG) • Arbeitsschutzgesetz (ArbSchG)	• BetriebssicherheitsVO (BetrSichV)	• Allgemeine Verwaltungsvorschriften (AVwV) • Unfallverhütungsvorschriften (BGV)
Arbeitsplatzgestaltung	• Arbeitsschutzgesetz (ArbSchG)	• Arbeitsstättenverordnung (ArbStättV)	• Arbeitsstättenrichtlinien (ASR) • Unfallverhütungsvorschriften (BGV) • diverse Normen
Maschinensicherheit	• Gerätesicherheitsgesetz (GSG)	• Verordnungen zum Gerätesicherheitsgesetz (GSGV)	• Unfallverhütungsvorschriften (BGV) • diverse Normen

Das deutsche Arbeitsschutzrecht setzt sich zusammen aus Gesetzen und Verordnungen, Richtlinien, Technischen Regeln und Normen. Ergänzt wird das Regelwerk durch die Unfallverhütungsvorschriften, Richtlinien und Merkblätter der Berufsgenossenschaften. Hinzu kommen EU-Richtlinien: etwa die Arbeitsschutz-Rahmenrichtlinie 89/391/EWG sowie darauf aufbauende Einzelrichtlinien (z.B. die Maschinenrichtlinie 89/392/ EWG oder die Bildschirmrichtlinie 90/270/EWG), die nach und nach in deutsches Recht umgesetzt wurden.

Abb. 7.1 Professionelle Aufbewahrung von Gefahrstoffen (Quelle: Menshen GmbH)

Die Rechtslage im betrieblichen Umweltschutz ist eher noch komplexer, als im Arbeits- und Gesundheitsschutz. Tabelle 7.2, die nur einige der geltenden Rechtsgrundlagen für ausgewählte Themengebiete anführt, soll dies veranschaulichen.

Tabelle 7.2 Rechtsgrundlagen zum Umweltschutz

Thema	Gesetze	Verordnungen	weitere Grundlagen
Abfall	• Kreislaufwirtschafts- und Abfallgesetz (KrW/AbfG) • Landesabfallgesetze (z.B. NRW: LabfG-NW)	• Verordnung über Betriebsbeauftragte für Abfall • Abfallbestimmungsverordnung (AbfBestV) • Reststoffbestimmungsverordnung	• Technische Anleitung Abfall (TA Abfall) • Technische Anleitung Siedlungsabfall (TA Siedlungsabfall) • Katalog der Abfallschlüsselnummern (ASN) der Län-

		(RestBestV)	der-Arbeits-gemeinschaft-Abfall (LAGA)
		• Abfall- und Reststoff-Überwachungs-verordnung (AbfRestÜberwV)	• Kommunale Abfall-satzungen und Abfallwirt-schaftskonzepte
		• VO über die Entsorgung ge-brauchter halo-genierter Löse-mittel (HKWAbfV)	• Abfallentsor-gungspläne der Länder
		• Altölverordnung (AltölV)	
		• Verpackungs-verordnung (VerpackV)	
Wasser/ Abwasser	• Wasserhaus-haltsgesetz (WHG) • Abwasserabga-bengesetz (AbwAG)	• Verordnung über Anlagen zum Umgang mit wasserge-fährdenden Stoffen und ü-ber Fachbetriebe (VAwS) • Verordnung über die Her-kunftsbereiche von Abwasser (AbwHerkV)	• Abwasserver-waltungs-vorschriften (AvwV) • Kommunale Abwasser-satzungen , Ka-nal- und Rohr-netzpläne
Immissions-schutz	• Bundes-Immissions-schutzgesetz (BimSchG)	• 22 Einzelver-ordnungen zum BimSchG (BImSchV), u.a. Verordnung über genehmi-gungsbedürftige Anlagen (4. BimSchV), Verordnung über Immis-sionsschutz- und Störfallbeauf-tragte	• Technische An-leitung Luft (TA Luft) • Technische An-leitung Lärm (TA Lärm) • Geruchsimmis-sionsricht-linie NRW (bundes-weit zur An-wendung emp-fohlen)

		(5. BimSchV), StörfallV (12. BimSchV)
Energie	• Energieeinsparungsgesetz (EnEG)	• Wärmeschutzverordnung

Unberücksichtigt bleibt in dieser Übersicht z.B. das in sich bereits umfangreiche Gefahrstoffrecht, das zahlreiche umweltrelevante Vorschriften beinhaltet und somit ebenfalls für den betrieblichen Umweltschutz zu beachten ist. Dies betrifft die Themenbereiche Abfall, Immissionsschutz und Wasser/Abwasser gleichermaßen.

Die Mehrzahl dieser Gesetze wurde in den 80er und 90er Jahren entweder neu erlassen, oder aber grundlegend überarbeitet und verändert. Von einer langjährigen Tradition des Gesetzeswerkes kann also im betrieblichen Umweltschutz im Gegensatz zum Arbeits- und Gesundheitsschutz nicht die Rede sein. Die Komplexität und Unübersichtlichkeit des Umweltrechtes ergibt sich nicht allein aus der Vielzahl der geltenden Rechtsgrundlagen, sondern wird noch erhöht durch eine große Anzahl von Querverweisen zwischen verschiedenen Gesetzen zu unterschiedlichen Themengebieten. So zitiert z.B. das Kreislaufwirtschafts- und Abfallgesetz (KrW/AbfG) in weiten Teilen das BImSchG. Wer sich etwa über die Aufgaben und Pflichten des betrieblichen Abfallbeauftragten informieren will, wer nachschlagen möchte, ob der Betrieb eine zur Abfallvermeidung verpflichtete Anlage ist oder feststellen will, ob das Unternehmen ein Abfallwirtschaftskonzept erstellen muss, der muss zugleich in *zwei* umfangreichen Gesetzen nachschlagen, und ggf. die jeweils darauf aufbauenden Verordnungen ebenfalls zu Rate ziehen. Ursache hierfür ist das Bestreben des Gesetzgebers, ein einheitliches, homogenes Umweltrecht zu schaffen. Neuere Gesetze und Verordnungen wurden nach dem Muster des BImSchG verabschiedet. So ist das Ziel, die geltenden Rechtsgrundlagen zu vereinheitlichen, durchaus sinnvoll.

Abb. 7.2 Behälter zum Aufbewahren ölgetränkter Putzlappen (gesetzeswidrig, da brennbar)

7.2 Systematische Umsetzung im Betrieb, Überwachung

Anders als im Arbeitsschutz gibt es für den betrieblichen Umweltschutz keinen gesetzlich definierten Fachverantwortlichen, der etwa eine analoge Funktion zur Sicherheitsfachkraft inne hätte. Je nach Art und Größe des Betriebes, und je nachdem, welche Umweltgefährdungen Stoffe, Produkte und Produktionsverfahren erwarten lassen, schreiben verschiedene Rechtsgrundlagen unterschiedliche fachspezifische Betriebsbeauftragte vor. Im Einzelfall können so bis zu neun unterschiedliche Umweltbeauftragtenfunktionen für einen Betrieb relevant sein:

1. Betriebsbeauftragter für Abfall – nach KrW-AbfG,
2. Betriebsbeauftragter für Gewässerschutz – nach WHG,
3. Betriebsbeauftragter für Immissionsschutz – nach BimSchG,
4. Störfallbeauftragter – nach BImSchG/5. BimSchV
5. Gefahrgutbeauftragter – nach GefahrgutbeauftragtenV,
6. Strahlenschutzbeauftragter – nach StrahlenschutzV/RöntgenV,
7. Laserschutzbeauftragter – nach BGV B 2,
8. Beauftragter für biologische Sicherheit – nach Gentechnikgesetz/ GentechniksicherheitsV,
9. Tierschutzbeauftragter – nach Tierschutzgesetz.

Hinzugerechnet werden zudem:

1. Betriebsarzt – nach ASiG/SGB VII,
2. Sicherheitsfachkraft – nach ASiG/RVO/SGB VII,
3. Sicherheitsbeauftragter – nach RVO/BGV A 1,
4. Datenschutzbeauftragte – nach Bundesdatenschutzgesetz.

Deren Aufgaben und Arbeitsbereiche können sich mit denen der spezifischen Umweltbeauftragten überschneiden. Das umweltrelevante Beauftragtenwesen wird ergänzt durch zahlreiche Sachverständige und Sachkundige, die z.T. betriebsintern als Beauftragte bezeichnet werden. Genannt seien hier der Brandschutzbeauftragte und der Katastrophenschutzbeauftragte.

Um die Arbeit verschiedener Betriebsbeauftragter zu koordinieren und die nötige enge Zusammenarbeit sicherzustellen, schreibt der Gesetzgeber die Bildung eines *Umweltausschusses* vor, wenn mehrere Beauftragte bestellt wurden. Dies gilt ausdrücklich nicht nur für mehrere Immissionsschutzbeauftragte, sondern auch für „weitere Beauftragte nach anderen gesetzlichen Vorschriften". Ferner hat der Arbeitgeber „für die Zusammenarbeit der Betriebsbeauftragten mit den im Bereich des Arbeitsschutzes beauftragten Personen" zu sorgen.

Der betriebliche Umweltschutz ist im Gegensatz zum Arbeits- und Gesundheitsschutz ein relativ neues Feld unternehmerischer Betätigung und hat in den letzten Jahren zunehmend an Bedeutung gewonnen, nicht zuletzt durch die Medienrelevanz ökologischer Themen. Demgemäss sind die Strukturen in den Betrieben eher selten eingespielt. Viele Unternehmen fangen mit dem Aufbau einer betrieblichen Umweltschutzorganisation bei Null an, etwa durch:

- Benennung eines oder mehrerer Umweltbeauftragter,
- Einrichtung von Gremien (etwa einem Umweltausschuss und/oder Umweltarbeitskreisen mit Mitarbeiterbeteiligung),
- Festlegung von Funktionen und Verantwortlichkeiten,
- Entwicklung von Kooperationsstrukturen,
- Gestaltung von Mitbestimmungs- und Beteiligungsmöglichkeiten,
- Neudefinition betrieblicher Arbeitsabläufe,
- Modernisierung von Kommunikationsformen.

Häufig ergibt sich dieser organisatorische Handlungsbedarf erst, nachdem bereits einige ökologische Schritte verwirklicht wurden, die isoliert nur bedingt Effektivität zeigten. Im Sinne eines Öko-Aktionismus werden nach dem Gießkannenprinzip insbesondere technisch-reparative, leicht umsetzbare und amortisierbare Umweltschutzmaßnahmen durchgeführt.

Somit entsteht eine Ansammlung von Insellösungen, durch die Innovationsreserven ohne sichtbare Erfolge ausgegeben werden.

Der Grundgedanke des Rats der Europäischen Union für die Einführung eines Umweltmanagement- und Umweltbetriebsprüfungssystems (EMAS) ist das Verursacherprinzip: „Die Industrie trägt Eigenverantwortung für die Bewältigung der Umweltfolgen ihrer Tätigkeiten und sollte daher in diesem Bereich zu einem aktiven Konzept kommen" [Präambel Öko-Audit-VO, ABl., 1993, S. 22]. EMAS ist ein „System zur Bewertung und Verbesserung des betrieblichen Umweltschutzes ... und zur geeigneten Unterrichtung der Öffentlichkeit" [Art. 1 Abs. 1 Öko-Audit-VO, ABl., 1993, S. 24], an dem sich gewerblich tätige Unternehmen freiwillig beteiligen können.

Erster Schritt ist dabei die Ausarbeitung einer unternehmensbezogenen *Umweltpolitik*, mit der umweltbezogene Gesamtziele und Handlungsgrundsätze des Unternehmens formuliert werden. Gegebenenfalls sind diese ökologischen Leitlinien standortübergreifend zu formulieren. Die Umweltpolitik legt das Fundament für die folgenden Schritte zum Aufbau eines Umweltmanagementsystems und zur Durchführung eines Öko-Audit.

Als erste standortbezogene Aufgabe wird eine *Umweltprüfung* durchgeführt, d.h. eine umfassende Bestandsaufnahme aller umweltbezogenen Fragestellungen am Standort:

- Wie wirkt sich die Produktion auf die Umwelt aus?
- Welche Bereiche und Abteilungen bewirken welche Umweltbelastungen?
- Welche Auswirkungen haben welche Arbeitsabläufe und Tätigkeiten?
- Wie ist die betriebliche Umweltschutzorganisation aufgebaut und wie funktioniert sie?
- Wer ist wofür verantwortlich und welche internen Regelungen gibt es?
- Wie ist der Stand von Information und Ausbildung des Personals bezüglich ökologischer Fragestellungen?
- Welche Anforderungen aus welchen Rechtsgrundlagen werden erfüllt, welche nicht?
- Wo sind Schwachstellen, die es zu beheben gilt?

Die bei dieser Ist-Analyse gesammelten Informationen werden gründlich ausgewertet, Schwachstellen und Probleme werden identifiziert und Möglichkeiten zu ihrer Lösung gesucht. Nach Auswertung der Analyse sollen die Unternehmen standortbezogen drei Instrumente entwickeln und umsetzen:

1. die Umweltziele, d.h. standortbezogene Ziele zum Schutz der Umwelt,
2. das Umweltprogramm, das konkretisierte (Fein-)Ziele enthält, beschreibt, mit welchen Maßnahmen diese Ziele erreicht werden sollen und Fristen für die Umsetzung der Maßnahmen setzt,
3. das Umweltmanagementsystem, mit dem die Organisationsstruktur, die Zuständigkeiten, die Verhaltensweisen, die förmlichen Verfahren, Abläufe und Mittel festgelegt werden, die zur Umsetzung der Umweltpolitik notwendig sind.

Ziel dieser Instrumente ist nicht nur die Einhaltung aller geltenden Umweltvorschriften, sondern die kontinuierliche Verbesserung des betrieblichen Umweltschutzes, d.h. die Verringerung der Umweltauswirkungen unter Einsatz der besten verfügbaren Technik.

Die bisherigen Schritte und ihre Ergebnisse werden dokumentiert und in Form einer Umwelterklärung zusammengefasst, die in knapper verständlicher Form geschrieben und veröffentlicht wird. Die Umwelterklärung enthält:

- eine Beschreibung des Unternehmens und seiner Tätigkeiten am Standort,
- eine Beurteilung aller wichtigen Umweltfragen im Zusammenhang mit den betreffenden Tätigkeiten,
- eine Zusammenfassung von Zahlenangaben über Emissionen, Abfälle, Ressourcenverbrauch etc.,
- eine Darstellung sonstiger Faktoren, die den betrieblichen Umweltschutz betreffen,
- eine Darstellung der Umweltpolitik, des Umweltprogramms und des Umweltmanagementsystems,
- organisatorische Angaben wie Name und Anschrift des Unternehmens, den Namen des Umweltgutachters und die Frist für die Vorlage der nächsten Umwelterklärung.

Diese Umwelterklärung muss von einem zugelassenen Umweltgutachter mit der betrieblichen Realität verglichen, d.h. validiert werden. Der Gutachter untersucht, ob die Angaben in der Umwelterklärung zuverlässig sind. Außerdem sieht er nach, ob Umweltpolitik, Umweltmanagementsystem, Umweltprogramm und Umweltprüfung den Anforderungen der Verordnung gerecht werden. Erklärt er mit seiner Unterschrift die Umwelterklärung für gültig, so kann sich das Unternehmen bei der zuständigen IHK registrieren lassen und erhält eine Teilnahmebestätigung. Mit dieser darf das Unternehmen, nicht jedoch für die Produkte, geworben werden. Die Umwelterklärung muss der Öffentlichkeit zugänglich gemacht werden; im Zuge einer aktiven und offenen Informationspolitik kann sie z.B. an

Kunden, Lieferanten, Behörden und Medien verschickt werden. Eine passive Veröffentlichung, d.h. Zusendung auf Nachfrage, ist ebenfalls zulässig.

Im Sinne der kontinuierlichen Verbesserung ist eine systematische, objektive und regelmäßige Bewertung der Leistung dieser Instrumente durchzuführen [Art. 1 lit. b Öko-Audit-VO, ABl., 1993, S. 24]. Dies geschieht durch die *Umweltbetriebsprüfung*, die im Abstand von maximal drei Jahren wiederholt wird. Hiermit wird der Zyklus erneut geöffnet, wobei die Elemente der ersten Umweltprüfung berücksichtigt werden, der Schwerpunkt jedoch auf der Effektivitätskontrolle liegt:

1. Wurden die gesteckten Ziele erreicht?

   - Wenn nein: Welche Maßnahmen müssen überdacht oder neu entwickelt werden?

   - Wenn ja: Welche neuen Ziele sind zu setzen, und wie sind sie zu erreichen?

2. Arbeitet das Umweltmanagementsystem wirksam und einwandfrei? Ist es geeignet, um die Umweltpolitik umzusetzen?

   - Wenn nein: Welche Veränderungen müssen eingeführt werden?

   - Wenn ja: Welche neuen Ziele sind zu setzen, und wie sind sie zu erreichen?

3. Ist das Unternehmen bei rechtlichen Anforderungen und bei Informationen über die beste verfügbare Technik stets auf dem neuesten Stand?

Um das Umweltmanagement als dynamischen und kontinuierlichen Prozess im Unternehmen zu verankern, sind interne Zwischenprüfungen, z.B. in jährlichem Rhythmus, empfehlenswert. Dies hat den Vorteil, dass ein beständiger Informationsfluss gewährleistet ist und alle Beteiligten aktiv „am Ball" bleiben, und nicht nach drei Jahren von vorn angefangen werden muss. Für größere Unternehmen und bei wesentlichen Veränderungen sind diese jährlichen Managementreviews vorgeschrieben. Sie werden durch vereinfachte Erklärungen dokumentiert.

Anhang I Teil B der Öko-Audit-VO legt fest, was das Umweltmanagementsystem leisten muss. Ausstattung, Anwendung und Aufrechterhaltung des Umweltmanagements müssen demnach die Erfüllung dieser sechs Anforderungsbereiche gewährleisten:

1. Grundsätzliches:
Festlegung, regelmäßige Überprüfung und ggf. Anpassung von Umweltpolitik, -zielen und -programmen auf der höchsten geeigneten Managementebene,

2. Organisation und Personal:
Schaffung organisatorischer Strukturen, Festlegung von Verantwortlichkeiten und Aufgaben, Entwicklung geeigneter innerbetrieblicher Kommunikationsstrukturen, Befähigung der Beschäftigten zur Teilnahme am Umweltmanagementsystem,

3. Auswirkungen auf die Umwelt:
Erfassung und Bewertung der Umweltauswirkungen des Unternehmens für alle Medien und für alle Betriebszustände (ungestörter und gestörter Betriebsablauf sowie frühere, laufende und geplante Tätigkeiten),

4. Aufbau- und Ablaufkontrolle:
Ermittlung umweltrelevanter Funktionen, Tätigkeiten und Verfahren, Erstellung von Umweltrichtlinien und -kriterien für innerbetriebliche Abläufe, sowie für externe Kontakte (mit Vertragspartnern, Lieferanten etc.), Festlegung von Aufbau- und Ablaufstrukturen in Form von Arbeitsanweisungen, Einführung von Ergebnisprotokollen und Kontrolle der Einhaltung der Anforderungen, Analyse der Gründe für Nichteinhaltung und Entwicklung von Korrekturmaßnahmen,

5. Dokumentation:
Darstellung der Umweltaktivitäten in einem Umweltmanagementhandbuch,

6. Umweltbetriebsprüfungen:
Systematische und regelmäßige Kontrolle der Umweltaktivitäten mit Blick auf die Wirksamkeit.

8 Strahlung/Strahlenschutz

Radioaktive Stoffe kommen in großem Umfang in der Natur vor. Sie sind oft natürlichen Ursprungs wie etwa das Radium oder werden künstlich hergestellt und dann in der Medizin und der Technik verwendet. Sie entstehen auch, in diesem Fall als Abfallprodukt, bei der Kernspaltung. Seit der Entdeckung der Radioaktivität im Jahre 1896 wird auch die Wirkung der von radioaktiven Stoffen ausgehenden Strahlung auf den Menschen untersucht.

Die Einwirkung ionisierender Strahlung auf den menschlichen Körper heißt Strahlenexposition. Mit der Einwirkung meint man auch die biologische Belastung durch die physikalische Einwirkung, obwohl es verschiedene Dinge sind. Strahlenschutz ist die Kurzbezeichnung für Schutz von Menschen als Individuen vor unerwünschten biologischen Wirkungen (Schäden) ionisierender Strahlung in allen Dosisbereichen. Strahlenschutz beschäftigt sich auch mit so niedrigen Dosisbereichen, dass über die biologischen Wirkungen nur statistische Aussagen über Kollektive und für Individuen nur Risikoabschätzungen möglich sind.

Der Strahlenschutz für beruflich exponierte Personen ist derzeit der höchstentwickelte und sicherste Teil des allgemeinen Schutzes am Arbeitsplatz.

Unter Strahlung versteht man den freien Energietransport im Raum. Man unterscheidet zwischen Wellen- und Teilchenstrahlung. Bei einer Wellenstrahlung erfolgt die Ausbreitung durch elektromagnetische Felder. Eine Teilchenstrahlung, wie etwa die radioaktive Beta- oder Alpha-Strahlung, besteht aus schnell bewegten Teilchen, z.B. Elektronen und Ionen. Zur Beschreibung von durch elektromagnetische Wellenstrahlung erzeugten Feldern dienen die elektrische und die magnetische Feldstärke sowie die Leistungsflussdichte/Energie der Strahlung.

8.1 Physikalisch unterscheidbare Strahlungen

Ein breites Spektrum elektromagnetischer Strahlung wird technisch genutzt, etwa bei Radargeräten oder zur Rundfunkausstrahlung. Ultraviolette

Strahlung wird technisch genutzt zur Entkeimung, Härtung und Trocknung. Ultraviolette Strahlung tritt außerdem als Begleiterscheinung bei einigen Arbeitsverfahren auf, z.B. beim Schweißen und Schneiden sowie bei bestimmten Gasentladungslampen.

Gefährdet sind insbesondere die Augen („Verblitzen"), aber auch die Haut. Technische Schutzmaßnahmen (z.B. Abschirmung) sowie Augen- und Hautschutzmaßnahmen müssen daher getroffen werden. Wenn im Freien gearbeitet wird, kann bei Sonnenbestrahlung eine Gefährdung der Haut durch natürliche UV-Strahlung auftreten. Diese Gefährdung ist insbesondere im Sommer bei hohem Sonnenstand zu befürchten. Als Schutzmaßnahmen werden empfohlen:

- zwischen 11.00 Uhr und 15.00 Uhr so viel wie möglich im Schatten arbeiten,
- lange Hosen, lange Ärmel und Kopfbedeckung mit Nackenschutz tragen,
- Sonnenschutzmittel mit hohem Schutzfaktor (mindestens 10) auf freien Hautstellen verwenden,
- ärztliche Kontrolle, wenn sich ein Hautfleck oder Muttermal verändert.

Strahlung in einem bestimmten, sehr engen Frequenzbereich tritt als sichtbares Licht in Erscheinung. Schutzmaßnahmen bei zu hoher Intensität oder Blendung beschränken sich auf den Augenschutz.

Infrarotstrahlung wird als Wärmestrahlung empfunden und tritt im technischen Bereich vor allem beim Umgang mit hocherhitzten Stoffen (Glasproduktion, Stahlerzeugung) auf. Besonders gefährdet sind hier wieder die Augen. Bei langer Einwirkung kann es zur Berufskrankheit Nr. 2401 „Grauer Star durch Wärmestrahlung" kommen. Technische Verbesserungen und Augenschutzmaßnahmen haben dazu geführt, dass diese Berufskrankheit heute nur noch sehr selten auftritt. Durch Hitzeschutzkleidung muss der Körper gegen Infrarotstrahlung geschützt werden.

Funk- und Mikrowellen werden in vielfältiger Weise im Arbeitsprozess oder zu medizinischen Zwecken genutzt, in Laboratorien eingesetzt und kommen im Bereich von Funksende- und Radaranlagen vor. Ihre Gefahren liegen im Wesentlichen in ihrer thermischen Wirkung. In Mikrowellenöfen wird diese Wirkung zur Erwärmung von Speisen und Getränken genutzt. Andere Gefahren können sich durch die induktive Aufladung nicht geerdeter Gegenstände ergeben, die zu Zündfunken führen kann. Personen mit Herzschrittmacher können durch diese induktive Wirkung ebenfalls gefährdet werden (siehe DIN VDE 0848-3-1).

Eine Gefährdung durch Funk- oder Mikrowellenstrahlung im Frequenzbereich von 30 KHz bis 300 GHz besteht dort, wo die in der DIN VDE

0848-2 festgelegten Grenzwerte für Feldstärke und Leistungsflussdichte der Strahlung überschritten werden. Dabei müssen sowohl die gewollte Strahlung im Wirkbereich als auch eine ungewollte Streustrahlung einbezogen werden. Gefahrenbereiche müssen durch das entsprechende Warnzeichen gekennzeichnet und so gesichert sein, dass während des Betriebes niemand hineingreifen, hineingelangen oder sich darin aufhalten kann. Alle Geräte und Anlagen für Funk- und Mikrowellen sind mindestens einmal jährlich durch einen Sachkundigen zu prüfen. Hierüber ist ein schriftlicher Nachweis zu führen. Je nach Wellenlänge/Frequenz können dabei unterschiedliche Gefährdungen auftreten. Schutzmaßnahmen müssen daher auf Art und Feldstärke der Strahlung abgestimmt werden.

Laserstrahlung ist eine besonders stark gebündelte und gerichtete Strahlung im Bereich des sichtbaren Lichtes oder im Infrarot- oder Ultraviolettbereich. Die Hauptgefahr von Strahlung mit einer Wellenlänge unterhalb etwa 10^{-8} m liegt in ihrer ionisierenden Wirkung (ionisierende Strahlung). Diese Strahlung tritt im technischen Bereich insbesondere bei Röntgenanlagen und beim Einsatz von radioaktiven Stoffen (Gamma-Strahlung) auf. Bei ungenügendem Schutz kann es zur Berufskrankheit Nr. 2402 „Erkrankung durch ionisierende Strahlen" kommen. Die Berufskrankheit ist wegen der umfangreichen Schutzmaßnahmen auf diesem Gebiet bisher nur selten aufgetreten. Langwelligere Strahlung gilt als nicht-ionisierende Strahlung. Sie stammt je nach Wellenlänge aus unterschiedlichen technischen und natürlichen Quellen. Alle Regeln des praktischen Strahlenschutzes für den Umgang mit technischen Strahlenquellen lassen sich in der Regel der fünf A zusammenfassen:

1. Abstand halten bzw. erhöhen,
2. Abschirmung verstärken,
3. Aufenthaltsdauer verkürzen,
4. Aktivität verkleinern,
5. Aufnahme (Inkorporation) vermeiden.

Die Punkte A1 bis A4 gelten für Strahlenexposition von außen, A4 gilt auch und A5 ausschließlich für Strahlenexposition von innen. Primäre Grenzwerte sind Maximalwerte der biologischen Strahlenexposition, d.h. der Körperdosis (Millisievert – mSv), die für spezifizierte Personengruppen in spezifizierten Zeiträumen nicht überschritten werden dürfen. Eine Unterscheidung von Grenzwerten gilt für den

- Normalfall (bestimmungsgemäßer Betrieb),
- Störfall (Unterbrechung von Betrieb und Tätigkeit aus sicherheitstechnischen Gründen),
- Unfall.

Unfälle sind Ereignisse mit extrem geringer Eintrittswahrscheinlichkeit, die eine die Grenzwerte übersteigende Strahlenexposition oder Inkorporation von Radionukliden zur Folge haben können. Für Unfälle gelten keine Grenzwerte, sondern (Eingreif-) Richtwerte. Danach sollen bei im einzelnen festgelegten Strahlenexpositionen die verschiedenen Maßnahmen wie Verbleib in Häusern, Einnahme von Jodtabletten bis hin zu Evakuierung getroffen werden.

8.2 Laserstrahlung

LASER ist ein eine Abkürzung für „Light Amplification by Stimulated Emission of Radiation", zu deutsch „Lichtverstärkung durch stimulierte Emission von Strahlung".

Das Wort „Laser" bezeichnet ein Prinzip, es wird aber heute auch als Bezeichnung für die Laserstrahlquelle benutzt. Die Hauptkomponenten eines Lasers sind das laseraktive, lichtverstärkende Medium und in der Regel ein aus zwei Spiegeln bestehender optischer Resonator.

Es gibt mannigfaltige technische Ausführungsformen des Laserprinzips. Die Ausgangsleistungen variieren von nW bis TW (10^{-9}–10^{12} W). Heute sind Lasermedien bekannt, die Licht mit Wellenlängen von einigen hundert μm bis in den weichen Röntgenbereich um einige nm Wellenlänge emittieren. Wellenlänge und Ausgangsleistung des jeweiligen Lasers werden durch die Anwendung vorgegeben. Laser werden in vielen Gebieten eingesetzt, als Beispiele seien genannt:

- Optoelektronik: CD-Spieler und CD-ROM Laufwerke (Halbleiterlaser), Datenübertragung durch Glasfaserkabel,
- Medizin: Ophtalmologie; Dermatologie,
- Messtechnik: Vermessungswesen im Berg - und Tunnelbau; Vermessen von Werkstückoberflächen; Analytik (z.B. mobile Umweltanalyse),
- Fertigungstechnik: Schneiden; Schweißen; Oberflächenbehandlung,
- Forschung: Laserfusion; Diagnostik; Vermessung des Abstandes Erde - Mond.

Die Laserlichterzeugung findet im aktiven Medium eines Lasers statt. Energie wird in geeigneter Form von außen in das aktive Medium gepumpt und zum Teil in Strahlungsenergie umgewandelt.

Die in das aktive Medium gepumpte Energie besitzt in der Regel eine relativ hohe Entropie (geringe Ordnung), während die resultierende Laserstrahlung einen hohen Ordnungszustand aufweist und damit eine relativ geringe Entropie besitzt. In einem Laser wird also hoch-entropische Energie in nieder-entropische Energie umgewandelt. Es gibt aktive Lasermedien in allen Aggregatzuständen:

- fest (kristallin oder amorph),
- flüssig,
- gasförmig bzw. Plasmazustand.

Die Form der Energieeinkopplung wird wesentlich vom Aggregatzustand bestimmt.

Viele gasförmige Lasermedien werden z.B. mit Hilfe einer Gasentladung angeregt. Hierbei wird elektrische Energie auf freie Elektronen übertragen, die ihre Energie durch Stöße mit Atomen bzw. Molekülen abgeben. Festkörperlaser und Flüssigkeitslaser können nur optisch gepumpt werden, Strahlung einer gewöhnlichen Lampe oder eines anderen Lasers wird im aktiven Medium absorbiert und die Energie bei einer längeren Wellenlänge wieder emittiert.

Atome bzw. Moleküle liegen normalerweise im sog. Grundzustand vor. Der Grundzustand ist ein stabiler Zustand, Atome im Grundzustand können keine Energie abgeben. Atome besitzen weitere Zustände, deren Energie größer als die des Grundzustandes ist und in die Atome durch Energiezufuhr übergehen können. Die Energie kann von anderen Teilchen, insbesondere freien Elektronen, oder von Lichtquanten, Photonen stammen.

Aus einem angeregten Zustand können die Atome unter Energieabgabe wieder in energetisch tiefer liegende Zustände übergehen, z.B. in den stabilen Grundzustand. Die Überschussenergie kann an ein anderes Teilchen, z.B. ein Elektron oder ein anderes Atom, oder an ein Photon abgegeben werden, das dann emittiert wird, wobei die Energie des Photons gleich der Energiedifferenz zwischen dem oberen und dem unteren Niveau ist. Im einfachsten Fall kann man sich einen Resonator als allseits geschlossenen Kasten mit hoch reflektierenden Wänden vorstellen.

Um eine Vorzugsrichtung der Laserwellen auszusondern, werden sog. offene Optische Resonatoren eingesetzt. Dabei werden zwei Spiegel parallel und auf eine gemeinsame optische Achse zentriert in einem Abstand angeordnet, der sehr viel größer ist als der Spiegeldurchmesser. Der Teil der Strahlung, der nicht nahezu parallel zur optischen Achse emittiert wird, verlässt den Optischen Resonator sehr schnell und wird nicht weiter verstärkt.

Offene optische Resonatoren wirken somit nur für die Strahlung als rückkoppelndes Element, die nahezu parallel zur optischen Achse verläuft, alle anderen Moden werden unterdrückt. Die Strahlung eines Lasers wird innerhalb des optischen Resonators hin und her reflektiert. Dabei überlagern sich Teilwellen vieler Umläufe.

Lasereinrichtungen müssen den Klassen 1 bis 4 zugeordnet und entsprechend gekennzeichnet sein (Herstellerpflichten):

Klasse 1: Die zugängliche Laserstrahlung ist ungefährlich.

Klasse 2: Die zugängliche Laserstrahlung liegt nur im sichtbaren Spektralbereich (400-700nm). Sie ist bei kurzzeitiger Bestrahlungsdauer (bis 0,25 s) auch für das Auge ungefährlich.

Klasse 3 A: Die zugängliche Laserstrahlung wird für das Auge gefährlich, wenn der Strahlenquerschnitt durch optische Instrumente verkleinert wird. Ist dies nicht der Fall, ist die ausgesandte Laserstrahlung im sichtbaren Spektralbereich bei kurzzeitiger Bestrahlungsdauer (bis 0,25 s), in den anderen Spektralbereichen auch bei Langzeitbestrahlung, ungefährlich.

Klasse 3 B: Die zugängliche Laserstrahlung ist gefährlich für das Auge und in besonderen Fällen auch für die Haut.

Klasse 4: Die zugängliche Laserstrahlung ist sehr gefährlich für das Auge und gefährlich für die Haut. Auch diffus gestreute Strahlung kann gefährlich sein. Die Laserstrahlung kann Brand- oder Explosionsgefahr verursachen.

Der Betrieb von Lasereinrichtungen der Klassen 3 B oder 4 ist dem zuständigen Unfallversicherungsträger und dem Gewerbeaufsichtsamt vor der ersten Inbetriebnahme anzuzeigen. Vor allem durch Wärmestrahlung kann die Laserstrahlung in erster Linie irreversible Augenschäden verursachen. Der sichere Umgang mit Laserstrahlung erfordert daher eine Reihe von Maßnahmen zum Schutz der Augen, bei höherer Intensität auch der Haut und anderer Organe gegen Gesundheitsgefahren im Strahlungsbereich. Zu beachtende Gefährdungen sind:

- Gefährdung durch direkte, reflektierte oder gestreute Laserstrahlung,
- Schädigung der Augen,
- Schädigung der Haut,
- Feuer- und Explosionsgefahren,
- Entflammbarkeit durch Laserstrahlung,
- chemische und toxische Gefährdung.

Hierzu gibt es die zu beachtenden Schutzmaßnahmen:

- Beachtung der Grenzwerte für ungefährliche Laserstrahlung,
- Absaugung von entstehenden Gefahrstoffen,
- Sicherheitseinrichtungen und -vorkehrungen sowie Warneinrichtungen,
- Laserschutzbrillen.

Einen optimalen Schutz vor Laserstrahlung bietet eine Anlage, bei der die Nutz- wie Reflexionstrahlung allseitig lückenlos von einem Schutzgehäuse umschlossen wird (Vollschutz, Laserklasse 1).

Laserstrahlung, die von Lasereinrichtungen der Klassen 2, 3 A, 3 B oder 4 emittiert wird, darf sich nur soweit erstrecken, wie es für die Art des Einsatzes notwendig ist. Der Strahl ist am Ende der Nutzentfernung durch ein diffus reflektierende Zielfläche so zu begrenzen, dass eine Gefährdung durch direkte oder diffuse Reflexionen möglichst gering ist. Der unabgeschirmte Laserstrahl soll außerhalb des Arbeits- und Verkehrsbereichs verlaufen, insbesondere ober- oder unterhalb der Augenhöhe.

In diesen Räumen sind gut reflektierende Flächen zu vermeiden. Fußboden, Decken, Wände oder sonstige zur baulichen Ausrüstung gehörende Einrichtungen sollen im Laserbereich diffus reflektierende Oberflächen aufweisen. Für blanke Flächen, z.B. Fenster, sollen geeignete Abdeckungen vorhanden sein. Werkzeuge, Zubehör und Justiergeräte sollen keine reflektierenden Oberflächen aufweisen.

Lasereinrichtungen der Klassen 3 A, 3 B oder 4 sind einschließlich im Strahlengang befindlicher Vorrichtungen so aufzustellen oder zu befestigen, dass eine unbeabsichtigte Änderung der Position vermieden wird. Energie- und leistungsstarke Laserstrahlung kann brennbare Stoffe aber auch explosionsgefährliche Atmosphäre zünden. Der Laserbereich ist von brennbaren Stoffen und explosionsfähiger Atmosphäre freizuhalten. Werden solche Stoffe für eine spezielle Anwendung der Laserstrahlung benötigt, dürfen nur die dafür erforderlichen Mindestmengen im Laserbereich vorhanden sein.

Durch Einwirkung von Laserstrahlung können gesundheitsgefährliche Gase, Dämpfe, Stäube, Nebel, explosionsgefährliche Gemische oder Sekundärstrahlung entstehen.

Beispielsweise können bei der Bearbeitung von Kunststoffen mit CO_2-Lasern giftige Zersetzungsprodukte auftreten. Besondere Vorsicht ist angebracht, wenn Stoffe wie Beryllium (krebserregend!), berylliumenthaltende Materialien oder auch radioaktive Stoffe intensiver Laserstrahlung angesetzt werden. Gefährliche Berylliumkonzentrationen können unter Umständen auch durch die Einwirkung hochintensiver Laserstrahlung auf feuerfeste Steine entstehen.

Eine geeignete Schutzmaßnahme gegen das Auftreten gesundheitsgefährlicher oder explosionsgefährlicher Gemische ist ein wirksames Absaugsystem.

Klassen 2 oder 3 A: Verläuft der Laserstrahl von Lasereinrichtungen der Klassen 2 oder 3 A im Arbeits- oder Verkehrsbereich, so ist dafür zu sorgen, dass der Laserbereich deutlich erkennbar und dauerhaft gekennzeichnet wird.

Klassen 3 B oder 4: Laserbereiche von Lasereinrichtungen der Klassen 3 B oder 4 sind während des Betriebes abzugrenzen und zu kennzeichnen. Leistungsstarke Laser (Klasse 4) sollten in geschlossenen Räumen betrieben werden. Die Sicherung des Zugangs sollte evt. durch einen Türkontakt erfolgen, der den Laser bei Öffnen der Tür abschaltet.

Kann eine Gefährdung der Augen und der Haut nicht durch andere Maßnahmen verhindert werden, ist eine geeignete persönliche Schutzausrüstung zur Verfügung zu stellen.

Geeignete Augenschutzgeräte bieten Schutz gegen direkte, spiegelnd reflektierte oder diffus gestreute Laserstrahlung. Trotz Augenschutzgeräten ist jedoch der Blick in den direkten Strahl zu vermeiden. Geeignete Augenschutzgeräte sind z.B. Laserschutzbrillen, die DIN 58215 „Laserschutzfilter und Laserschutzbrillen" entsprechen. Die Kennzeichnung der Brillen enthält die Wellenlänge oder den Wellenlängenbereich, gegen die die Brille schützt (Schutzstufe L 1A bis L 11A).

Geeignete Schutzkleidung ist in Laserbereichen, in denen Lasereinrichtungen der Klassen 3 B oder 4 benutzt werden, dann erforderlich, wenn eine Gefährdung der Haut durch Laserstrahlung nicht durch andere Maßnahmen verhindert werden kann.

So können z.B. Schutzhandschuhe eine Gefährdung der Hände verhindern, wenn im Bereich gefährlicher Strahlung gearbeitet werden muss. Auf Hautschutz ist zu achten, bei einer Bestrahlung von über 100 J/m² oder einer Bestrahlungsstärke von über 100 W/m².

Für den Betrieb von Lasereinrichtungen der Klassen 3 B oder 4 müssen Sachkundige als Laserschutzbeauftragte schriftlich bestellt werden. Der Laserschutzbeauftragte gilt als Sachkundiger, wenn er aufgrund seiner fachlichen Ausbildung oder Erfahrung ausreichende Kenntnisse über die zum Einsatz kommenden Laser erworben hat und so eingehend über die Wirkung der Laserstrahlung, über die Schutzmaßnahmen und Schutzvorschriften unterrichtet ist, dass er die notwendigen Schutzvorkehrungen beurteilen und auf ihre Wirksamkeit prüfen kann.

Bei der Überwachung des Betriebs der Lasereinrichtungen ist zu beachten:

- Überwachung der Einhaltung von Sicherheits- und Schutzmaßnahmen,
- Ordnungsgemäße Benutzung der Augenschutzmittel,
- Abgrenzung und Kennzeichnung der Laserbereiche.

9 Gefährdungsanalysen gemäß den gesetzlichen Forderungen

Grundlage für präventive Schutzmaßnahmen ist die Beurteilung sämtlicher arbeitsbezogener Aspekte hinsichtlich ihres Risikos für die Sicherheit und die Gesundheit der Beschäftigten. Bei einer systematischen Vorgehensweise ermittelt man zunächst quantitativ und nicht qualitativ die Gefährdungen. Die qualitative Beurteilung folgt dann im Anschluss. Aufbauend auf diese Gefährdungsbeurteilungen können dann zielgerichtet Maßnahmen zur Verhütung von Arbeitsunfällen und arbeitsbedingten Gesundheitsgefahren, einschließlich Maßnahmen der menschengerechten Gestaltung der Arbeit, abgeleitet und umgesetzt werden.

Das Arbeitsschutzgesetz fordert, die Gefährdungsbeurteilung je nach Art der Tätigkeiten vorzunehmen. Bei gleichartigen Arbeitsbedingungen ist somit die Beurteilung eines Arbeitsplatzes oder einer Tätigkeit ausreichend; damit ist die Verwendung von Standardbeurteilungen möglich. Nach der traditionellen Sichtweise beschränkt sich die Gefährdungsbeurteilung häufig auf Unfallgefährdungen durch technische Missstände. Diese Betrachtungsweise ist aus heutiger Sicht jedoch nicht mehr ausreichend. Es ist notwendig, die Arbeitssicherheit und den Gesundheitsschutz ganzheitlich unter Einbeziehung der physischen und psychischen Arbeitsanforderungen aufzufassen. Nur so können gesundheitliche Beeinträchtigungen, die letztendlich auch zu arbeitsbedingten Erkrankungen führen, verhindert werden. Eine Gefährdungsbeurteilung ist durchzuführen:

- als Erstbeurteilung an bestehenden Arbeitsplätzen,
- bei jeder Änderung im Betrieb, welche Sicherheit und Gesundheitsschutz der Beschäftigten beeinflussen kann, z.B. bei der Anschaffung neuer Maschinen und Produktionsausrüstungen, Änderung von Arbeitsverfahren und Tätigkeitsabläufen, Änderung der Arbeitsorganisation, Einsatz neuer Stoffe,
- in regelmäßigen Abständen, insbesondere bei Änderung von Vorschriften bzw. Veränderungen des Standes der Technik,

- nach dem Auftreten von Arbeitsunfällen, Beinaheunfällen, Berufskrankheiten und anderen arbeitsbedingten Gesundheitsbeeinträchtigun-
gen.

Abb. 9.1 Explosionen müssen durch effektive Vorsorgemaßnahmen verhindert
werden

Gefährdungsbeurteilungen sollen nie von Einzelpersonen durchgeführt
werden; man kann bzw. sollte die folgenden Personen mit einbeziehen:

- betriebliche Führungskräfte,
- Fachkräfte für Arbeitssicherheit,
- Betriebsärzte,
- Angehörige des Betriebsrats,
- Sicherheitsbeauftragte,
- direkt betroffene Mitarbeiter,
- Vorgesetzte der Mitarbeiter, die diese Arbeitsplätze inne haben.

Für Beratungen zur Durchführung der Gefährdungsbeurteilungen stehen u.a. die staatlichen Arbeitsschutzbehörden und die Unfallversicherungsträger zur Verfügung; diese können hilfreiche Checklisten, CDs und praxisbezogene Broschüren zur Verfügung stellen. Die Gefährdungsbeurteilungen werden schrittweise durchgeführt:

- Ermittlung der Gefährdungen,
- Ermittlung der Personen, die gefährdet sein können,
- Bewertung des Risikos nach Wahrscheinlichkeit und Schwere eines möglichen Schadens,
- Entscheidung, ob und wenn ja welche Schutzmaßnahmen durchgeführt werden müssen,
- Festlegung einer Rangfolge der Schutzmaßnahmen nach ihrer Dringlichkeit.

Danach folgen:

- Durchführung der Schutzmaßnahmen,
- Überprüfung ihrer Wirksamkeit.

Die Ergebnisse der Gefährdungsbeurteilung, die Festlegungen über Schutzmaßnahmen und die Ergebnisse ihrer Überprüfungen sind schriftlich zu dokumentieren. Arbeitgeber mit weniger als zehn Beschäftigten sollen und solche mit mehr als zehn Beschäftigten müssen über schriftliche Unterlagen verfügen. Die zuständige Behörde kann die Dokumentation aber im Einzelfall auch für Arbeitgeber mit unter zehn Beschäftigten anordnen. Gefährdungsbeurteilungen sollen pauschal immer dann durchgeführt werden, wenn:

- sicherheitstechnische oder arbeitsmedizinische Entscheidungshilfen für die Planung oder Änderung von Arbeitsplätzen, Anlagen und Verfahren benötigt werden,
- in einzelnen Arbeitssystemen aufgrund von Hinweisen oder wegen bekannt gewordener Beinahunfälle auf besondere Gefahren zu schließen ist,
- bestimmte Arbeitsplätze, Arbeitsverfahren oder Tätigkeiten eine besondere Unfall- oder Gesundheitsbelastung zeigen,
- bei Überprüfungen der Arbeitsplätze festgestellt wird, dass die Arbeitsschutzmaßnahmen nicht mehr ausreichend wirksam sind.

Die Gefährdungsbeurteilung besteht aus den Schritten Ermittlung und Bewertung der Gefährdung. Hat der Arbeitgeber die Gefährdungen ermittelt, so muss er nachfolgend klären, ob und wenn, in welchem Umfang, Arbeitsschutzmaßnahmen erforderlich sind. Das heißt, die Gefährdungen müssen hinsichtlich ihrer Schwere bewertet werden. Das nachfolgende Ablaufschema zeigt die Arbeitsschritte der Gefährdungsbeurteilung:

1. **Systemabgrenzung:** Erfassung der Arbeitsorganisation

2. **Ermitteln von Gefährdungen und Bewertung:** Ermitteln des Ist-Zustands bezüglich der arbeitsbedingten Gesundheitsrisiken durch Betriebsbegehungen, Befragung der Beschäftigten sowie Auswertung von Unfällen, Beinaheunfällen und Erkrankungen.

3. **Schutzziele festlegen:** Schutzziele legen den Soll-Zustand fest. Sie sind in Gesetzen, Verordnungen, Unfallverhütungsvorschriften und Normen enthalten.

4. **Maßnahmen auswählen und durchführen:** Die Maßnahmen werden nach der Rangfolge der Schutzmaßnahmen technisch/baulich, Organisatorisch und personenbezogen ausgewählt und durchgeführt.

5. **Wirksamkeit prüfen:** Durchführungskontrolle, Wirkungskontrolle und Erhaltungskontrolle

9.1 Umsetzung und Kontrolle

Direkte Gefährdungsbeurteilungen erfassen den Ist-Stand und vergleichen ihn mit dem Soll-Stand. Bei der Planung von Neuanlagen kann kein Ist-Zustand mit einem wünschenswerten Soll-Zustand verglichen werden, weil die Anlagen noch nicht vorhanden sind; in diesem Fall besteht die Gefährdungsbeurteilung in einer strengen, systematischen und kritischen Überprüfung der projektierten Anlage. Dabei ist abzuschätzen, welches Gefährdungspotenzial durch Fehlbedienungen oder Fehlfunktionen einzelner technischer Einrichtungen entstehen kann und welche Auswirkungen sich daraus für die gesamte Anlage ergeben können. Beispiele für Gefährdungsfaktoren sind:

- mechanische Gefährdungen,
- elektrische Gefährdungen,
- chemische Gefährdungen,
- biologische Gefährdungen,
- Brand- und Explosionsgefährdungen,
- thermische Gefährdungen,
- physikalische Gefährdungen,
- Gefährdungen durch die Arbeitsumgebungsbedingungen,
- physische Belastungen, Arbeitsschwere,

- Belastungen aus Wahrnehmung und Handhabung,
- psychomentale Belastungen durch Tätigkeitsinhalt, Arbeitsablauf, spezielle Arbeitsbedingungen,
- Gefährdungen durch Mängel in der Organisation, Information, Kooperation und Qualifikation.

Die Schutzmaßnahmen sind anschließend im Betrieb umzusetzen, ihre Wirksamkeit ist von Zeit zu Zeit zu überprüfen: Hier gibt es keine starren Vorgaben für diese Zeitabstände, d.h. bei geringeren Gefährdungen (z.B.: Bürotätigkeiten) wird man großzügiger kalkulieren als an hoch gefährlichen Arbeitsplätzen (z.B.: Metallbearbeitung, Lagerhaltung, automatische Produktion, Chemiebetriebe).

Indirekte Gefährdungsbeurteilungen werden neben präventiven Maßnahmen vor allem durch Unfalluntersuchungen betrieben. Sie haben in diesem Zusammenhang das Ziel, die Unfallursachenkette aufzudecken und daraus Maßnahmen zur Vermeidung gleichartiger oder ähnlicher Unfälle zukünftig festzulegen. Wichtige Unterlagen für solche Unfalluntersuchungen sind das Verbandbuch, die Unfallanzeigen und besondere innerbetriebliche Formulare. Aus dem Verbandbuch können wichtige Erkenntnisse über Unfallgefahren gewonnen werden, der Unfallanzeigenvordruck kann ferner als Anleitung für die Unfalluntersuchung herangezogen werden. Weitere innerbetriebliche Formulare helfen dabei, betriebliche Unfallschwerpunkte aufzudecken. Es ist auch sämtlichen Hinweisen über Beinahe-Unfälle nachzugehen. Eine systematische Durchführung der Gefährdungsbeurteilungen umfasst folgende Schritte:

- erste Festlegung der zu untersuchenden Bereiche,
- Präsentation von Planung und Vorgehensweise der Gefährdungsbeurteilung und Abstimmung mit dem Arbeitgeber/Unternehmer,
- schriftliche Information über Gefährdungsbeurteilung an die Führungskräfte über Sinn/Zweck, Vorgehensweise, Inhalte und Terminplanung. Einbindung und Information des Betriebsrats,
- persönliche Einführungsgespräche mit Führungskräften und detaillierte Festlegung der zu untersuchenden Bereiche,
- Durchführung der Gefährdungsbeurteilung mit den jeweiligen Mitarbeitern (Terminvereinbarung, evtl. Vorinformation durch Führungskräfte)
- Auswertung (Dokumentation durch schriftlichen Bericht),
- Abschlussgespräch und Diskussion mit der jeweiligen Führungskraft:

  - Zusammenfassung der Ergebnisse,
  - Verbesserungsvorschläge,
  - Umsetzungsmaßnahmen,

- Abschlussbericht an den Arbeitgeber/Unternehmer:
  - Zusammenfassung der Ergebnisse,
  - Verbesserungsvorschläge,
  - Planung von Umsetzungsmaßnahmen mit Verantwortlichkeiten und Terminen.

Der Erkennungsleitfaden bildet die Grundlage für die Ermittlung von Gefährdungen. Er kann sowohl für die arbeitsbereichs- und tätigkeitsbezogene Ermittlung als auch für die berufsgruppen- und personenbezogene Gefährdungsermittlung angewendet werden. Eine Gefährdung kann sich danach insbesondere ergeben durch:

- die Gestaltung und die Einrichtung der Arbeitsstätte und des Arbeitsplatzes,
- physikalische, chemische und biologische Einwirkungen,
- die Gestaltung, die Auswahl und den Einsatz von Arbeitsmitteln, insbesondere von Arbeitsstoffen, Maschinen, Geräten und Anlagen sowie den Umgang damit,
- die Gestaltung von Arbeits- und Fertigungsverfahren, Arbeitsabläufen und Arbeitszeit und deren Zusammenwirken,
- unzureichende Qualifikation und Unterweisung der Beschäftigten.

Für eine systematische Gefährdungsbeurteilung wurden die möglichen Gefährdungen zusammengestellt und in Klassen (z.B. mechanische Energien, elektrische Energien usw.) eingeteilt. In jeder dieser Klassen befinden sich spezifische Gefährdungen.

9.2 Checkliste für die Praxis

Gefährdungsfaktoren	Teilgefährdungen
Mechanische Energie	
Gefahrenstellen	Quetschstellen, Scherstellen, Schneidstellen, Stichstellen, Stoßstellen, Fangstellen, Einzugsstellen
Gefahrenquellen	Herabfallende Teile, wegfliegende Teile
Standunsicherheit	Kippende Teile, rollende Teile, gleitende Teile
Gefahrbringende Bewegung	Herumschlagende Teile, bewegliche Maschinen, Anlagen und Fahrzeuge, Aufprallen/Anstoßen an Fahrzeuge

Gefährliche Oberflächen	Scharfe Kanten, eckige und spitzige Stellen/ Bauteile, raue Oberflächen, hervorstehende Teile
Trittunsicherheit	Stolpern, Hinfallen, Umknicken, Ausgleiten, Ausrutschen
Absturzsicherheit	Abgleiten von hochgelegenen Standorten, Zusammenbrechen des Standobjektes, Kippen des Standobjektes, Abrutschen, Abgleiten des Standobjektes

Elektrische Energie

| Elektrischer Strom | Direktes und indirektes Berühren von unter Spannung stehender Teile |
| Elektrische Felder | Zu hohe Feldstärken, elektrostatische Entladungen |

Chemische Energien

| Brand- und Explosions-Gefährdung | Vorhandensein brand- und explosionsgefährlicher Stoffe (explosionsgefährlich, brandfördernd, hochentzündlich, leichtentzündlich, entzündlich) und von Zündquellen und Sauerstoff |
| Gesundheitsgefährdende Stoffe | Vorhandensein gesundheitsgefährlicher Stoffe (sehr giftig, giftig, ätzend, reizend, krebserregend, fruchtschädigend, erbgutverändernd, allergisierende Konzentration) |

Thermische Energie

| Heiße Medien | Schädigung durch Berührung bzw. Strahlung (Temperatur) |
| Kalte Medien | Schädigung durch Berührung (Temperatur) |

Arbeitsumgebungsfaktoren

Beleuchtung	Güte der Beleuchtungsstärke nach ASR/DIN, Gleichmäßigkeit der Beleuchtung, Blendung, Lichtrichtung bzw. Schatten, Kontraste, Lichtfarbe, Farbwiedergabeeigenschaften
Klima	Nichteinhaltung des Behaglichkeitsbereichs, Temperatur, relative Luftfeuchtigkeit, Luftgeschwindigkeit
Lärm	Beeinträchtigung durch Lärm – Beurteilungspegel, impulshaltige Geräusche, Frequenz
Mechanische Schwingungen	Teil- und Ganzkörperschwingungen, Frequenz/Körperresonanz, Einwirkstelle auf den Körper
Strahlung	Ionisierende Strahlung (nukleare Strahlung, Röntgenstrahlung), Strahlenschutzverordnung, Röntgenverordnung Nicht-ionisierende Strahlung (Radar-, Laser-, UV-, IR-Strahlung), Strahlungsintensität, Art der Strahlung

Physiologische Faktoren

Muskelarbeit (primär kör-perliche Arbeit)	Hohe muskuläre Belastung, Art der Muskelar-beit (dynamisch, einseitig, statisch), Körperhal-tung, Körperbewegung, Art der Kraftaufbrin-gung (Heben, Halten/Tragen, Ziehen, Drehen, Drücken, etc.), Bewegungsmangel
Arbeitsplatzmaße	Keine ausreichende Bewegungsfläche (Berück-sichtigung der Körpermaße), Fuß- und Bein-freiraum, Sehentfernung, Ergonomie

Psychologische Faktoren

Informationsaufnahme, -verarbeitung und Kommu-nikation	Wahrnehmung der Information, Verwechseln von Informationen, Wahrnehmung von Signa-len, fehlerhafte Bewertung, falsche Kommuni-kation

Betriebsorganisatorische Faktoren

Arbeitsablaufbedingte Be-lastungsfaktoren	Häufig wechselnde Arbeitsplätze und Ar-beitsaufgaben, Zeitdruck, nicht planbare Tätig-keiten
Einzelarbeit/Gruppenarbeit	unzureichende Berücksichtigung sozialpsycho-logischer Erkenntnisse von Einzel- und Grup-penarbeit
Führung / Sicherheitsorga-nisation	unzureichende Führung

Schlusswort

Jeder Mensch hat Verantwortungen im beruflichen Leben ebenso wie im privaten Bereich; diese Verantwortung hat weniger mit der betrieblichen Funktion zu tun als vielmehr mit der jeweiligen Situation: Sowohl (falsches) Tun, als auch (vorsätzliches oder fahrlässiges) Lassen – also vorsätzliches Ignorieren oder unterlassene Hilfegebung können bestraft werden. Dabei ist es wenig relevant, ob ein Unglücksfall sich im Unternehmen, in einem Kaufhaus, in dem man gerade einkauft, im Wohnbereich oder auf der öffentlichen Straße abspielt. VERANTWORTUNG ist mehr als die Aneinanderreihung von 13 Buchstaben. Der Begriff *Verantwortung* wird heutzutage oft gebraucht und in vielen Bereichen weniger oft umgesetzt. Damit er in Unternehmen die Bedeutung bekommt, die ihr zusteht, wurde von den beiden Autoren dieses Buch geschrieben.

Sicherheit ist ein idealer, theoretischer Zustand und jeder Mensch möchte sicher leben können – auf der Straße ebenso wie zu Hause, im Urlaub und eben an seinem Arbeitsplatz. Dieses „sicher" ist nicht nur gesellschaftlich in Richtung Arbeitslosigkeit gemünzt, sondern auch in Richtung Sicherheit. Arbeitsplätze müssen so sicher sein, dass weder die Gesundheit, noch das Leben der dort anwesenden Personen bedroht sind und dass man als Pensionist in den wohlverdienten Ruhestand gehen kann, ohne dass jahrzehntelange schädliche Einwirkungen am Arbeitsplatz die Funktionsfähigkeit körperlicher und/oder geistiger Eigenschaften über ein bestimmtes Level reduziert haben. Viele 1.000 Tote durch Arbeitsunfälle und Brände zeugen jährlich davon, dass man es mit der Umsetzung sicherheitstechnischer Vorgaben noch nicht so ernst nimmt, wie es nötig ist – von den vielen 10.000 Menschen, die „nur" verletzt wurden oder gar behindert bleiben, ganz zu schweigen.

Verantwortung wird gesellschaftlich häufig gleichgesetzt mit der Erstattung von Geldbeträgen oder bedeutet, dass ein Mitarbeiter in einer höheren Position lediglich gegen einen anderen ausgetauscht wird. Ziemlich selten wird eine Person juristisch für Unfälle verantwortlich gemacht. Doch es gibt neben der juristischen auch noch eine moralische Verantwortung, von der man nicht durch die Zahlung einer Summe oder die Aufgabe seiner Position freikommt – und Suspendierungen helfen weder den Geschädigten und nur selten der Sache. Wir erwachsenen Menschen haben auch aufgrund unseres Berufs in vielerlei Hinsicht direkte oder indirekte Verantwortungen:

- Jeder Mensch ist für sein Handeln verantwortlich
- Am Arbeitsplatz haben wir die Verantwortung, uns und andere nicht zu gefährden und nicht zu verletzen – unabhängig von unserer Ausbildung und Funktion
- Vorgesetzte sind für die Einhaltung sicherheitstechnischer Vorschriften ihrer Angestellten während der Arbeit verantwortlich
- Unternehmer sind für die richtige Auswahl der Mitarbeiter verantwortlich und für deren Schulungen; "richtig" bedeutet in diesem Zusammenhang nicht nur eine fachliche und menschliche Eignung, sondern auch, dass diese Personen sicherheitstechnisch sensibilisierbar sind.

Die Verantwortung, die dieses Buch primär abhandelte ist die der Unternehmen und aller ihrer Mitarbeiter. Dazu gibt es eine verwirrend große Anzahl an Gesetzen, Verordnungen und Bestimmungen; manches wird mehrfach abgehandelt, anderes ist nur schwer zu finden oder es wird nur indirekt gefordert – d.h. man interpretiert ein Schutzziel und kommt so auf das Verhalten an den Arbeitsplätzen. Hinzu kommt, dass man aus unterschiedlichen Richtungen Vorschriften bekommt und wer noch "nebenbei" einen Haupt-Beruf hat, der kann eigentlich nicht all diese Vorgaben kennen.

Ein Faktor für das Nichteinhalten sicherheitstechnischer Vorschriften ist oft das schlichte Nicht-Kennen dieser Vorschriften. Hinzu kommt die desolate wirtschaftliche und politische Lage in Deutschland: Wirtschaftlich immer schlechter werdende Zeiten mit hoher Arbeitslosigkeit, der Verlagerung von Unternehmen ins preiswertere Ausland und dem damit bedingten weiteren Stellenabbau in Deutschland bedingen, dass der Überlebenskampf immer größer wird. Das bedeutet, dass viele Unternehmen stark sparen müssen, um nicht Konkurs zu gehen und in dieser Situation kommt der Sicherheit dann oft nicht die Bedeutung zu, die sie verdient.

Es ist eines, sicherheitstechnische Gesetze zu erlassen und ein zweites, diese auch gewissenhaft einzuführen, umzusetzen und regelmäßig zu kontrollieren. Aus Trägheit, Gewinnsucht, Sorglosigkeit oder Unwissenheit entstehen ebenso Unfälle und andere Schäden wie aus fehlender persönlicher Schadenerfahrung.

Würden sich Entwickler, Planer, Konstrukteure, Unternehmer, Kontrollbeamte und alle maschinenbetreibenden Menschen in produzierenden Unternehmen oder am Steuer ihrer Fahrzeuge so verhalten, wie es sicherheitstechnisch gefordert wird, wären Schäden beliebiger Art eine absolute

Seltenheit und Unfälle mit Todesfolge oder Behinderungen so gut wie Geschichte. Vergessen werden soll nicht, dass die Sensibilisierung, die Schulung und das „Verantwortlich machen" jedes einzelnen Mitarbeiters die wohl wichtigste und elementarste Grundvoraussetzung hierfür darstellt.

Wir hoffen, dass unser Buch dazu beiträgt, Menschenleben und Sachwerte zu schützen. Im Interesse der gesunden Menschen – die schließlich gesund bleiben wollen. Und im Interesse der Unternehmer, die auch weiterhin auf dem deutschen Markt vertreten sein wollen.

Druck und Bindung: Strauss GmbH, Mörlenbach